Flugzeuge der Welt 2013

Coverfoto: Suchoj T-50
Dreiseitenrisse: Aeromedia Anton E. Wettstein, Mattes Kettner, Samuel Ehrat
Diverse Fotos wurden in verdankenswerter Weise von mehreren Fotografen zur Verfügung gestellt.
Nachdruck, auch auszugsweise, nur mit Bewilligung des Verlags.
© 2013, Motorbuch Verlag, Stuttgart
Dieses Werk ist urheberrechtlich geschützt. Die dadurch begründeten Rechte, insbesondere die der Übersetzung, des Nachdrucks, des Vortrags, der Entnahme von Abbildungen und Tabellen, der Funksendung, der Mikroverfilmung oder der Vervielfältigung dieses Werkes oder von Teilen dieses Werkes ist auch im Einzelfall nur in den Grenzen der gesetzlichen Bestimmungen des Urheberrechtsgesetzes in der jeweils geltenden Fassung zulässig. Sie ist grundsätzlich vergütungspflichtig. Zuwiderhandlungen unterliegen den Strafbestimmungen des Urheberrechts.
ISBN 978-3-613-03520-1
www. motorbuchverlag.de

CLAUDIO MÜLLER

FLUGZEUGE DER WELT

2013

Motorbuch Verlag

Seit mittlerweile 53 Jahren erscheint das Jahrbuch »Flugzeuge der Welt«. Wie üblich, präsentiere ich jene Typen, die sich derzeit in Produktion befinden oder ältere Modelle, welche einer wesentlichen Modernisierung unterzogen werden. Am interessantesten sind jedoch jeweils die Muster, die voraussichtlich im 2013 ihren Erstflug absolvieren. Auch dieses Jahr kann von einigen attraktiven Neuerscheinungen berichtet werden.

Das diesjährige Schwergewichtsthema ist den Luftfahrtindustrien von Russland und Ukraine gewidmet. Nach Jahren der Agonie, der versprochenen und meist nicht realisierten Projekte kommt nun Bewegung in die Branche. Die Luftfahrtindustrie Russlands konnte sich dank umfangreicher militärischer Aufträge aus dem In- und Ausland eine neue Basis legen. So wurden in den letzten Jahren u.a. rund 270 Kampf- und Trainingsflugzeuge für die Luftwaffe Russlands bestellt, weitere 400 sollen in den nächsten Jahren folgen. Ähnliche Zahlen betreffen die Hubschrauber. Nun folgen auch zivile Projekte, allen voran die Suchoj Superjet 100 sowie die in diesem Buch erstmals vorgestellte United Aircraft MS-21. Aber auch die Ukraine mit dem wieder belebten Transporter Antonow An-70 und vielen Modernisierungsaufträgen von diversen Luftwaffen scheint wieder auf die Beine zu kommen.

Was die generelle Situation der Luftfahrt angeht, konnte man angesichts der Finanzkrise, der in vielen Ländern weiterhin ungelösten Verschuldungsproblematik und der eher verhaltenen Entwicklung der Weltwirtschaft von der Luftfahrtindustrie 2012 keine Glanzresultate erwarten. Sie hat sich insgesamt aber wacker geschlagen, wenn auch sehr unterschiedlich in ihren Segmenten. Eine der Auswirkungen war, dass sich die Bereitschaft, neue Modelle zu entwickeln reduzierte und sich die von einigen Projekten verzögerte.

Eine Ausnahme bildet einmal mehr die Volksrepublik China. Allein 2012 wurden mehrere neue Projekte bekannt, wie beispielsweise die Shenyang J-31, die Harbin Y-12F sowie mehrere UAV's. Technologisch und wirtschaftlich macht China ungeheuer Druck. Die Luftfahrtausstellung in Zhuhai im November 2012 zeigte, dass sich dieses Land mittlerweile in fast allen Bereichen der Luftfahrtbranche selbständig machen will und laufend neue Modelle kreiert. So sind neue Verkehrsflugzeuge, ein Transporter der C-17-Klasse, erstmals auch General Aviation-Modelle und mehrere UAV-Projekte in Arbeit, über die in den nächsten Ausgaben von »Flugzeuge der Welt« zu berichten sein wird. Auch in der Triebwerk-Entwicklung, einen noch sehr unterentwickelten und technologisch rückständigen Bereich, macht man Fortschritte. Die Volksrepublik erhöht jährlich das Verteidigungsbudget und spielt strategisch eine zunehmend wichtige aber eventuell auch gefährliche Rolle. Mit dem Beginn der Erprobung des ersten chinesischen Flugzeugträgers Liaoning zeigt das Land auch, dass es als Seemacht in Zukunft eine wichtigere Rolle spielen will.

2012 war für viele Fluggesellschaften ein schwieriges Jahr. Die Ertragslage hat sich wiederum verschlechtert. Angesichts der weltökonomischen Lage kamen immer mehr Fluggesellschaften in wirtschaftliche Schwierigkeiten, müssen Stellen abbauen und Flotten reduzieren. In Europa, USA/Kanada und Australien sind reihum Kostenreduzierungprogramme in Arbeit, z.B. bei American, Lufthansa, SAS, Quantas. Auch 2012 kam es zu größeren Konkursen (z.B. Kingfisher, Malev, Spanair, Hello). Aber wie immer werden laufend neue Gesellschaften gegründet. Geht eine in Konkurs, wird das entstehende »Loch« dank Überkapazitäten im Markt innert Wochenfrist geschlossen. Besonders empfindlich getroffen wurde der Markt für Frachtflugzeuge. Es kam kaum zu Neubestellungen. Der Trend, sich einem der drei Verbünde Star Alliance, Sky Team oder oneworld anzuschließen, ist ungebrochen. Immer mehr Gesellschaften werden aufgenommen, neuerdings auch solche aus den Golfstaaten. Hohes Wachstum verzeichnen weiterhin die Märkte Asien, Südamerika, Türkei und langsam auch Afrika. Low Cost Carriers (LCC) sind weiterhin weltweit im Vormarsch.

Die Finanzierung von neuen Flugzeugkäufen stellte eine Herausforderung dar. Trotzdem ist die Zahl der Neubestellungen weiterhin auf sehr hohem Niveau. Boeing und Airbus meldeten 2012 rekordhohe Auslieferungen. Der »Kampf« um die Marktführerschaft bei den Mittelstreckenflugzeugen der neuen Generation 737Max/A320neo geht weiter. Die meisten anderen wie Hersteller Bombardier, Suchoj, EMBRAER dagegen haben Bestellungsrückgänge und Produktionsreduktionen zu verzeichnen. Die Boeing 787 Dreamliner kam nun endlich in den Liniendienst, ist aber weiterhin von technischen Problemen betroffen, welche anfangs 2013 sogar zu einem Flugverbot führten.

Beim Business Aviation-Markt hat sich 2012 die Situation leicht gebessert, ist aber noch weit von den Rekordzahlen von Mitte des letzten Jahrzehnts entfernt. Rund 600 Business Jets wurden abgeliefert, wobei sich interessanterweise die großen und teuren wesentlich besser verkaufen als jene am unteren Ende der Preisskala. Zwei rekordhohe Bestellungen konnte die Branche verzeichnen. NetJets gab mehr als 300 Business Jets bei fast allen namhaften Herstellern in Auftrag und nahm Optionen für weitere 445 auf. Hauptprofiteur war Bombardier. Der zweite Großauftrag ging ebenfalls an diesen Hersteller. Ende 2012 bestellte die österreichisch-schweizerische VistaJet für rund US$ 7,8 Mrd. 56 Global Express der verschiedenen Versionen (+ 86 Optionen). 2012 sah aber auch den Zusammenbruch der Hawker Beechcraft Corporation. Sie musste sich unter den Schutz gemäß Chapter 11 nach US Recht begeben. Ende des Jahres war nicht klar, ob das Unternehmen weiter überleben wird und wenn ja, in welcher Form. Offenbar soll nur der Bereich Propellerflugzeuge weitergeführt werden, für die Jets hat man bisher noch keine Lösung gefunden, so dass vermutlich deren Produktion eingestellt wird.

Wenig neues ist bei der Militärluftfahrt zu berichten. Dieser Markt schrumpft weiterhin deutlich. Die Flotten der Luftwaffen werden immer kleiner und älter, die Zahl der Hersteller geringer. Interessant war der vorerst gescheiterte Versuch, die europäischen Luftfahrtriesen EADS und BAe zu fusionieren, um hauptsächlich im Militärluftfahrtbereich Synergien zu schaffen. Die Lockheed Martin F-35 hatte weiterhin Probleme. Dieses Programm ist ursprünglich als kostengünstiger und doch leistungsfähigerer Nachfolger vorab der F-16 gestartet worden. Verspätungen, Kostenexplosionen, nicht erfüllte Leistungsparameter lassen einen zweifeln, ob dieses Programm wirklich sein Geld Wert und strategisch nötig ist. Vielleicht würde eine entsprechend modernisierte F-16-Ausführung fast gleich viel bringen. Es erstaunt daher nicht, dass einige der Unterzeichnerstaaten mit Bestellungen sehr zurückhaltend sind. Selbst in den USA hält sich die Begeisterung mittlerweile in Grenzen. Wer hat aber den Mut, zum heutigen Zeitpunkt noch den Stecker zu ziehen?

Claudio Müller

Abmessungen (MS-200/300/400):
Spannweite 35,90/35,90/36,80 m
Länge 35,90/41,50/46,70 m
Höhe 11,50/11,50/12,70 m.

FLUGZEUGPROJEKTE VON MORGEN

UNITED AIRCRAFT MS-21

Ursprungsland: Russland.
Kategorie: Kurz- und Mittelstrecken-Verkehrsflugzeug.
Triebwerke: Wahlweise zwei Mantelstromtriebwerke Aviadvigatel PS-14 oder Pratt & Whitney PW1400G mit einer Leistung von (MS-200/300/400) 12500/14000/15600 kp (122,6/137,3/153,0 kN).
Leistungen (nach Angaben des Herstellers): Max. Reisegeschwindigkeit Mach 0,80; Dienstgipfelhöhe 11600 m; Reichweite je nach Ausführung zwischen 5000 bis 5500 km.
Gewichte (MS-21-200/300/400, nach Angaben des Herstellers): Max. Startgewicht 67600/76180/87230 kg.
Zuladung: Zwei Mann Cockpitbesatzung und bei einer Standardbestuhlung (MS-200/300/400) 150/181/212 Passagiere in Sechserreihen. Maximal können 162/198/230 Passagiere mitgeführt werden.
Entwicklungsstand: Ein erster Prototyp soll 2015 die Flugerprobung aufnehmen. Der Hersteller hofft, mit den Ablieferungen an Kunden Ende 2017 beginnen zu können. Bisher sind Bestellungen und Optionen für rund 200 Maschinen der unterschiedlichen Versionen eingegangen, vorwiegend von Leasinggesellschaften. Die Aeroflot hat 25 MS-21 in Auftrag gegeben.
Bemerkungen: Dank der MS-21-Familie will Russland mit einem konkurrenzfähigen Muster in den heiß umkämpften Markt der 150 bis 200-plätzigen Mittelstreckenflugzeuge eindringen, welchen heute weitgehend Airbus und Boeing kontrollieren. Drei Varianten sollen gebaut werden, die MS-200, -300 und -400, die sich primär durch unterschiedliche Abmessungen, Gewichte und Triebwerke voneinander unterscheiden. Auf die kleinere Ausführung MS-100 wurde verzichtet. Besonders die längste Version dürfte auf ein größeres Interesse stoßen, da sie in die Kategorie der Boeing 757 fällt, für die es aktuell kein adäquates Nachfolgemuster auf dem Markt gibt. Ziel dieses Musters ist, gegenüber den heutigen Modellen ein bis 15% effizienteres Flugzeug anzubieten. Zwei Hauptfaktoren dafür sind die Triebwerke neuester Technologie sowie die Struktur, die zu rund einem Drittel aus Verbundwerkstoffen besteht. Die Avionik stammt von Rockwell Collins.
Hersteller: United Aircraft Corporation (UAC), Moskau, Werk Irkut Corp., Irkutsk, Russland.

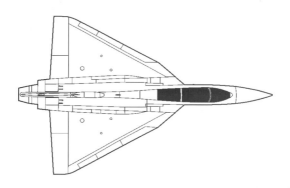

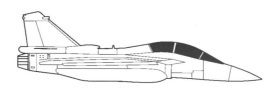

Abmessungen (A Mk. 1):
Spannweite 8,20 m
Länge 13,20 m
Höhe 4,40 m
Flügelfläche 38,40 m².

ADA (HAL) TEJAS / NAVAL TEJAS

Ursprungsland: Indien.
Kategorie: Ein- und zweisitziger leichter Mehrzweckjäger.
Triebwerke (Erprobungsträger TD-1/2 + 38 erste Exemplare): Ein Mantelstromtriebwerk General Electric F404-IN20 mit 8210 kp (80,50 kN) Standschub mit Nachbrenner; (ab 42. Maschine sowie bei der Naval Tejas) ein leistungsfähigeres Mantelstromtriebwerk F414-INS6 mit 9000 kp (88,25 kN).
Leistungen (A Mk.1 nach Angaben des Herstellers): Höchstgeschwindigkeit in großen Höhen Mach 1,6; Dienstgipfelhöhe 15250 m; Aktionsradius 800 km; Reichweite mit internem Kraftstoff 2000 km.
Gewichte (A Mk.1): Leergewicht 6560 kg; Startgewicht ohne Außenlasten 9500 kg, mit Außenlasten bis zu 13200 kg.
Bewaffnung: Eine doppelläufige 23-mm-Kanone GSh-23 mit 200 Schuss sowie an sieben Aufhängepunkten Waffenlasten bis zu 4000 kg.
Entwicklungsstand: Der erste von zwei Erprobungsträgern TD-1 nahm die Flugerprobung am 6. Januar 2001 auf, gefolgt vom ersten eigentlichen Prototypen PV1 am 25. November 2003. Im April 2007 hatte auch das erste Serienflugzeug A Mk.1 den Erstflug. Ein Doppelsitzer folgte am 26. November 2009. Der erste von zwei Prototypen der Marineausführung Naval Tejas (siehe Foto und Dreiseitenriss) nahm am 27. April 2012 die Flugerprobung auf. Die Indische Luftwaffe will als Ersatz der MiG-21 rund 200 Einheiten beschaffen, die Indische Marine 40 (9 davon bestellt). Nach langen technisch bedingten Verzögerungen erfolgte die einstweilen provisorische Indienststellung Mitte 2011. 41 Einheiten der Version A Mk.1 einschließlich der Prototypen sind mittlerweile fest bestellt.
Bemerkungen: Das als Tejas (Strahler) bezeichnete Muster ist ein kleines, wendiges und kostengünstiges Mehrzweckkampfflugzeug. Dank Verwendung von modernsten Verbundwerkstoffen und Aluminium/Lithium-Verbindungen ist die Tejas auch sehr leicht. Weite Teile der Elektronik sind in Indien entwickelt worden, so auch das Multifunktions-Dopplerradar. Ab der 42. Maschine erhalten die Tejas das Triebwerk F414-GE-INS6 und werden als Tejas A Mk. 2 bezeichnet. Sie weisen weitere Verbesserungen auf und sollen ab 2014 in Dienst gestellt werden. Die ein- und doppelsitzige Ausführung für die Indische Marine ist für Trägereinsätze ausgelegt. Sie verfügt u.a. über ein stärkeres Fahrwerk, einen Fanghaken sowie Modifikationen an den Flügeln zur Reduktion der Anfluggeschwindigkeit sowie über das gleiche Triebwerk wie die A Mk.2.
Hersteller: ADA Aeronautical Development Agency der Hindustan Aeronautics Ltd., Bangalore, Indien.

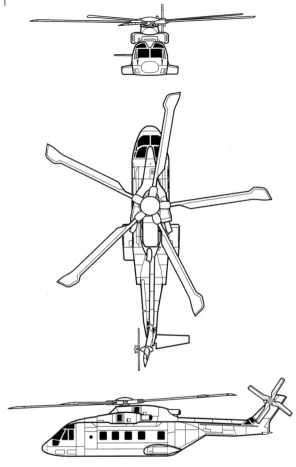

Abmessungen:
Rotordurchmesser 18,59 m
Rumpflänge 19,51 m
Höhe inkl. Rotorkopf 5,21 m.

AGUSTA WESTLAND AW101 ◀

Ursprungsland: Großbritannien und Italien.
Kategorie: Militärischer und ziviler Mehrzweck- und Transporthubschrauber.
Triebwerke: Drei Gasturbinen (RN) Rolls-Royce-Turboméca RTM 322 von je 2241 WPS (1671 kW) oder (Italienische Marine) General Electric CT7-6A1 von je 2040 WPS (1521 kW) Leistung.
Leistungen (CT7-6): Max. Fluggeschwindigkeit 308 km/h; ökonom. Reisegeschwindigkeit 267 km/h; Schwebehöhe mit Bodeneffekt 2745 m, ohne Bodeneffekt 1675 m; max. Flughöhe 4600 m; Reichweite mit 30 Passagieren 926 km; Überführungsreichweite mit Zusatztanks 1760 km.
Gewichte: Rüstgewicht ASW-Ausführung 9275 kg, Mehrzweckversion 9000 kg, Zivilausführung 8993 kg; max. Startgewicht ASW-Ausführung 13530 kg, übrige 14288 kg.
Zuladung: Zwei Piloten und 30 Passagiere; max. Nutzlast 6700 kg.
Bewaffnung (HM Mk.1): Vier Leichtgewichttorpedos Stingray oder Antischiffslenkwaffen der Exocet-Harpoon-Klasse.
Entwicklungsstand: Die erste Entwicklungsmaschine flog erstmals am 9. Oktober 1987. Bisher sind Bestellungen für rund 190 AW101 (davon etwa 180 abgeliefert) in verschiedenen Ausführungen eingegangen: Marine Algeriens 6, Dänemark 18, Großbritannien 72, Indien 12, Italien 24, Kanada 15, Portugal 12 (+ 2 Optionen), Polizei von Tokyo 1, Japanische Marine 14, Saudi Arabien 2.
Bemerkungen: Die AW101 wird in verschiedenen Ausführungen gebaut: ASW (U-Boot-Jäger), Minensucher, SAR/Rettungsaufgaben, taktischer Transporter, AEW sowie Zivilversion. Die Merlins der Royal Navy werden bereits einer intensiven Modernisierung unterzogen, welche u.a. ein Fly-By-Wire-System, neue Avionik- und Kommunikationssysteme umfasst. Ein neuer Hauptrotor wird bei allen englischen AW101 eingebaut. Dadurch erhöht sich die Nutzlast um 650 kg und erlaubt eine höhere Geschwindigkeit. Der erste neu als Merlin Mk.2 bezeichnete Hubschrauber fliegt seit Oktober 2010. Für die Royal Navy wird derzeit eine AEW-Version, ausgerüstet mit einem im Heck einziehbaren Searchwater 2000-Radar, entwickelt.
Hersteller: AgustaWestland Ltd., London, Werk Yeovil, Großbritannien.

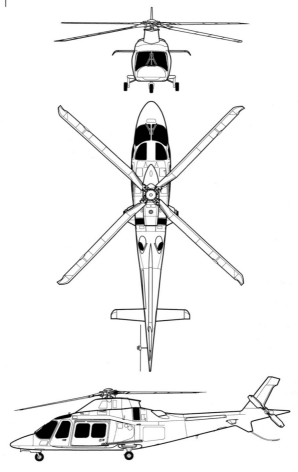

Abmessungen (Grand):
Rotordurchmesser 10,83 m
Rumpflänge 11,65 m
Höhe über Rotor 3,08 m, über Heck 3,44 m.

AGUSTA WESTLAND AW109 GRAND/GRANDNEW

Ursprungsland: Italien.
Kategorie: Leichter Mehrzweckhubschrauber.
Triebwerke: Zwei Gasturbinen Pratt & Whitney Canada PW207C von je 735 WPS (548 kW) Leistung.
Leistungen (Grand): Höchstgeschwindigkeit 311 km/h; max. Reisegeschwindigkeit 287 km/h auf Meereshöhe; max. Schrägsteiggeschwindigkeit 9,30 m/Sek; Dienstgipfelhöhe 4940 m; Schwebehöhe mit Bodeneffekt 4750 m, ohne Bodeneffekt 3050 m; Reichweite 890 km; max. Flugdauer 4 Std. 28 Min.
Gewichte (Grand): Leer 1660 kg; max. Startgewicht 3175 kg mit interner Nutzlast bzw. 3200 kg mit externer Nutzlast.
Zuladung: Ein Pilot und sieben Passagiere. Als Ambulanzhubschrauber zwei liegende Patienten und zwei Helfer. Max. Nutzlast (Power) 1130 kg.
Entwicklungsstand: Die neueste Version Grand fliegt seit Anfang 2005. Erste Auslieferungen erfolgten noch im gleichen Jahr. Über 250 Grand/GrandNews sind bestellt und mehr als 100 davon abgeliefert. Elf Grands bestellte die schweizerische REGA für Bergrettungseinsätze. Die verschiedenen Ausführungen Grand, Power und Nexus erfreuen sich weiterhin einer großen Nachfrage. Bisher sind rund 500 Einheiten bestellt worden.
Bemerkungen: Das aktuelle Top-Modell der AW109-Reihe Grand ist gegenüber der früheren Version Power (siehe Ausgabe 2005) um rund 20 cm gestreckt und bietet einen auf 2,30 m verlängerten Innenraum. Zum erleichterten Einstieg wurden auch die zwei Schiebetüren vergrößert. Damit ist die Grand besonders für Ambulanzeinsätze geeignet. Den Antrieb übernehmen leistungsstärkere PW207C-Triebwerke. Der Heckrotor besteht nun aus Verbundwerkstoff. Power wie Grand weisen einen Hauptrotorkopf mit Titannabe und Elastomerlagern auf, welcher wesentlich wartungsfreundlicher ist. Die Triebwerke sind mit einem elektronischen Triebwerkmanagement FADEC versehen. Das Fahrwerk ist einziehbar. Dank eines 1553 MIL-STD-Databusses kann eine Vielzahl von (Zusatz)Systemen kompatibel gemacht werden. 2010 präsentierte der Hersteller die Weiterentwicklung GrandNew mit neuer Avionik, welche u.a. ein EFIS-Cockpit mit Synthetic Vision, Satelliten-Navigation und einen sog. »full-axis«-Autopiloten umfasst. Ein erstes Muster wurde im September 2010 ausgeliefert.
Hersteller: AgustaWestland Ltd., Werk Vergiate, Italien.

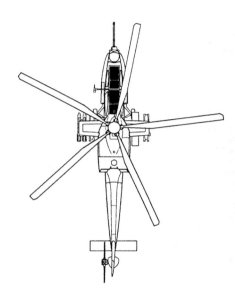

Abmessungen:
Rotordurchmesser 11,90 m
Rumpflänge 12,62 m
Höhe inkl. Rotorkopf 3,35 m.

AGUSTA WESTLAND AW129 ATAK

Ursprungsland: Italien (Türkei).
Kategorie: Zweisitziger Kampf- und Beobachtungshubschrauber.
Triebwerke: Zwei Gasturbinen LHTEC T800-2 von je 1373 WPS (1024 kW) Leistung.
Leistungen: Normale Einsatzgeschwindigkeit 269 km/h; max. Steiggeschwindigkeit 13,97 m/Sek; Dienstgipfelhöhe 6096 m; Schwebehöhe ohne Bodeneffekt 3048 m; max. Reichweite 560 km; Flugdauer 3 Std.
Gewichte: Leergewicht 3177 kg; max. Startgewicht 5110 kg.
Bewaffnung: Eine 20-mm-Kanone mit 300 Schuss in einem Drehturm unter der Bugspitze und acht Panzerabwehrlenkwaffen TOW oder Hellfire plus Raketenwerfer für ungelenkte 70-mm-Raketen, Stinger-Flablenkwaffen usw. verteilt auf vier Aufhängepunkte mit einer Tragkraft von je 300 kg.
Entwicklungsstand: Die neueste Ausführung A129 ATAK flog erstmals am 28. September 2009, die erste in der Türkei in Lizenz hergestellte Maschine am 17. August 2011. 50 Hubschrauber (+ 41 Optionen) bestellte die Türkische Armee. Von den Ursprungsausführungen A129 und A129 CBT erhielt die Italienische Armee bis 2008 45 bzw. 15 Maschinen.
Bemerkungen: Wie die A129 CBT verfügt auch die AW129 ATAK über einen Fünfblattrotor mit modifiziertem Rotorkopf und verstärkter Transmission sowie über einen zweiblättrigen Heckrotor, beide aus Verbundwerkstoffen. Zudem wurde der Rumpf punktuell verfestigt. Wesentliche Elemente der Elektronik sind neu und zu weiten Teilen türkischen Ursprungs, so u.a. der Missions-Computer, das Navigationssystem und die gesamte Kampf-Elektronik. Ergänzt werden diese Systeme durch ein GPS, verbesserte Kommunikationsgeräte und ein neues Abwehrsystem. Das Cockpit erhält neue Multifunktionsanzeigen, verbunden mit einem am Helm des Piloten montierten Display für die wichtigsten Parameter. 32 (+ 16 Optionen) A129 der Italienischen Armee erhalten ab 2011 verbesserte Avionik und Waffensysteme.
Hersteller: AgustaWestland Ltd., Werk Vergiate, Italien bzw. Turkish Aerospace Corporation, Kazan-Ankara, Türkei.

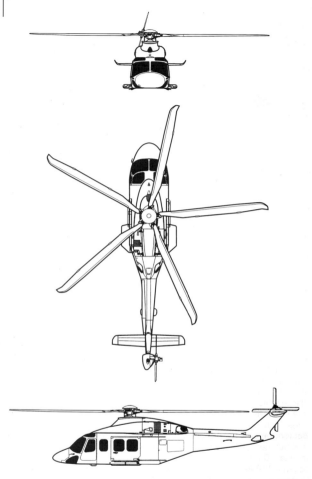

Abmessungen:
Rotordurchmesser 13,80 m
Rumpflänge bei drehendem Rotor 16,65 m, ohne Rotor 13,53 m
Höhe über Heckleitwerk 4,95 m.

AGUSTA WESTLAND BELL AW139 ◄

Ursprungsland: Italien und USA.
Kategorie: Mittelschwerer Mehrzweckhubschrauber.
Triebwerke: Zwei Gasturbinen Pratt & Whitney Canada PT6C-67C von je 1679 WPS (1250 kW) Leistung.
Leistungen: Höchstgeschwindigkeit 310 km/h; max. Reisegeschwindigkeit 306 km/h; Schrägsteiggeschwindigkeit 10 m/Sek; Schwebehöhe mit Bodeneffekt 3600 m, ohne Bodeneffekt 2920 m; Dienstgipfelhöhe 5914 m; max. Flugdauer 5,12 Std; Reichweite mit 10 Passagieren 650 km, max. 1061 km.
Gewichte: Rüstgewicht je nach Ausführung 3800 kg, max. Startgewicht 6800 kg.
Zuladung: Ein bis zwei Piloten und zwischen 12 und 15 Passagiere oder für Rettungseinsätze sechs liegende Verletzte und vier Sanitäter; max. Nutzlast intern 2500 kg, extern 2778 kg.
Entwicklungsstand: Der Prototyp nahm am 3. Februar 2001 die Flugerprobung auf, gefolgt vom ersten Serienmuster am 24. Juni 2002. Ende 2003 wurden die ersten Maschinen ausgeliefert. Etwa 180 zivile Operators sowie militärische bzw. paramilitärische Organisationen haben bis Ende 2012 rund 660 Einheiten bestellt. Die 500. wurde Mitte 2012 gebaut. Derzeit baut der Hersteller jährlich etwa 50 Einheiten. Einige der neuesten Besteller: Japanische Polizei (2), Schwedische Küstenwache (7), Thailändische Armee (2), UTair (weitere 10, total 30). Angesichts der großen Nachfrage wird die AW139 in den USA und seit 2012 auch in Russland in Lizenz hergestellt.
Bemerkungen: Die AW139 ist ein Gemeinschaftsprojekt von Agusta (75%) und Bell (25%), wobei die erstgenannte Firma den Lead beim Vorhaben innehat. Die Haupteinsatzgebiete der AW139 sind: Transport von Geschäfts-/VIP-Personen, Überwachungsaufgaben, EMS-Transporte und Versorgung von Ölbohrplattformen. Die AW139 zeichnet sich durch eine für ihre Klasse sehr voluminöse Kabine aus. Die elektronische Ausrüstung entspricht dem heutigen Standard. Alle ab 2009 gebauten Modelle weisen ein auf 6800 kg erhöhtes max. Startgewicht auf. Die Italienische Luftwaffe hat 2012 10 Einheiten einer speziellen Combat-SAR-Version HH-139A beschafft. Diese weist u.a. ein verstärktes und höheres Fahrwerk sowie verbesserte Avionik auf.
Hersteller: AgustaWestland Ltd., Werk Vergiate, Italien und Bell Helicopter Textron, USA.

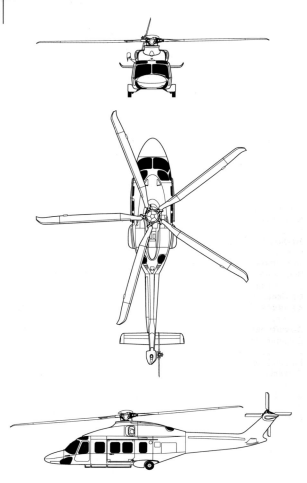

Abmessungen:
Rotordurchmesser 14,60 m
Rumpflänge ohne Rotor 14,62 m, mit drehendem Rotor 17,57 m
Höhe über Heckleitwerk 5,06 m.

AGUSTA WESTLAND AW149

Ursprungsland: Italien.
Kategorie: Mittelschwerer Mehrzweckhubschrauber für militärische Einsätze.
Triebwerke: Zwei Gasturbinen General Electric CT7-2E1 von je 2000 WPS (1492 kW) Leistung.
Leistungen: Max. Reisegeschwindigkeit 278 km/h; Schwebehöhe mit Bodeneffekt, 12 Soldaten und Treibstoff für einen Aktionsradius von 280 km rund 2000 m.
Gewichte: Max. Startgewicht 8600 kg.
Zuladung: Zwei Piloten und bis 18 voll ausgerüstete Soldaten, für Rettungseinsätze sechs liegende Verletzte und vier Sanitäter.
Bewaffnung: An seitlichen Auslegern neben dem Rumpf können u.a. Behälter mit ungelenkten Raketen, solche für 12,7- bzw. 20-mm-Rohrwaffen sowie Lenkwaffen mitgeführt werden. Ein Fensterplatz ist zudem für den Einbau eines 7,62-mm-Maschinengewehres vorgesehen.
Entwicklungsstand: Die Weiterentwicklung der AW139 (siehe Seiten 16/17), die AW149 für Militäreinsätze, flog erstmals am 13. November 2009. Ein zweiter Prototyp folgte Ende 2010. Die Einsatzbereitschaft ist für 2014 vorgesehen. Bisher wurden noch keine Aufträge bekannt gegeben.
Bemerkungen: Mit der AW149 will AgustaWestland die wachsende Nachfrage nach preisgünstigen mittelschweren Mehrzweckhubschraubern für militärische und paramilitärische Organisationen befriedigen. Dank voll digitalisierter Avionik, einer offenen System-Architektur und integrierter Einsatzausrüstung soll sie für die heutigen Einsatzszenarien gerüstet sein. Eingebaut sind gegenüber der AW139 deutlich stärkere Triebwerke von General Electric sowie ein völlig neues Transmissions-System. Die Zellenkonstruktion ist sehr robust ausgelegt und soll den Insassen bei Abstürzen eine hohe Überlebenswahrscheinlichkeit ermöglichen. So sind beispielsweise alle Sitze »crash-resistent« gebaut. Zum schnellen Ein- und Aussteigen bzw. zum Ausladen von Fracht hat man die Türen entsprechend groß ausgelegt. Der 4-Achs-Autopilot und die neueste Avionik sollen die Belastung der Piloten minimieren. Die AW149 ist u.a. für folgende Aufgaben geeignet: Gefechtsfeldunterstützung, Combat SAR, Aufklärung und Überwachung sowie Evakuationseinsätze.
Hersteller: AgustaWestland Ltd., Werk Vergiate, Italien.

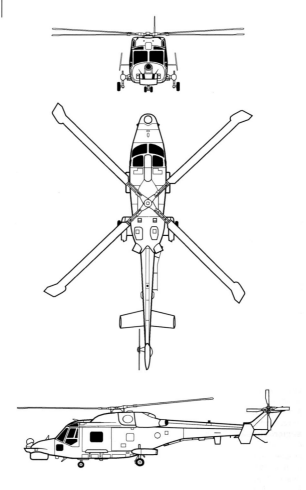

Abmessungen:
Rotordurchmesser 12,80 m
Rumpflänge 13,33 m
Höhe inkl. Rotorkopf 3,67 m.

AGUSTA WESTLAND AW159 WILDCAT ◄

Ursprungsland: Großbritannien.
Kategorie: Militärischer Mehrzweckhubschrauber für Armee- und Marineeinsätze.
Triebwerke: Zwei Gasturbinen Honeywell LHTEC CTS800-4N von je 1620 WPS (1207 kW) Leistung.
Leistungen: Max. Reisegeschwindigkeit 245 km/h auf Meereshöhe; normale Reisegeschwindigkeit 230 km/h; Schrägsteiggeschwindigkeit 10 m/Sek; Schwebehöhe mit Bodeneffekt 2103 m, ohne Bodeneffekt 1448 m; Reichweite bei taktischem Einsatz 685 km, max. 1000 km; max. Flugdauer mit Zusatztanks 5 Std. 15 Min.
Gewichte: Rüstgewicht 3943 kg; max. Startgewicht 5800 kg.
Zuladung: Ein bis zwei Piloten und je nach Einsatzzweck bis zu 12 Personen. Als Rettungshubschrauber drei bis acht Patienten samt Sanitäter; Rettungswinde von 272 kg Tragkraft.
Bewaffnung: Als Panzerabwehrhubschrauber an bis zu acht Aufhängepunkten TOW-, HOT- oder Hellfire-Lenkwaffen; als Schiffsabwehr-Hubschrauber Leichttorpedos, bis zu vier Lenkwaffen Sea Skua 2, AS12TT oder zwei Penguin.
Entwicklungsstand: Das erste Muster absolvierte den Erstflug am 28. November 2009, gefolgt vom zweiten am 14. Oktober 2010. Die Royal Army beschafft 40 Future Lynx, die Royal Navy 22. Die ersten Ablieferungen an die Army erfolgten 2012. 2013 folgen jene für die Navy.
Bemerkungen: Die 2005 angekündigten Ausführungen Future bzw. Super Lynx, nun als AW159 Wildcat bezeichnet, werden mit CTS800-Triebwerken ausgestattet. Die Landversion erhält verbesserte Navigations- und Kommunikationssysteme sowie u.a. ein Laser-Zieldarstellungsgerät und wird besser geeignet sein, die Unterstützungsfunktion für die englischen AH-64D (siehe Seiten 94/95) zu erfüllen. Die Marineversion weist ein 360°-Seaspray-Radar im Rumpfbug auf und ist zusätzlich mit Night-Vision-Goggles (NVG), Glascockpit, digitaler Avionik und doppelt redundantem Databus MIL-STD-1553D ausgerüstet. Zwölf frühere Lynx AH9 der Royal Army wurden 2010 mit dem Triebwerk der Wildcat ausgerüstet und neu als AH9A bezeichnet. Sie weisen deutlich bessere Flugleistungen besonders in heißen Gebieten auf.
Hersteller: AgustaWestland Ltd., Werk Yeovil, Somerset, Großbritannien.

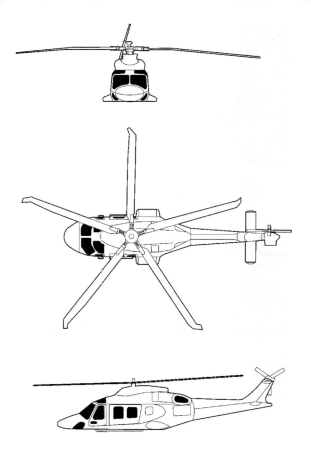

Abmessungen:
Rotordurchmesser 12,12 m
Rumpflänge inkl. drehender Rotor 14,68 m
Höhe inkl. Rotorkopf 4,50 m.

AGUSTA WESTLAND AW169

Ursprungsland: Italien.
Kategorie: Mittelschwerer Mehrzweckhubschrauber.
Triebwerke: Zwei Gasturbinen Pratt & Whitney PW210 von je 1000 WPS (745 kW) Leistung.
Leistungen (provisorische Angaben): Reisegeschwindigkeit 260 km/h.
Gewichte: Max. Startgewicht 4500 kg.
Zuladung: Ein bis zwei Piloten und zwischen acht und zehn Passagiere oder für Rettungseinsätze zwei liegende Verletzte und zwei Sanitäter.
Entwicklungsstand: Ein erster von drei Prototypen flog erstmals am 10. Mai 2012, der letzte im November 2012. Mit den Kundenauslieferungen will man 2014 beginnen. Bis Ende 2012 waren bereits über 70 Hubschrauber von mehreren Betreibern bestellt, darunter Bond Air Services (10 + Optionen), Inaer Spanien (10). Die meisten werden die AW169 für Offshore- und für Ambulanzeinsätze verwenden.
Bemerkungen: Mit der AW169 will der Hersteller die Angebotslücke zwischen der AW109 und der AW139 schließen und damit auch ein Konkurrenzprodukt beispielsweise zum Eurocopter EC145 anbieten. In diesem Wachstumssegment wird ein Produkt lanciert, welches neueste technologische Entwicklung enthält und eine große Zahl von Einsatzmöglichkeiten erlaubt. Im Vordergrund stehen dabei kommerzielle wie auch paramilitärische Aufgaben wie EMS-Einsätze, Law-and-Order-, Offshore- und SAR-Missionen. Bei der AW169 handelt es sich um eine völlig neue Entwicklung, bei der modernste Konstruktionsmethoden und Werkstoffe eingesetzt werden. Nebst auf Robustheit und Langlebigkeit wird starkes Gewicht auf hohe Wirtschaftlichkeit gelegt. Auch die Avionik entspricht neuesten Entwicklungen. Die Zelle wird »crash-resistent« ausgelegt. Dank großen Schiebetüren ist der Passagier- bzw. Frachtraum sehr gut zugänglich, was insbesondere bei Ambulanzeinsätzen wichtig ist.
Hersteller: AgustaWestland Ltd., Werk Vergiate, Italien.

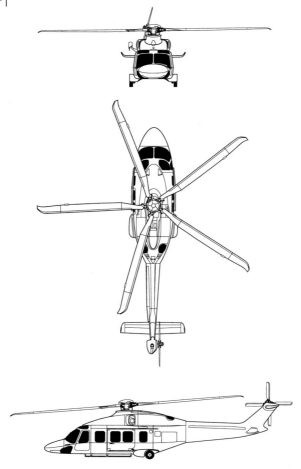

Abmessungen:
Rotordurchmesser 14,60 m
Rumpflänge bei drehendem Rotor 17,60 m
Höhe über Heckleitwerk 5,06 m.

AGUSTA WESTLAND AW189 ◄

Ursprungsland: Italien.
Kategorie: Mittelschwerer Mehrzweckhubschrauber primär für Offshore-Einsätze.
Triebwerke: Zwei Gasturbinen General Electric CT7-2E1 von je 2000 WPS (1492 kW) Leistung.
Leistungen (vorläufige Angaben): Höchstgeschwindigkeit über 300 km/h, Reisegeschwindigkeit 278 km/h; Aktionsradius mehr als 370 km, mit Standardnutzlast noch 260 km.
Gewichte: Max. Startgewicht rund 8000 kg.
Zuladung: Zwei Piloten und normalerweise 16, max. bis zu 18 Passagiere. Extern können Lasten bis zu 2722 kg mitgeführt werden.
Entwicklungsstand: Die AW189 startete am 21. Dezember 2011 zum Erstflug und soll bereits Ende 2013 die Zulassung erhalten. Damit könnte mit den Kundenablieferungen anfangs 2014 begonnen werden. Als Erstbesteller gab die britische Bristow einen Auftrag über sechs Einheiten bekannt. ERA folgte mit fünf und Gulf Helicopters mit 15. Auch andere Betreiber haben die AW189 geordert.
Bemerkungen: Basierend auf der militärischen Version AW149 (siehe Seiten 18/19) ist die AW189 primär für die harten Einsätze im Offshore-Markt optimiert und zwar sowohl für Passagier-, Frachttransporte sowie Such- und Rettungsmissionen. Sie wird den neuesten internationalen Sicherheitsvorschriften für Transporteinsätze vor allem auf Bohrinseln entsprechen. Dazu verfügt die AW189 über eine spezifische Ausrüstung, u.a. Schwimmkörper für Notwasserungen, Notlichtsystem, faltbare Rettungsflosse außen am Rumpf, weiterentwickeltes Wetterradar, Schutzsystem gegen Vereisung usw. Eine Spezialausführung für sog. EMS-Einsätze befindet sich in Zusammenarbeit mit United Rotorcraft ebenfalls in Entwicklung. Wie bei neuen Hubschrauberkonstruktionen üblich verfügt die AW189 über eine voll digitalisierte Avionik, eine offene System-Architektur und integrierte Einsatzausrüstung. Der 4-Achs-Autopilot und die neueste Avionik sollen die Belastung der Piloten minimieren. Die Zellenkonstruktion ist sehr robust ausgelegt und soll den Insassen bei Abstürzen eine hohe Überlebenswahrscheinlichkeit ermöglichen.
Hersteller: AgustaWestland Ltd., Werk Vergiate, Italien.

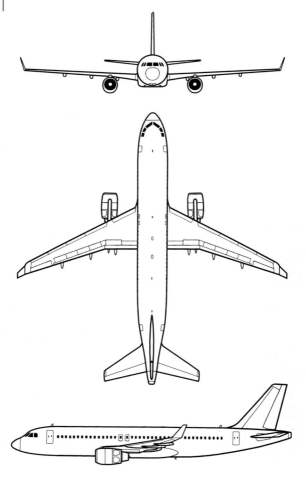

Abmessungen:
Spannweite 34,10 m
Länge (A320) 37,57 m, (A319) 33,84 m, (A321) 44,51 m
Höhe 11,76 m
Flügelfläche (A320) 122,40 m².

AIRBUS A320-200 »ENHANCED«/A320NEO ◀

Ursprungsland: Europäisches Konsortium.
Kategorie: Kurz- und Mittelstrecken-Verkehrsflugzeug.
Triebwerke (A320-200): Zwei Mantelstromtriebwerke CFM International CFM56-5B4 bzw. IAE V2500-A1 von je 12020 kp (117,90 kN) Standschub; (A320neo): Zwei Mantelstromtriebwerke Pratt & Whitney PW1127G von je 11930 kp (117,20 kN) Standschub bzw. CFM International LEAP-X von noch unbekannter Stärke.
Leistungen (A320-200): Max. Reisegeschwindigkeit Mach 0,82, ökonom. Reisegeschwindigkeit 845 km/h; Dienstgipfelhöhe 11890 m; Reichweite mit max. Passagierzahl inkl. Reserven 5030 km.
Gewichte (A320-200): Rüstgewicht 41800 kg; max. Startgewicht 77020 kg.
Zuladung: Zwei Mann Cockpitbesatzung und Mehrklassenbestuhlung für normalerweise 150 Passagiere. Einheitsklassen-Innenausstattung für max. 179 Passagiere; max. Nutzlast 21600 kg.
Entwicklungsstand: Der Prototyp der A320 nahm am 22. Februar 1987 die Flugerprobung auf; erste Auslieferungen im März 1988. Die »Enhanced« folgte 2008, die neueste Variante A320neo 2015. Vom Airbus-Bestseller A320 waren bis Dezember 2012 6094 bestellt und 3192 abgeliefert. Auch die A320neo weist bereits ein Auftragspolster von 1530 Einheiten von 30 Airlines auf. Die monatliche Produktionsrate beläuft sich aktuell auf 42 Einheiten. 2008 errichtete Airbus bei Tianjin Zhongtian in der VR China eine weitere Produktionsstraße. 2015 folgt auch eine in Mobilie, USA. Von der A318/A319/A320/A321-Familie zusammen sind bisher 9031 bestellt und 5404 abgeliefert worden.
Bemerkungen: Die A320 wird einer Verjüngungskur unterzogen. Mit Ausnahme der Winglets (ab 2014 mit Sharklets) an den Flügelenden sind die meisten Modifikationen kaum sichtbar. Zur weiteren Verbesserung der Aerodynamik und Verringerung des Luftwiderstandes gestaltet Airbus den Flügel-Rumpf-Übergang sowie die Entlüftungsventile neu. Ebenfalls optimiert wird die Triebwerksaufhängung. Alle diese Maßnahmen tragen zu einer Reduktion der direkten Betriebskosten bei. Schließlich erfährt auch die Passagierkabine eine Überarbeitung mit beispielsweise größeren Gepäckfächern. Airbus hat Ende 2010 den Airbus A320neo lanciert, ausgerüstet mit Triebwerken neuester Technologie und überarbeiteten Flügelenden mit Sharklets. Man verspricht sich eine Reduktion des spezifischen Treibstoffverbrauchs von 15% sowie deutlich bessere Lärm- und Abgaswerte. Diese Version wird ab 2016 verfügbar sein.
Hersteller: Airbus Industrie, Teil der EADS (European Aeronautic Defence and Space Company), Werk Toulouse-Blagnac, Frankreich.

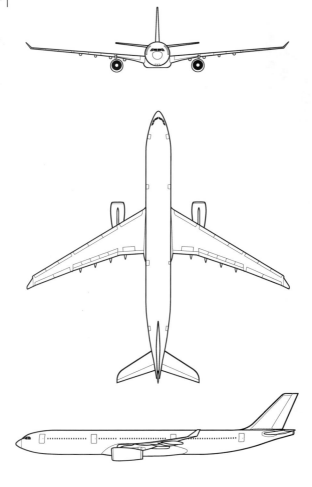

Abmessungen (A330-300/-200):
Spannweite inkl. Winglets 60,30 m
Länge 63,70/58,98 m
Höhe 16,83/17,89 m
Flügelfläche 363,10 m².

AIRBUS A330-300/200

Ursprungsland: Europäisches Konsortium.
Kategorie: Mittel- bis Langstrecken-Verkehrsflugzeug.
Triebwerke: Zwei Mantelstromtriebwerke Rolls-Royce Trent 772, General Electric CF6-80E1 oder Pratt & Whitney PW4168 von zwischen 28500 und 31000 kp (279 und 316 kN) Standschub.
Leistungen (A330-300/200): Max. Reisegeschwindigkeit 880/900 km/h; ökonom. Reisegeschwindigkeit 861/880 km/h; Dienstgipfelhöhe 12000/12500 m; Reichweite mit 335/293 Passagieren 8800/12650 km.
Gewichte (A330-300/200): Rüstgewicht 124000/120000 kg; max. Startgewicht 235000/238000 kg.
Zuladung (A330-300/-200): Zwei Mann Cockpitbesatzung und bei üblicher Zweiklassenbestuhlung 30/36 Passagiere in der Business-Klasse und 305/205 in der Touristenklasse in Sechser- bzw. Achterreihen mit zwei Mittelgängen. Max. 440/380 Passagiere in Neunerreihen.
Entwicklungsstand: Die erste A330-300 nahm die Flugerprobung im Oktober 1992 auf, die erste A330-200 am 13. August 1997. Die Auslieferungen begannen Ende 1993 bzw. im April 1998. Von der A330-Reihe waren Ende 2012 1244 bestellt, aufgeteilt in 616 A330-300 und 576 A330-200. 938 hat Airbus bis Ende 2012 ausgeliefert. Monatlich werden von beiden Ausführungen acht Einheiten gebaut.
Bemerkungen: Die A330-300 und 200 sind konstruktiv weitgehend gleich. Der primäre Unterschied liegt in der Rumpflänge. Gegenüber der A330-300 ist die -200 um 5,33 m kürzer. Letztere verfügt über Treibstofftanks mit einem auf 139000 Liter erhöhten Fassungsvermögen. Zudem erfuhr das Seitenleitwerk eine kleine Überarbeitung. Auch zur A340 (siehe Ausgabe 2010), deren Produktion 2012 eingestellt wird, sind mit Ausnahme von Flügel, Triebwerken und Rumpflänge kaum Unterschiede vorhanden. Airbus offeriert ab 2015 die A330-300/200 mit einem auf 242000 kg erhöhten Abfluggewicht. Damit kann die Reichweite bei voller Nutzlast um rund 900 km ausgeweitet werden. Bei der A330-300 wird dafür ein weiterer Rumpftank eingebaut. Die Frachtausführung A330F wurde in der Ausgabe 2012 beschrieben.
Hersteller: Airbus Industrie, Blagnac, Frankreich, Werk Toulouse, Teil der EADS (European Aeronautic Defence and Space Company).

Abmessungen:
Spannweite inkl. Winglets 60,30 m
Länge ohne Luftbetankungsausleger 58,98 m, inkl. Tankausleger 59,69 m
Höhe 17,89 m
Flügelfläche 363,10 m².

AIRBUS A330-200 MRTT VOYAGER ◀

Ursprungsland: Europäisches Konsortium.
Kategorie: Militärischer Transporter, Tanker und Frachter.
Triebwerke: Zwei Mantelstromtriebwerke Rolls-Royce Trent 772, General Electric CF6-80E1 oder Pratt & Whitney PW4168 von zwischen 29600 und 31000 kp (302 und 316 kN) Standschub.
Leistungen: Max. Reisegeschwindigkeit 900 km/h (Mach 0,86); ökonom. Reisegeschwindigkeit 880 km/h (Mach 0,82); Dienstgipfelhöhe 12650 m; Reichweite als Frachter mit Nutzlasten von 62000 kg bzw. 50000 kg 7780/9815 km, max. Reichweite 14800 km; als Tanker Aktionsradius von 1850 km bei Abgabe von 50000 kg Treibstoff.
Gewichte: Rüstgewicht 120000 kg; max. Startgewicht 233000 kg.
Zuladung: Zwei Mann Cockpitbesatzung und auf dem Hauptdeck 380 Soldaten oder 26 LD3-Container für Fracht; max. Nutzlast als Frachter 62000 kg, als Tanker eine Zuladung von 140000 kg. Für Sanitätseinsätze kann die MRTT mit bis zu 130 Tragen ausgerüstet werden.
Entwicklungsstand: Die erste für militärische Einsätze vorgesehene A330-200 MRTT begann die Flugerprobung am 24. Juni 2006. Aktueller Auftragsbestand: Australien (5), Großbritannien (14), Saudi Arabien (6), UAE (3). In Australien befinden sich die ersten Einheiten mittlerweile im Einsatz. Großbritannien wird die neu als Voyager bezeichnete A330-200MRTT 2013 in Dienst nehmen. Frankreich und Indien planen die Beschaffung von 14 resp. 6 Einheiten.
Bemerkungen: Airbus entwickelte aus der A330-Familie eine militärische Variante MRTT als Luftbetanker, die bis zu 140000 l Treibstoff mitführen kann. Die Tanks befinden sich in den Flügeln sowie im unteren Laderaum. So bleibt das Hauptdeck frei für Passagiere und Fracht. Die Treibstoffabgabe erfolgt entweder über zwei Stationen unter den Flügeln oder mittels eines Auslegers am Heck, der auf zwischen 11,6 und 17,8 m ausgefahren werden kann. Die Bedienung erfolgt an einer Konsole im Cockpitbereich.
Hersteller: Airbus Industrie, Blagnac, Frankreich, Werk Toulouse, Teil der EADS (European Aeronautic Defence and Space Company).

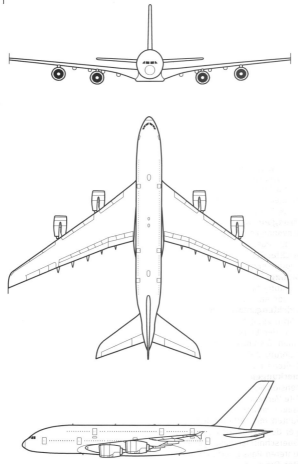

Abmessungen:
Spannweite inkl. Winglets 79,80 m
Länge 73,00 m
Höhe 24,10 m
Flügelfläche 845 m².

AIRBUS A380-800

Ursprungsland: Europäisches Konsortium.
Kategorie: Langstrecken-Verkehrsflugzeug.
Triebwerke: Vier Mantelstromtriebwerke Rolls Royce Trent 970 bzw. General Electric/Pratt & Whitney Engine Alliance GP7270 von je 31750 kp (312 kN) Standschub.
Leistungen: Max. Reisegeschwindigkeit Mach 0,89; ökonom. Reisegeschwindigkeit Mach 0,85; Dienstgipfelhöhe 13100 m; Reichweite mit normaler Passagierzahl 15000 km.
Gewichte: Rüstgewicht 276000 kg; max. Startgewicht (-800) 560000 kg, als Option 569000 kg.
Zuladung: Zwei Mann Cockpitbesatzung und in typischer Dreiklassenbestuhlung bis zu 555 Passagiere, mit Einheitsklasse 853 Passagiere (zwei von Austral so bestellt).
Entwicklungsstand: Das erste von vier Erprobungsmustern startete am 27. April 2005 zum Erstflug. Nach technisch bedingten Verzögerungen konnte der Erstkunde SIA die A380 erst im Oktober 2007 in Dienst nehmen. Bis Ende 2012 waren 262 von 20 Gesellschaften und eine VIP-Ausführung bestellt, 97 davon wurden abgeliefert. Hauptbesteller mit 90 Einheiten ist die Emirates. Neuester Besteller: SIA: 5 weitere.
Bemerkungen: Mit der A380 dringt die Zivilluftfahrt in eine neue Dimension vor, was Größe aber auch Kabinenkomfort angeht. Das weltgrößte Verkehrsflugzeug wird vorerst in zwei Versionen angeboten: Die Passagiervariante A380-800 sowie eine VIP-Ausführung. Später sind noch Varianten mit verlängertem Rumpf geplant. Der Rumpf umfasst zwei Etagen durchgehend für Passagiere sowie einen Gepäck- und Frachtraum. Im Querschnitt ist dieser gegenüber der Boeing 747 (siehe Seiten 72/73) im unteren Passagierraum um rund 0,50 m und im oberen um 1,85 m breiter. Die ganze Konstruktion der A380 ist auf große Wirtschaftlichkeit ausgelegt. Es wurden die neuesten Technologien angewendet, um die Betriebskosten tief zu halten. So bestehen beispielsweise große Teile des Rumpfes aus Verbundwerkstoffen. Ab 2013 ist eine Weiterentwicklung erhältlich, die dank auf 573000 kg erhöhtem Startgewicht Reichweiten bis zu 15360 km erlaubt oder eine um 1500 kg größere Nutzlast ermöglicht.
Hersteller: Airbus Industrie, Blagnac, Frankreich, Werk Toulouse, Teil der EADS (European Aeronautic Defence and Space Company).

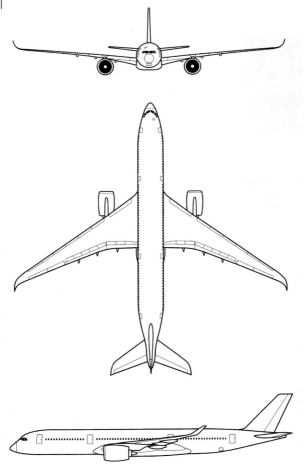

Abmessungen (A350-800/-900/-1000):
Spannweite 64,75 m
Länge 60,54/66,89/73,88 m
Höhe 17,10 m
Flügelfläche (-800/-900) 443 bzw. (-1000) 460 m².

AIRBUS A350 XWB

Ursprungsland: Europäisches Konsortium.
Kategorie: Langstrecken-Verkehrsflugzeug.
Triebwerke (A350-800/-900/-1000): Zwei Mantelstromtriebwerke Rolls-Royce Trent XWB von je 34360/38100/44100 kp (337/374/432 kN) Standschub.
Leistungen (A350-800/-900/-1000, provisorische Angaben): Höchstgeschwindigkeit Mach 0,89; Reisegeschwindigkeit Mach 0,85; max. Reichweite 15700/15000/15600 km.
Gewichte (A350-800/-900/-1000): Max. Startgewicht 259000/268000/308000 kg.
Zuladung (A350-800/-900/-1000): Zwei Mann Cockpitbesatzung und in einer üblichen Dreiklassenbestuhlung 270/314/350 Passagiere.
Entwicklungsstand: Der Prototyp der Erstvariante A350-900 soll erstmals Anfang 2013 fliegen. Die Kundenablieferungen dürften Mitte 2014 beginnen. Als nächste Ausführung folgt voraussichtlich 2014 die A350-800 und schließlich 2016 die A350-1000. Bisher sind von 34 Luftverkehrs- und Leasinggesellschaften Aufträge für 582 Maschinen erteilt worden, aufgeteilt in 385 A350-900, 92 A350-800 und 105 A350-1000. Derzeit größter Besteller mit 80 Maschinen ist die Qatar Airlines.
Bemerkungen: Mit der A350-Familie will der Hersteller einen technologischen Sprung nach vorne unternehmen und in manchen Bereichen Neuland betreten. Für rund 70% der Struktur verwendet man neueste Werkstoffe, womit deutlich Gewicht gespart wird. So besteht ein Großteil des Rumpfes aus Verbundwerkstoffen. Die Flügel sind nach neuesten aerodynamischen Gesichtspunkten optimiert. Alle diese Maßnahmen sollen laut Airbus eine Steigerung der wirtschaftlichen Effizienz von rund 25% bringen. Auch bezüglich Lärmpegel und CO_2-Ausstoß werden Bestwerte erwartet. Zudem wird auch ein größerer Passagierkomfort angeboten. A350-800 und -900 unterscheiden sich primär in der Rumpflänge. Dagegen wird die größte Variante, die A350-1000, nebst längerem Rumpf gegenüber den beiden anderen Ausführungen auch einige weitere Veränderungen erfahren. So ist der Flügel bei gleicher Spannweite um 4% vergrößert bzw. verbreitert. Vorgesehen ist auch ein dreiachsiges Hauptfahrwerk. Schließlich erhält die A350-1000 zudem wesentlich stärkere Triebwerke.
Hersteller: Airbus Industrie, Blagnac, Werk Toulouse, Frankreich, Teil der EADS (European Aeronautice Defence and Space Company).

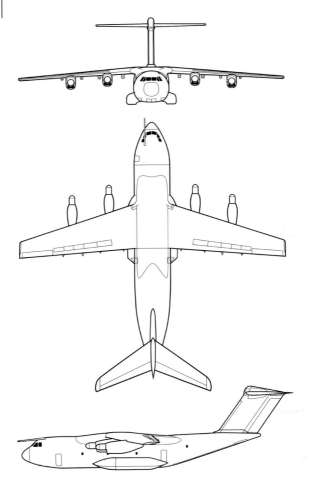

Abmessungen:
Spannweite 42,36 m
Länge 45,10 m
Höhe 14,70 m
Flügelfläche 221,50 m².

AIRBUS A400M ATLAS (GRIZZLY)

Ursprungsland: Europäisches Konsortium
Kategorie: Taktischer und strategischer Militärtransporter.
Triebwerke: Vier Propellerturbinen EuroProp International (EPI) TP400-D6 von je 13000 WPS, reduziert auf 11000 WPS (8200 kW) Leistung.
Leistungen: Max. Reisegeschwindigkeit zwischen Mach 0,68 und 0,72, auf niedriger Höhe 555 km/h; Dienstgipfelhöhe 11300 m; Reichweite mit einer Nutzlast von 20 t 6390 km, mit 30 t 4535 km; Überführungsreichweite 8790 km.
Gewichte: Leergewicht 76820 kg; max. Startgewicht 141000 kg.
Zuladung: Zwei Mann Cockpitbesatzung und z.B. zwei Tiger-Kampfhubschrauber, ein Roland-SAM-System oder ein 12 m-Standard-Container; max. Nutzlast 31500 kg, mit Überlast 37000 kg.
Entwicklungsstand: Nach technisch bedingten Verspätungen nahm der erste Prototyp die Flugerprobung am 11. Dezember 2009 auf. Mittlerweile fliegen alle fünf Prototypen, die erste Serienmaschine folgte anfangs 2013. Die Ablieferungen beginnen Mitte 2013. Nach derzeitigem Informationsstand sind nun 161 Exemplare von folgenden Luftwaffen bestellt: Belgien (7), Deutschland (nur noch 40), Frankreich (50), Großbritannien (22), Luxemburg (1), Malaysia (4), Spanien (27), Türkei (10). 2013 werden vier A400M abgeliefert.
Bemerkungen: Beim Airbus A400M Grizzly (bei RAF Atlas genannt) werden erstmals für einen Militärtransporter sowohl im Entwicklungs- wie auch im Fertigungsprozess kommerzielle Praktiken angewendet. Viele Elemente stammen von zivilen Modellen ab, so z.B. das Cockpit, welches weitgehend jenem der heutigen Airbus-Verkehrsflugzeuge entspricht. Die A400M soll vorab die C-160 Transall sowie die C-130 Hercules ablösen. Gegenüber diesen Mustern weist sie bei weitgehend gleich hohen Betriebskosten eine doppelte Nutzlast-/Volumenkapazität auf. Der Frachtraum ist 17,71 m lang (inkl. Rampe 23,11 m), 4,00 m breit sowie 3,85 m hoch. Nebst der Transportausführung ist auch eine Tankervariante geplant. Zudem soll die A400M dank im Frachtraum zu platzierenden modularen Ausrüstungselementen als Plattform für eine Vielzahl weiterer Aufgaben dienen.
Hersteller: Airbus Military, Teil der EADS (European Aeronautic Defence and Space Company), Werk (Endmontage) San Pablo, Sevilla, Spanien.

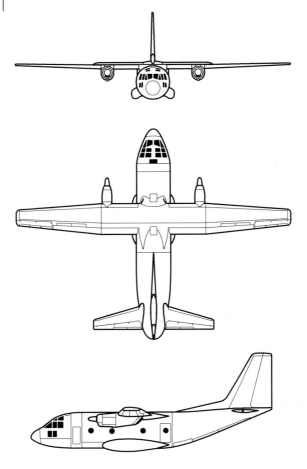

Abmessungen:
Spannweite 28,70 m
Länge 22,70 m
Höhe 9,64 m
Flügelfläche 82,00 m².

ALENIA AERMACCHI C-27J SPARTAN

Ursprungsland: Italien.
Kategorie: Militärischer Mehrzweck- und STOL-Transporter.
Triebwerke: Zwei Propellerturbinen Allison AE2100-D2 von je 4637 WPS (3460 kW) Leistung.
Leistungen: Max. Reisegeschwindigkeit 602 km/h, Langstrecken-Reisegeschwindigkeit 500 km/h auf 6000 m; Anfangssteiggeschwindigkeit 10+ m/Sek; Dienstgipfelhöhe 9150 m; Reichweite mit einer Nutzlast von 10000 kg 1852 km, mit 6000 kg 4260 km; Überführungsreichweite 5926 km.
Gewichte: Leergewicht 16500 kg; max. Startgewicht 31800 kg.
Zuladung: Zwei Mann Cockpitbesatzung und als Truppentransporter 53 voll ausgerüstete Soldaten, 46 Fallschirmjäger oder 36 Verwundete bzw. bis zu 11500 kg Fracht.
Entwicklungsstand: Der erste Prototyp der C-27J fliegt seit 25. September 1999, gefolgt vom ersten Serienmuster am 12. Mai 2000. Die C-27J wurde nach zivilen Grundsätzen im Juni 2001 zugelassen, erste Auslieferungen erfolgten ab 2003. 86 Bestellungen sind bisher eingegangen: Bulgarien 3, Ghana 4, Griechenland 12, Italien 12, Litauen 3, Marokko 4, Mexico 4, Rumänien 7, Slowakei 2, Taiwan 6. Ende 2011 befanden sich rund 60 Maschinen im Einsatz. Der US-Auftrag wurde auf insgesamt 38 Einheiten für die USAF reduziert, 29 davon sind bestellt. Neuester Auftrag: Australien 2.
Bemerkungen: Die C-27J ist eine wesentlich weiterentwickelte Ausführung des Ursprungmodells G.222 (siehe Ausgabe 1995). In einem Joint-Venture von 50 : 50 mit Lockheed Martin entwickelt, weist sie viele Gemeinsamkeiten mit dem mittelschweren Transporter C-130J Hercules II auf (siehe Seiten 230/231). So sind Triebwerk, Sechsblattpropeller und Avionik weitgehend identisch. Damit verspricht man sich bei einem gemeinsamen Beschaffen beider Muster einen wesentlich wirtschaftlicheren Betrieb. Zusammen mit der US Firma ATK bietet der Hersteller unter der Bezeichnung MC-27J eine Version als Kampfzonentransporter an. Dazu können mittels einschiebbaren Paletten u.a. eine 30-mm-Kanone GAU-23 Bushmaster, elektrooptische Instrumente oder Infrarotsensoren mitgeführt werden.
Hersteller: AleniaAermacchi Aeronautica (Tochtergesellschaft der Finmeccanica), Rom, Werk Torino-Caselle, Italien.

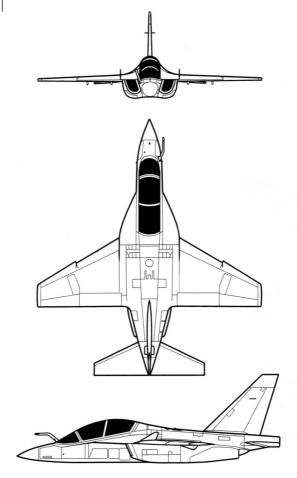

Abmessungen:
Spannweite 9,72 m
Länge 11,49 m
Höhe 4,76 m
Flügelfläche 23,52 m².

ALENIA AERMACCHI T-346A MASTER

Ursprungsland: Italien.
Kategorie: Fortgeschrittenentrainer.
Triebwerke: Zwei Mantelstromtriebwerke Honeywell F124-GA-200 von je 2850 kp (27,95 kN) Standschub.
Leistungen: Höchstgeschwindigkeit 1092 km/h (Mach 0,96) auf 1520 m; Anfangssteiggeschwindigkeit 112 m/Sek; Dienstgipfelhöhe 13700 m; Reichweite mit max. internem Kraftstoff 1770 km, mit zwei externen Zusatztanks und 10 % Reserven 2700 km.
Gewichte: Leergewicht 3910 kg; Startgewicht für Trainingseinsätze 6700 kg, mit voller Bewaffnung 9500 kg.
Bewaffnung: Die M-346 kann eine Waffenlast von bis zu 3000 kg mitführen.
Entwicklungsstand: Das erste von drei Erprobungsmustern startete am 15. Juli 2004 zum Erstflug. Der zweite Prototyp folgte am 17. Mai 2005, das erste Serienmuster am 7. Juli 2008. Als Erstbesteller beschafft die Italienische Luftwaffe vorerst sechs, später insgesamt 15 Maschinen. Die ersten Exemplare wurden im November 2011 abgeliefert (siehe Foto). Weitere Besteller: Israel 30, Singapur 12 und UAE 48 Exemplare.
Bemerkungen: Die T-346A (früher als M-346 Master bezeichnet) ist eine Ableitung des russisch-italienischen Gemeinschaftsprojekts Yak/AEM-130 (siehe Seiten 314/315). Obwohl äußerlich diesem Muster ähnlich, handelt es sich weitgehend um eine Neukonstruktion mit etwas geringeren Abmessungen. Die Struktur besteht überwiegend aus Leichtaluminium, Teile der Flügel sowie Höhen- und Seitenleitwerk sind aus Verbundwerkstoffen. Eine wesentliche Neuerung stellt die von Televio/Marconi gelieferte, je nach Einsatz verschieden programmierbare Flugsteuerung dar. Diese kann von manuell bis zur Fly-By-Wire-Konfiguration eingestellt werden. Dadurch lässt sich ein optimaler Trainingseffekt erzielen. Die doppelt redundante Avionik-Struktur basiert auf einem MIL-STD-1553B-Databus und umfasst u.a. TACAN, IFF, IN/GPS usw. Dank diesen Vorzügen ist die M-346 eines der zur Zeit weltweit fortschrittlichsten Trainingssysteme für angehende Kampfflieger. Die Serienflugzeuge sind dank Überarbeitung der Struktur und Verwendung von mehr Verbundwerkstoffen rund 700 kg leichter.
Hersteller: AleniaAermacchi SpA (Tochtergesellschaft der Alenia Aeronautica/Finmeccanica), Varese-Venegono, Italien.

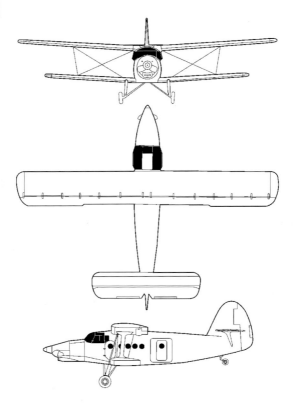

Abmessungen:
Spannweite (oberer Flügel) 18,18 m, (unterer Flügel) 14,30 m
Länge 14,30 m ?
Höhe 4,00 m
Flügelfläche 71,6 m².

ANTONOW AN-3

Ursprungsland: UdSSR bzw. Russland-Ukraine.
Kategorie: Leichtes Transport- und Landwirtschaftsflugzeug.
Triebwerke: Eine Propellerturbine Honeywell Aerospace TPE-331-12UHR von 1100 WPS (820 kW) Leistung.
Leistungen (An-3T): Höchstgeschwindigkeit 260 km/h; max. Reisegeschwindigkeit 250 km/h; Dienstgipfelhöhe 5000 m; max. Reichweite 1025 km.
Gewichte (An-3T): Leergewicht 3200 kg; max. Startgewicht 5800 kg.
Zuladung: Pilot und 12 Passagiere, max. Nutzlast 2200 kg.
Entwicklungsstand: Die mit dem Honeywell-Triebwerk ausgerüstete Variante flog erstmals im Februar 2012. Eine weitere Ausführung An-3-300 mit einer Propellerturbine Motor Sich MC-14 wird aktuell in Zusammenarbeit zwischen Russland und Ukraine entwickelt. Bei keiner der beiden Varianten ist bisher ein Produktionsentscheid gefallen. Offenbar prüft die Luftwaffe Russlands den Umbau von bis zu 200 An-2. Von der An-3T wurden nur wenige Einheiten gebaut.
Bemerkungen: Das Mehrzweckflugzeug An-3 wurde aus der berühmten, mit Kolbenmotor ausgerüsteten An-2 entwickelt, welche erstmals am 31. August 1947 flog. Mehr als 5000 dieses fliegenden Arbeitspferdes stellte die UdSSR her, bevor die Produktion an das polnische Flugzeugwerk WSK-Mielec überging, wo bis 1991 weitere rund 13000 Einheiten entstanden. In der Volksrepublik China sind von Nanchang, später von Harbin unter der Bezeichnung Shijiazhuang Y-5 mindestens weitere 1000 Maschinen in Lizenz gebaut worden und wird weiter in kleinen Stückzahlen produziert. Noch ist dieses Muster in Teilen der Welt unverzichtbar. Daher prüfte man immer wieder Verbesserungen am Grundmuster. Eine von mehreren Initiativen bereits in den siebziger Jahren war der Einbau einer Propellerturbine Glushenkow TVD-20 von 1450 WPS (1081 kW). Diese Ausführung wurde als An-3T bezeichnet. Die neueste Variante mit Honeywell-Triebwerk verfügt über einen Fünfblatt-Propeller und neue Avionik. Dank stärkerem Triebwerk und reduziertem Leergewicht sollen die Flugleistungen wesentlich besser ausfallen.
Hersteller: Konstruktionsbüro Oleg K. Antonow, Kiew, UdSSR (heute Ukraine) und WSK-PZL Mielec, Mielec, Polen bzw. (An-3-300) Motor Sich, Ukraine und Tyumen Aircraft Plant 26, Russland.

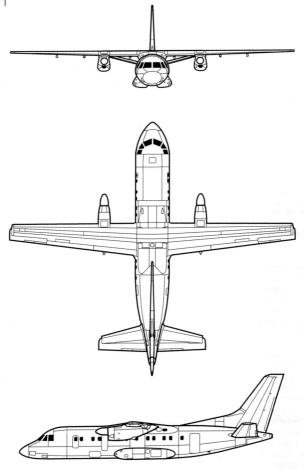

Abmessungen:
Spannweite (An-140) 24,50 m, (An-140-100) 25,50 m
Länge 22,46 m
Höhe 8,03 m
Flügelfläche 56,36 m².

ANTONOW AN-140

Ursprungsland: Ukraine (Iran).
Kategorie: Ziviles und militärisches Kurzstrecken-Passagier- und Frachtflugzeug.
Triebwerke: Zwei Propellerturbinen Klimow NPP TV3-117VMA-SBM1 von je 2466 WPS (1838 kW) Leistung.
Leistungen: Max. Reisegeschwindigkeit 533 km/h auf 3960 m; Dienstgipfelhöhe 7200 m; Reichweite mit 52 Passagieren und 45 Min. Reserven 2100 km; Überführungsreichweite 3900 km.
Gewichte: Rüstgewicht 11800 kg; max. Startgewicht (An-140) 19150, (An-140-100) 21500 kg.
Zuladung: Zwei Piloten und (An-140) je nach Inneneinrichtung bis zu 52 Passagiere in Viererreihen mit Mittelgang oder (An-140TK) 20 Passagiere und 3650 kg Fracht. Als militärischer Frachter (An-140T) max. Nutzlast 6000 kg.
Entwicklungsstand: Der erste Prototyp der An-140 nahm die Flugerprobung am 17. September 1997 auf, gefolgt vom ersten Serienflugzeug Anfang 2000. Mit den Auslieferungen der An-140 begann man im Sommer 2002, jene der An-140-100 folgten ab 2004. Bis Ende 2012 waren etwa 20 Maschinen gebaut. Die russische Luftwaffe hat 2011 zehn An-140-100 bestellt. Aktuell beläuft sich die Auftragslage auf rund 40 Einheiten. In Iran sollen unter der Bezeichnung IrAn-140 bis zu 80 Maschinen in Lizenz hergestellt werden. Bisher wurden aber nur wenige gebaut. Das erste Exemplar flog erstmals am 7. Februar 2001.
Bemerkungen: Die An-140 ist ein robustes Passagier- und Frachtflugzeug, welches über gute STOL-Eigenschaften verfügt und auf unvorbereiteten Pisten starten und landen kann. Trotzdem soll sie einem gehobenen Passagierkomfort genügen. Auf einfache Wartung und kostengünstigen Betrieb wurde besonders geachtet. Die An-140-100 erbringt bessere Start- und Landeeigenschaften auf hochgelegenen, heißen Flugplätzen. Dazu ist die Flügelspannweite um 1,00 m verlängert. Das höhere Startgewicht ermöglicht eine um 300 km größere Reichweite bei max. Nutzlast. Im Planungsstadium befindet sich eine um 3,80 m längere Ausführung für 68 Passagiere. Iran will zudem einen Militärtransporter IrAn-140T mit Heckladerampe sowie eine Seeaufklärerversion IrAn-140MP entwickeln.
Hersteller: Antonow ASTC, Kiew, Ukraine; Werke Isfahan, Iran, und Kharkow State Aircraft Production Company, Ukraine sowie bei Aviakor, Samara, Russland.

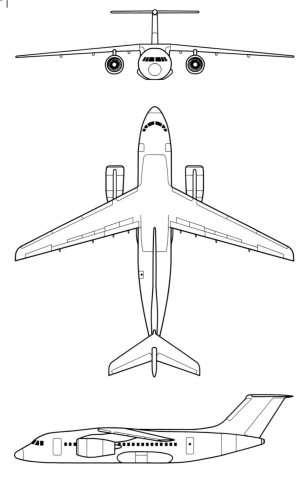

Abmessungen:
Spannweite 28,91 m
Länge (An-148) 29,13 m, (An-158) 31,63 m
Höhe 8,02 m
Flügelfläche 87,30 m².

ANTONOW AN-148/AN-158

Ursprungsland: Ukraine.
Kategorie: Ziviler Transporter für Kurz- bis Mittelstrecken.
Triebwerke: Zwei Mantelstromtriebwerke Progress D-436-148 von je 6920 kp (67,8 kN) Standschub.
Leistungen: Max. Reisegeschwindigkeit 870 km/h; normale Reisegeschwindigkeit 820 km/h; Dienstgipfelhöhe 12500 m; normale Reichweite 3600 km, maximal 5100 km.
Gewichte: Leergewicht 22490 kg; (An-148/-158) max. Startgewicht 38800/43700 kg.
Zuladung: Zwei Mann Besatzung im Cockpit und bei Einheitsbestuhlung in Fünferreihen bis zu (An-148) 80 bzw. (An-158) 99 Passagiere; max. Nutzlast 9000 kg.
Entwicklungsstand: Der erste Prototyp An148 (siehe Dreiseitenriss und Foto) nahm am 17. Dezember 2004 die Flugerprobung auf. Mit den Ablieferungen an Kunden begann man Ende 2009. Nachdem im Flugbetrieb erhebliche Probleme aufgetaucht sind, haben mehrere Airlines Aufträge storniert, so dass der aktuelle Bestellungsstand nicht bekannt ist. Im Einsatz befinden sich derzeit rund 12 An-148 und 3 An-158. Zu den Bestellern gehörten u.a. Polet, Pulkovo, Rossiya, Mizhnarodni Avialinii Ukrainy. Für runde 50 gibt es von der ukrainischen Leasinggesellschaft LeasingTechTrans einen LOI. Je zwei An-148 in VIP-Ausführung haben die Regierungen von Russland, Kazakhstan und Myanmar bestellt. Die An-158 startete am 28. April 2009 zum Erstflug. Im Iran sollen bei HESA sowohl die An-148 wie auch die An-158 in Lizenz hergestellt werden.
Bemerkungen: Die An-148 ist eine konsequente Weiterentwicklung der An-74 (siehe Ausgabe 2007). Der Rumpf wurde von ihr übernommen, jedoch verlängert. Dagegen sind die Flügel völlig neu konstruiert. Die Steuerung erfolgt mittels Fly-By-Wire-System. Die An-148 soll sich durch hohe Wirtschaftlichkeit und leichte Wartbarkeit auszeichnen. Eine als An-148E bezeichnete Ausführung mit größerer Reichweite ist ebenfalls erhältlich. Mit der An-158 bietet der Hersteller eine um 2,50 m verlängerte Ausführung für 100 Passagiere an. Auch eine Geschäftsreiseversion An-168 für 19 bzw. 38 Passagiere ist vorgesehen. Antonow plant schließlich auch eine Frachtversion der An-148, welche neu als An-178 bezeichnet wird. Sie wäre primär für Militäreinsätze mit einer Heckladerampe und einer Nutzlast von rund 20000 kg gedacht.
Hersteller: Antonow Aeronautical Scientific Complex, Kiew, Werke Aviant, Kiew, Ukraine und VASO Woronezh, Russland.

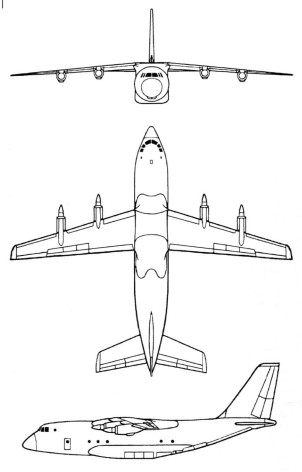

Abmessungen:
Spannweite 44,06 m
Länge 40,73 m
Höhe 16,38 m
Flügelfläche 204,00 m².

ANTONOW AN-70

Ursprungsland: Ukraine.
Kategorie: Militärischer und ziviler Mittel- und Langstreckenfrachter.
Triebwerke: Vier gegenläufige Propellerturbinen Progress/Motor Sich D-27 von je 14000 WPS (10440 kW) Leistung.
Leistungen: Normale Reisegeschwindigkeit 750 km/h auf 9600 m; Dienstgipfelhöhe 12000 m; Reichweite mit 35000 kg Nutzlast 5100 km, mit max. Nutzlast 1350 km; max. Reichweite 8000 km.
Gewichte: Leergewicht 74000 kg; normales Startgewicht 112000 kg; max. Startgewicht 145000 kg.
Zuladung: Drei Mann Cockpitbesatzung, 170 Soldaten oder 47000 kg Fracht in einem druckbelüfteten Frachtraum von 19,10 m Länge (ohne Rampe), 4,00 m Breite sowie 4,10 m Höhe.
Entwicklungsstand: Der erste Prototyp nahm die Flugerprobung am 16. Dezember 1994 auf, stürzte aber am 10. Februar 1995 ab. Der zweite Prototyp flog erstmals am 24. April 1997. Nachdem das Projekt während Jahren auf Eis gelegt wurde, haben sowohl die Ukraine wie auch Russland entschieden, die Produktion nun doch aufzunehmen. Die überarbeitete An-70 nahm am 27. September 2012 die Flugerprobung wieder auf. Eine weitere Einheit befindet sich in Bau. Russland will bis 2020 mindestens 60 Einheiten beschaffen, Ukraine vorerst deren zwei. Auch der zivile Frachtoperator Volga-Dnepr plant die Beschaffung.
Bemerkungen: Die An-70 wird sowohl als ziviler wie auch als militärischer Frachter angeboten. Bei der Konstruktion hat Antonow besonders auf niedrige Betriebskosten und hohe Zuverlässigkeit geachtet. Dank Verwendung von vielen Verbundwerkstoffen wird eine lange Lebensdauer angestrebt. Das interessanteste Konstruktionsteil sind die Triebwerke, welche in dieser Form erstmals in einem Serienflugzeug Verwendung finden. Die gegenläufigen Propeller haben vorn acht und hinten sechs Blätter. Die An-70 soll in der Lage sein, bei max. Abfluggewicht nach 1500 m abzuheben. Nachdem die Entwicklung schon einige Jahre zurückliegt, wird die Produktionsversion überarbeitet und ein neues Cockpit mit LCD-Anzeigen, neuere Avionik, Fly-By-Wire-System und modifizierte Triebwerke sowie Propeller erhalten. Geplant ist eine Weiterentwicklung nach westlichem Standard, welche in Konkurrenz zum Airbus A400M (siehe Seiten 36/37) treten soll.
Hersteller: Antonow Aeronautical Scientific Complex, Kiew, Ukraine; Werke Svyatoshin (Ukraine) und Kazan (Russland).

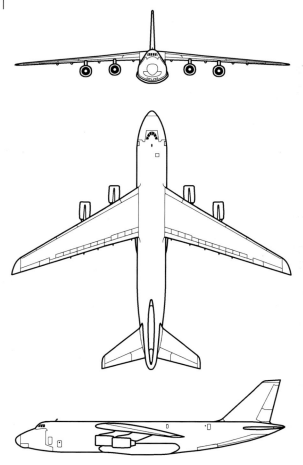

Abmessungen:
Spannweite 73,30 m
Länge 69,10 m
Höhe 20,78 m
Flügelfläche 628 m².

ANTONOW AN-124-150/-300

Ursprungsland: Ukraine.
Kategorie: Schwerer strategischer Transporter und ziviler Frachter.
Triebwerke (An-124-100M): Vier Mantelstromtriebwerke ZMKB Progress D-18T von je 23430 kp (230 kN) Standschub.
Leistungen (An-124-100M): Max. Reisegeschwindigkeit 865 km/h; Reisegeschwindigkeit 800 bis 850 km/h auf 10000 m; Reichweite mit einer Nutzlast von 150000 kg 4500 km; max. Reichweite 16500 km.
Gewichte (An-124-100M): Rüstgewicht 175000 kg; max. Startgewicht 405000 kg.
Zuladung: Besatzung von sechs bzw. (An-124-100M/-150) vier Personen. Hinter dem Cockpit befindet sich eine Kabine für 88 Personen. Der eigentliche Frachtraum (36,00 m lang, 6,40 m breit und 4,40 m hoch) vermag besonders sperrige und schwere zivile wie militärische Güter zu befördern. Max. Nutzlast normal 120000 kg, mit Überlast 150000 kg.
Entwicklungsstand: Erstflug des ersten Prototypen am 26. Dezember 1982; Beginn der Serienherstellung im Laufe von 1984. Bis Ende 1997 sind 56 Einheiten hergestellt worden. Davon ging rund die Hälfte an die ex. sowjetische Luftwaffe. Weitere Betreiber: Volga-Dnepr Airlines 10 (+ 5 bestellt), Antonow Design Bureau 7, Polet 4 (+ 5 bestellt). Die Produktion einer verbesserten Variante An-124M-300 soll wieder aufgenommen werden. 15 Einheiten davon beschafft die Luftwaffe Russlands. Zudem erhält sie derzeit mindestens sieben in die Version An-124-100M umgebaute Maschinen.
Bemerkungen: Angesichts der Nachfrage nach großen Transportern hat sich ein Konsortium unter der Leitung von Antonow entschlossen, eine neue Version AN-124M-150 (bisher zehn bestellt) zu lancieren. Dank neuen Triebwerken werden sowohl Nutzlast wie Reichweite verbessert. Zudem gelangt ein digitales Cockpit zum Einbau. Verschiedene Maschinen wurden mittlerweile etwas modernisiert und u.a. mit neuer russischer wie auch amerikanischer Avionik ausgerüstet. Zudem ist das Passagierabteil anders gestaltet. Sie werden als An-124-100M bezeichnet. Die Konfiguration der geplanten An-124-300 ist noch nicht ganz klar. Sie soll mit einer maximalen Nutzlast von 150000 kg bis zu 8000 km weit fliegen können, sowie stärkere Triebwerke und eine größere Spannweite aufweisen.
Hersteller: Antonow Aeronautical Scientific Complex, Kiew, Werk Uljanowsk, Ukraine.

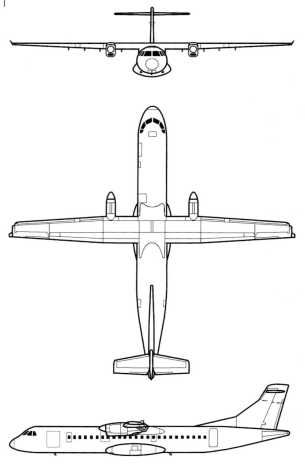

Abmessungen (ATR 42/ATR 72):
Spannweite 24,57/27,05 m
Länge 22,67/27,17 m
Höhe 7,59/7,65 m
Flügelfläche 54,50/61,00 m².

ATR 42-600/ATR 72-600

Ursprungsland: Frankreich und Italien.
Kategorie: Regionalverkehrsflugzeug.
Triebwerke (ATR 42-600/ATR 72-600): Zwei Propellerturbinen Pratt & Whitney Canada PW127M von je 2400 WPS (1790 kW) bzw. PW127F von je 2750 WPS (2050 kW) Leistung.
Leistungen (ATR 42-600/ATR 72-600): Max. Reisegeschwindigkeit 555/511 km/h auf 7620 m; ökonom. Reisegeschwindigkeit 450 km/h auf 7620 m; Reichweite mit 48/68 Passagieren und max. Gepäckzuladung 1484/1527 km und ohne Nutzlast über 4000 km.
Gewichte (ATR 42-600/ATR 72-600): Rüstgewicht 11300/13010 kg; max. Startgewicht 18600/22800 kg.
Zuladung: Zwei Mann Cockpitbesatzung und verschiedene Innenausstattungen für (ATR 42) max. 48 bzw. (ATR 72) 64 bis 74 Passagiere in Viererreihen mit Mittelgang; Nutzlast (ATR 42-500/600) 5450/5500 kg, als Frachter 5800 kg bzw. (ATR 72-500/600) 7350/7500 kg.
Entwicklungsstand: Die neueste Ausführung ATR 72-600 flog erstmals am 24. Juli 2009. Bisher sind rund 280 Maschinen bestellt. Die erste ATR-72-600 wurde am 19. August 2011 übergeben. Von allen Varianten waren bis Ende 2012 1254 Einheiten (ATR-42 437, ATR-72 817) bestellt, 1033 davon ausgeliefert. Aktuell beläuft sich die Jahresproduktion auf rund 60 Einheiten.
Bemerkungen: Mit der ATR-42/72-600 wird die dritte Generation dieses bewährten Flugzeugs lanciert. Bei gleichen Abmessungen wie die früheren Varianten erfährt sie einige Verbesserungen. So sind stärkere Triebwerke PW127M eingebaut, die insbesondere bessere Startleistungen auf hoch gelegenen Flugplätzen ermöglichen. Zudem kann eine größere Nutzlast mitgeführt werden. Das Cockpit ist völlig neu und mit einer Thales-Avionik ausgerüstet. Weiter erhöhte man den Kabinenkomfort. Bereits wird an einer nochmals verbesserten, größeren und voraussichtlich mit einem neuen Rumpf ausgestatteten Weiterentwicklung gearbeitet. Unter der Bezeichnung ATR 42-400MP bzw. ATR-72-400MP existiert eine Seeüberwachungsversion, versehen mit einem Raytheon SV2022-Radar unter dem Rumpf, FLIR und ESM-Ausrüstung; bestellt u.a. von Italien, Nigeria, Türkei und Lybien.
Hersteller: Avions de Transport Régional (ATR): Aérospatiale Matra, Toulouse-Blagnac, Frankreich und Alenia, Neapel, Italien.

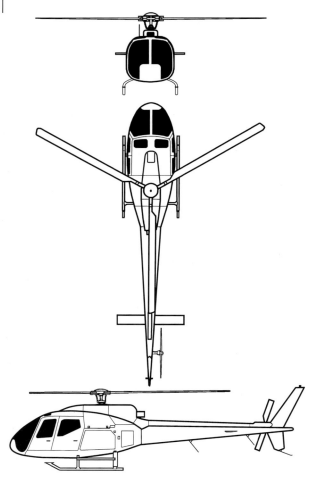

Abmessungen:
Noch keine Angaben bekannt.

AVICOPTER AC311

Ursprungsland: Volksrepublik China.
Kategorie: Leichter Mehrzweckhubschrauber.
Triebwerke: Eine Gasturbine Honeywell LTS101-700D-2 in der Leistungsklasse von 675 WPS (500 kW) oder das chinesische Triebwerk WZ8D, ein Lizenzbau der Turboméca Arriel 2B1A.
Leistungen: Es wurden bisher noch keine Leistungsdaten veröffentlicht.
Gewichte: Max. Startgewicht 2200 kg.
Zuladung: Ein Pilot und fünf Passagiere.
Entwicklungsstand: Ein erster Prototyp hat am 8. November 2010 die Flugerprobung aufgenommen. Die Zulassung durch die chinesische Luftfahrtbehörde erfolgte im Juli 2012. Mit den Auslieferungen soll Ende 2012 begonnen worden sein. Bisher seien 60 Bestellungen von chinesischen Firmen eingegangen.
Bemerkungen: Bei der AC311 soll es sich um eine vollständige chinesische Eigenentwicklung handeln, obwohl sie gewisse Ähnlichkeiten mit dem französischen Eurocopter AS350 hat, welcher ebenfalls in China unter Lizenz gebaut wird. Rumpf und Rotorkopf bestehen aus Verbundwerkstoffen, der Heckausleger aber um Kosten zu sparen aus Aluminium. Fachleuten zufolge komme die AC311 westlichen Mustern in den Bereichen Technologie, Leistung und Wirtschaftlichkeit sehr nahe, dies aber zu einem um rund 10 bis 15% niedrigeren Preis. Es soll eine fortschrittliche Avionik eingebaut sein, Details dazu sind noch nicht bekannt.
Hersteller: Avicopter, eine Division des chinesischen Luftfahrtkonglomerats AVIC, Jingdezhen Facility, Jiangxi, VR China.

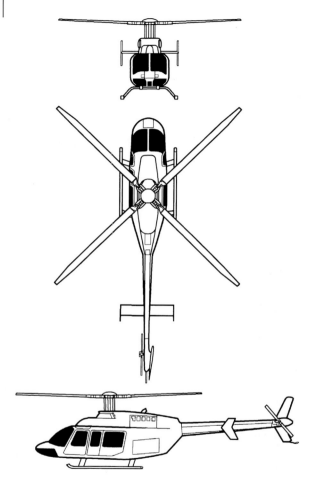

Abmessungen:
Rotordurchmesser 10,66 m
Rumpflänge 10,57 m, bei drehendem Haupt- und Heckrotor 12,61 m
Höhe über Heckflosse 3,10 m,
mit den als Option erhältlichen höheren Kufen 3,30 m.

BELL 407/407GX

Ursprungsland: USA (Kanada).
Kategorie: Leichter Mehrzweckhubschrauber.
Triebwerke: Eine Gasturbine Rolls Royce 250-C47B von 674 WPS (503 kW) Leistung.
Leistungen: Höchstgeschwindigkeit 259 km/h, max. Reisegeschwindigkeit 246 km/h; max. Schrägsteiggeschwindigkeit 6,4 m/Sek; Dienstgipfelhöhe 6096 m; Schwebehöhe mit Bodeneffekt 5852 m, ohne Bodeneffekt 5364 m; Reichweite ohne Reserven 611 km; max. Flugzeit 3,8 Std.
Gewichte: Standard-Leergewicht 1221 kg; max. Startgewicht 2268 kg, mit externer Nutzlast 2722 kg.
Zuladung: Pilot und sechs Passagiere; max. interne Nutzlast 1047 kg, externe Nutzlast 1200 kg.
Entwicklungsstand: Der erste von zwei Prototypen nahm im Juni 1995 die Flugerprobung auf. Bell begann mit der Auslieferung noch 1995. Im Juni 2010 wurde das 1000. Exemplar einem Kunden übergeben. Mittlerweile dürften fast 1200 Exemplare bestellt worden sein.
Bemerkungen: Die Bell 407 ersetzte die Erfolgsmodelle 206 JetRanger und TwinRanger. Nebst deutlich stärkerem Triebwerk verfügt die 407 über einen von der OH-58D abgeleiteten Vierblattrotor aus Kunststoff. Auch das Dynamiksystem ist von diesem Muster übernommen. Schließlich wird ein volldigitales Triebwerkmanagementsystem FADEC eingebaut. Dank dieser Maßnahmen fliegt die 407 wesentlich vibrationsärmer und kostengünstiger. Gegenüber der Vorgängerin 206 ist die Kabine 18 cm breiter und verfügt über größere Fenster und Türen. Die ab 2004 ausgelieferten Modelle weisen einige Verbesserungen auf, die besonders der Zuverlässigkeit und dem Komfort dienen, so u.a. neuer Heckausleger, überarbeitete Kühlung, Startgenerator, faltbare Rotorblätter, neue Sitze usw. Bell bietet auch eine deutlich leistungsgesteigerte Ausführung 407HP an, welche über ein Triebwerk Honeywell HTS900 verfügt. Als jüngstes Glied wurde anfangs 2011 die 407GX lanciert, ausgerüstet mit der Garmin G100H-Avionik und weiteren Verbesserungen. Bell präsentierte 2011 die Ausführung 407AH für militärische und paramilitärische Aufgaben. Bisher sind keine Aufträge bekannt geworden.
Hersteller: Bell Helicopter Textron Inc., Canadian Division, Mirabel, Montreal, Kanada.

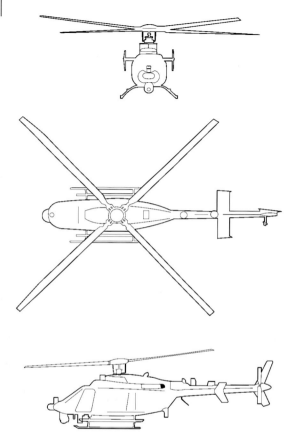

Abmessungen:
Rotordurchmesser 11,20 m
Rumpflänge 10,60 m
Höhe über Heckflosse 3,30 m.

BELL MQ-8C FIRE-X

Ursprungsland: USA (Kanada).
Kategorie: Unbemannter Überwachungs-, Aufklärungs- und Transporthubschrauber.
Triebwerke: Eine Gasturbine Rolls Royce 250-C47B von 674 WPS (503 kW) Leistung.
Leistungen: Höchstgeschwindigkeit 260 km/h, max. Reisegeschwindigkeit 250 km/h; max. Schrägsteiggeschwindigkeit 6,4 m/Sek; Dienstgipfelhöhe 6096 m; Schwebehöhe mit Bodeneffekt 5852 m, ohne Bodeneffekt 5364 m; max. Flugzeit 16,0 Std.
Gewichte: Max. Startgewicht mit externer Nutzlast 2720 kg.
Zuladung: Pilot optional; max. interne Nutzlast 1200 kg, externe Nutzlast 1340 kg.
Entwicklungsstand: Ein erstes noch nicht voll ausgerüstetes Testmuster flog erstmals am 10. Dezember 2010. Zwei Prototypen und sechs Vorserienhubschrauber der definitiven Ausführung sollen ab 2013 die Flugerprobung aufnehmen. Bei einem Totalbedarf der US Navy von 28 Einheiten sind vorerst 12 bestellt worden. Mit der Indienststellung wird Mitte 2014 gerechnet. Innerhalb von nur 12 Monaten wurde dieser Typ entwickelt, um die Northrop Grumman MQ-8B Fire Scout, welche nicht die erwarteten Leistungen erbrachte (siehe Ausgabe 2011), zu ergänzen bzw. zu ersetzen.
Bemerkungen: Zusammen mit Northrop Grumman entwickelte Bell die unbemannte Bell Fire-X. Der bei der US Navy als MQ-8C bezeichnete Hubschrauber basiert weitgehend auf der Bell 407 (siehe Seiten 56/57). Die neue Fire-X erweitert die Möglichkeiten von unbemannten Vertikaloperationen, in dem sie für eine Vielfalt von Aufgaben eingesetzt werden kann. Im Vordergrund stehen Aufklärungs-, Überwachungs- und Zieldarstellungseinsätze. Die dafür erforderliche Ausrüstung übernimmt sie von der erwähnten Northrop Grumman MQ-8B. Die Fire-X kann für solche Einsätze bis zu 16 Stunden ununterbrochen in der Luft bleiben. Angesicht der beachtlichen externen Nutzlast ist die MQ-8C aber auch für Transporteinsätze gut verwendbar. Sie bietet die Möglichkeit, auch bemannt mit einem Piloten geflogen zu werden, was die Einsatzflexibilität erhöht.
Hersteller: Bell Helicopter Textron Inc., Canadian Division, Mirabel, Montreal, Kanada und Northrop Grumman Corp., USA.

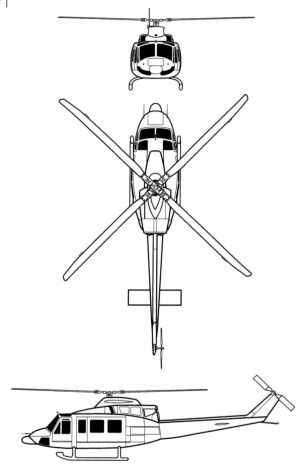

Abmessungen:
Rotordurchmesser (412) 14,02 m, (UH-1Y) 14,63 m
Rumpflänge inkl. drehendem Heckrotor (412) 14,15 m, (UH-1Y) 14,73 m
Höhe inkl. drehendem Heckrotor (412) 4,54 m (UH-1Y) 4,45 m.

BELL 412EP/UH-1Y

Ursprungsland: USA (Kanada).
Kategorie: Mehrzweck- und Transporthubschrauber.
Triebwerke (412EP): Zwei Gasturbinen Pratt & Whitney Canada PT6T-3D-Turbo Twin Pac von zusammen 1800 WPS (1342 kW) Leistung.
Leistungen (UH-1Y): Höchstgeschwindigkeit 293 km/h; Reisegeschwindigkeit 250 km/h; max. Schrägsteiggeschwindigkeit 12,8 m/Sek; Dienstgipfelhöhe 6100 m; Schwebehöhe mit Bodeneffekt 3110 m, ohne Bodeneffekt 1585 m; max. Reichweite ohne Zusatztanks auf 1525 m 745 km.
Gewichte (UH-1Y): Rüstgewicht 5369 kg; max. Startgewicht 8390 kg.
Zuladung (412EP/UH-1Y): Ein bis zwei Piloten und 13 bis 14 Passagiere bzw. zehn voll ausgerüstete Soldaten; max. Nutzlast 2086 bzw. 1460 kg.
Entwicklungsstand: Die derzeit produzierte Ausführung -EP erhielt die Zulassung im Februar 1991. Militärische Ausführungen der 412 von Bell bzw. Agusta haben 24 Länder erhalten. Darüber hinaus sind zivile 412 hergestellt worden, zusammen rund 600. Jährlich werden etwa 30 Einheiten hergestellt, nach längerer Pause auch wieder bei Indonesian Aerospace. Die erste umgebaute UH-1Y nahm die Flugerprobung am 20. Dezember 2001 auf. Das USMC 160 erhält als UH-1Y bezeichnete Hubschrauber, 89 davon sind bestellt. Bei neun handelt es sich um Umbauten früherer UH-1N, alle übrigen sind Neubauten.
Bemerkungen: Die Bell 412EP (siehe Dreiseitenriss und Foto) ist die derzeit produzierte Ausführung des Modells 412 und verfügt über stärkere Triebwerke mit entsprechend angepasster Transmission und ein erhöhtes Abfluggewicht. 2012 soll eine Variante mit überarbeitetem Triebwerk und neuer Avionik die Zulassung erhalten, deren Triebwerkleistung um 15% höher ist. Die UH-1Y des USMC weisen folgende Verbesserungen auf: Zwei GE T700-GE-401C-Triebwerke von je 1828 WPS (1363 kW) Leistung, neuer Flexbeam-Rotorkopf mit lagerloser Befestigung und vierblättrigen Kunststoffrotoren, um ca. 50 cm verlängerter Rumpf, längerer Heckausleger mit neuem Vierblatt-Heckrotor usw. Sie kann auch mit leichten Waffen an Trägern seitlich am Rumpf ausgerüstet werden.
Hersteller: Bell Helicopter Textron Inc., Canadian Division, Mirabel, Montreal, Kanada.

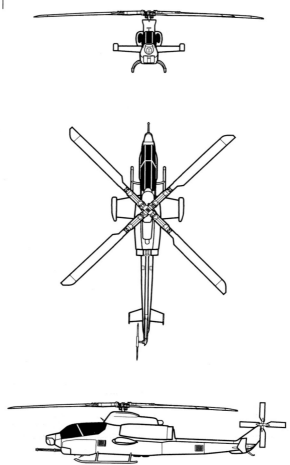

Abmessungen:
Rotordurchmesser 17,73 m
Rumpflänge 13,87 m
Höhe über Heckrotor 3,78 m.

BELL AH-1Z VIPER

Ursprungsland: USA.
Kategorie: Zweisitziger Kampfhubschrauber.
Triebwerke: Zwei Gasturbinen General Electric T700-401 von je 1773 WPS (1285 kW) Leistung.
Leistungen: Höchstgeschwindigkeit 298 km/h; typische Einsatzgeschwindigkeit 265 km/h; Aktionsradius mit einer Bewaffnung von 1134 kg 234 km; Reichweite mit max. interner Treibstoffzuladung und Bewaffnung 705 km, max. Flugdauer 3,7 Std.
Gewichte: Leergewicht 5580 kg; max. Startgewicht 8391 kg.
Bewaffnung: Eine dreiläufige 20-mm-Kanone General Electric M197 und an den Flügelstummeln z.B. vier Behälter für ungelenkte Raketen, acht bis sechzehn Panzerabwehrlenkwaffen AGM-114 Hellfire oder zwei Luft-Luft-Lenkwaffen AIM-9L Sidewinder.
Entwicklungsstand: Erstflug des Prototyps (eine umgebaute AH-1W) am 7. Dezember 2000. Das USMC soll insgesamt 189 AH-1Z erhalten. Bei 58 handelt es sich um neue Kampfhubschrauber, bei den restlichen 131 um umgebaute AH-1W. Bestellt sind bisher 60 AH-1Z, über 30 davon wurden abgeliefert. Die Einsatzbereitschaft begann im ersten Quartal 2011.
Bemerkungen: Gegenüber der AH-1W ist die AH-1Z Viper in wesentlichen Punkten völlig neu und deutlich leistungsfähiger. Beispielsweise erhält diese Ausführung einen gelenklosen Rotorkopf mit einem vierblättrigen Rotor aus Verbundwerkstoffen. Nebst einem Glas-Cockpit gelangt ein völlig neues integriertes Navigationssystem von Northrop Grumman/Litton zum Einbau. Die AH-1Z ist zudem mit einem multifunktionellen Zielakquisitions-System Hawkeye in der Rumpfspitze ausgerüstet, welches u.a. FLIR-, TV- und Laser-Zielbezeichnungs-Funktionen umfasst. Sie ist in der Lage, wesentlich mehr Waffen als die AH-1W mitzuführen.
Hersteller: Bell Helicopter Textron Inc., Fort Worth, Texas, USA.

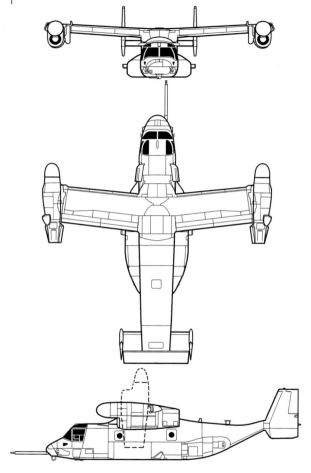

Abmessungen:
Spannweite inkl. Rotoren 25,77 m, ohne 15,52 m
Länge mit gefalteten Rotoren 19,20 m, Rumpflänge alleine 17,47 m
Höhe über alles 6,73 m.

BELL-BOEING V-22B OSPREY ◄

Ursprungsland: USA.
Kategorie: Schwenkrotorflugzeug (MV-22B) als Kampfzonentransporter und (CV-22B) für militärische Spezialeinsätze.
Triebwerke: Zwei Propellerturbinen Rolls Royce AE1107C von je 6150 WPS (4590 kW) Leistung.
Leistungen: Max. Reisegeschwindigkeit als Flächenflugzeug 550 km/h, in Helikopterkonfiguration 185 km/h auf Meereshöhe; max. Geschwindigkeit mit einer Aussenlast von 6804 kg 370 km/h; max. Steiggeschwindigkeit im Flugzeugmodus 16,25 m/Sek; Dienstgipfelhöhe 7925 m; Reichweite bei Senkrechtstart und einer Nutzlast von 5443 kg 2224 km, bei Kurzstart und einer Nutzlast von 9072 kg 3336 km; Überführungsreichweite 3892 km.
Gewichte (CV-22B): Rüstgewicht 15032 kg; normales Startgewicht unter VTO-Bedingungen 23855 kg, max. unter STO-Bedingungen 27442 kg.
Zuladung: Drei Mann Besatzung und bis zu 24 ausgerüstete Soldaten oder 12 Tragen für Verletzte plus Sanitäter, max. Nutzlast 9072 kg.
Entwicklungsstand: Der erste von sechs V-22-Prototypen nahm die Flugerprobung am 9. März 1989 auf. Vier weitere, weitgehend dem Serienstandard entsprechende Ospreys folgten bis Ende 1996. Bis Ende 2012 sind rund 210 Einheiten hergestellt worden. Die US-Streitkräfte beschaffen voraussichtlich 458 V-22: USMC 360 MV-22B, USN 48 HV-22B, USAF 50 CV-22B für Spezialmissionen. Davon sind bisher insgesamt 367 fest bestellt. Die erste Einsatzstaffel des USMC mit der definitiven Ausführung wurde Mitte 2006 gebildet.
Bemerkungen: Die Osprey gibt es vorerst in zwei Ausführungen, den Kampfzonentransporter MV-22B sowie die für Spezialeinsätze vorgesehene CV-22B (siehe Dreiseitenriss und Foto). Von der MV-22 unterscheidet sie sich hauptsächlich durch zusätzliche Avionik und Kommunikationssysteme. So wurde neu das Terrainfolgeradar Raytheon APQ-186 sowie ein Elektronikabwehrsystem ITT ALQ-211 eingebaut. Zur Erhöhung des Aktionsradius auf 925 km sind in den Flügeln acht zusätzliche Tanks und seitlich am Rumpf zwei Treibstoffbehälter vorhanden.
Hersteller: Bell Helicopter Textron Inc., Fort Worth, Texas, USA, und Boeing Helicopter Company, Philadelphia, USA, Werk Amarillo, Texas, USA.

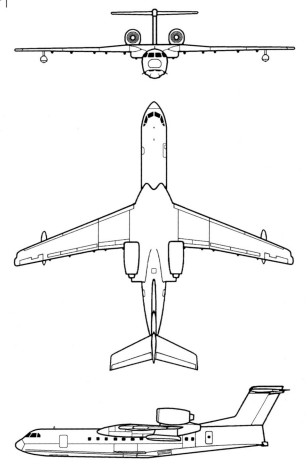

Abmessungen:
Spannweite 32,78 m
Länge 31,43 m
Höhe 8,90 m
Flügelfläche 117,44 m².

BERIEW BE-200

Ursprungsland: Russland.
Kategorie: Mehrzweck-Amphibienflugzeug und Löschflugzeug.
Triebwerke: Zwei Mantelstromtriebwerke ZMKB Progress D-436TP von je 7500 kp (73,60 kN) Standschub.
Leistungen: Höchstgeschwindigkeit auf 7000 m 710 km/h; ökonomische Reisegeschwindigkeit auf 8000 m 600 km/h; Anfangssteiggeschwindigkeit 14 m/Sek; Dienstgipfelhöhe 11000 m; Reichweite mit einer Nutzlast von 3000 kg 2500 km, max. 3850 km.
Gewichte: Rüstgewicht 25120 kg; max. Startgewicht 36000 kg bzw. für Löscheinsätze bis zu 43000 kg.
Zuladung: Zwei Piloten und bis zu 72 Passagiere in der Touristenklasse oder als 7500 kg Nutzlast als Frachter.
Entwicklungsstand: Der erste Prototyp nahm die Flugerprobung am 24. September 1998 auf, der zweite folgte am 27. August 2002. Mitte 2002 erhielt die Be-200 die russische Zulassung. Bisher ist die Bestellung von zehn Exemplaren für das russische Zivilschutz-Ministerium für Rettungs- und Waldbrandeinsätze sowie eine von Azerbaijan bekannt gegeben worden; Auslieferung seit 2004. Weitere acht sollen demnächst in Auftrag gegeben werden. Die Russische Marine beschafft vorläufig acht als A-42 bzw. BE-200CHS bezeichnete Maschinen. Neu hat die US-Firma International Emergency Services (IES) ein Letter of Intent für 10 Einheiten mit dem D-436TP-Triebwerk abgegeben. Die Jahresproduktion soll auf bis zu 12 Einheiten angehoben werden.
Bemerkungen: Mehrere Ausführungen werden angeboten: Eine Feuerwehrversion mit einer abwerfbaren Wasserlast von 12000 kg, Varianten als reiner Passagiertransporter oder Frachter sowie eine Version für Such-, Rettungs- und Evakuationseinsätze. Als Frachter verfügt die Be-200 über einen Laderaum von 17,00 m Länge, 2,60 m Breite und 1,90 m Höhe, der durch ein seitlich angebrachtes Frachttor beladen werden kann. Die für die russische Marine von der Be-200 abgeleitete Version A-42 ist für Seeaufklärungs-, SAR- und U-Bootjagd-Aufgaben vorgesehen. Welche Ausrüstung diese erhält und ob sie bewaffnet sein wird, ist noch nicht bekannt. Im 2012 hat eine Be-200 26 Weltrekorde in ihrer Klasse erzielt, u.a. in den Kategorien Steigleistung mit/ohne Nutzlast sowie max. Flughöhe.
Hersteller: OKB Georgi Beriew, Werk Tavia, Taganrog, Russland.

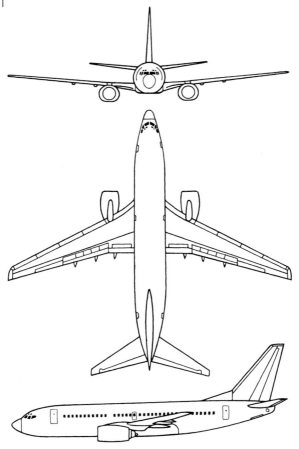

Abmessungen:
Spannweite ohne Winglets 34,30 m, inkl. Winglets 35,70 m
Länge (-600) 31,20 m, (-700) 33,60 m, (-800) 39,50 m
Höhe 12,50 m
Flügelfläche 124,60 m².

BOEING 737-600/-700/-800/-MAX

Ursprungsland: USA.
Kategorie: Kurz- und Mittelstrecken-Verkehrsflugzeug.
Triebwerke: Zwei Mantelstromtriebwerke CFM International CFM56-7B18 (-600) von je zwischen 8391 kp (82,29) und CFM56-7B26 (-800) 11974 kp (117,43 kN) Standschub.
Leistungen: Max. Reisegeschwindigkeit 876 km/h (Mach 0,82), norm. Reisegeschwindigkeit 835 km/h; Dienstgipfelhöhe 12500 m; Reichweite mit 108 Passagieren (-600) 5940 km, mit 128 Passagieren (-700) 5940 km, mit 160 Passagieren (-800) 5380 km.
Gewichte: Rüstgewichte (600/700/800) 36370/37640/41410 kg; max. Startgewichte (600/700/800) 65090/700/69400/78204 kg.
Zuladung: Zwei Mann Cockpitbesatzung und in normaler Zweiklassenbestuhlung (600/700/800) 108/128/160 Passagiere, maximal jedoch (600/700/800) 132/149/189 Personen.
Entwicklungsstand: Die Boeing 737NG (New Generation) gelangte in Etappen ab 1997 zum Erstflug. Diese ist die bisher mit Abstand erfolgreichste Linie der Boeing 737-Familie. Bis Ende 2012 sind von den Modellen -600/-700/-800/-900 einschließlich deren Unterversionen und der BBJ 6303 Maschinen (-600 69, -700 1330, -700C 17, 800 4172, 900(ER) 572, BBJ 143) in Auftrag gegeben worden, 4293 davon waren ausgeliefert. Zählt man noch die früheren Versionen -100/-200/T-43A/-300/-400/-500 hinzu, so sind es 10499 Maschinen, davon 7425 gebaut. Angesichts der regen Nachfrage wird die Monatsproduktion von derzeit 32 Einheiten bis 2014 auf 42 erhöht, später sogar auf 50. Die neueste Ausführung 737MAX soll 2017 in Dienst gestellt werden. Bereits liegen Aufträge und Optionen für rund 1070 Maschinen vor, darunter von American Airlines (100), Southwest (150), Lions (201) und United (100).
Bemerkungen: Im Grundaufbau unterscheiden sich diese Modelle weitgehend nur durch die Rumpflänge. In den letzten Jahren wurde besonders die -800 mit Winglets ausgerüstet, entweder bereits ab Werk oder nachgerüstet. Unter der Bezeichnung 737MAX hat Boeing Mitte 2011 eine neue Version lanciert. Sie wird Triebwerke neuester Generation von General Electric CFM Leap-X erhalten. Dies erfordert ein um über 20 cm höheres Bugfahrwerk, Verstärkungen im Flügelmittelkasten und an den Flügeln sowie neue Triebwerkaufhängungen. Dazu gibt es weitere Modifikationen, insbesondere an Aerodynamik und Inneneinrichtung. Alle Maßnahmen zusammen ermöglichen eine Treibstoffreduktion sowie deutlich bessere Abgas- und Lärmwerte. Unter dem Namen BBJ MAX ist auch eine Businessjet-Version vorgesehen.
Hersteller: The Boeing Company, Commercial Airplane Group, Seattle, Werk Renton, Washington, USA.

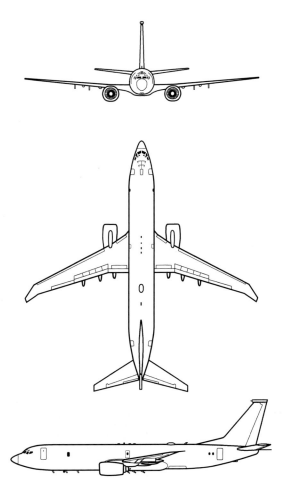

Abmessungen:
Spannweite 37,64 m
Länge 39,47 m
Höhe 12,83 m
Flügelfläche 124,60 m².

BOEING P-8A POSEIDON

Ursprungsland: USA.
Kategorie: Langstrecken-Seeaufklärungs- und Angriffsflugzeug.
Triebwerke: Zwei Mantelstromtriebwerke CFM International CFM56-7B27 von je 12469 kp (120,0 kN) Standschub.
Leistungen: Höchstgeschwindigkeit 907 km/h; norm. Reisegeschwindigkeit 789 km/h, Dienstgipfelhöhe 12500 m; max. Aufenthaltsdauer im Zielgebiet 4 Std. 2200 km vom Stützpunkt entfernt.
Gewichte: Rüstgewicht 62700 kg; max. Startgewicht 85130 kg.
Zuladung: Insgesamt eine Besatzung von neun Personen, zwei davon im Cockpit, ein Avionik-Engineer sowie sechs System-Operateure.
Bewaffnung: In einem Waffenschacht sowie unter dem Rumpf und unter den Flügeln kann eine Vielzahl von Waffen mitgeführt werden, so u.a. Bomben, Torpedos, Minen und Lenkwaffen aller Art.
Entwicklungsstand: Der erste von insgesamt drei Prototypen nahm die Flugerprobung am 25. April 2009 auf, der letzte fliegt seit 29. Juli 2010. Bis Ende 2012 flogen zudem sechs Serienflugzeuge. Die US Navy plant ab 2013 117 P-8A zu beschaffen. 27 davon wurden bisher bestellt. Die Indische Marine erwirbt vorerst zwölf der Version P-8i; Erstablieferung ab 2012.
Bemerkungen: Mit der P-8A Poseidon wird die US Navy die veralteten P-3 Orions ersetzen. Als Ausgangsmuster dient die Boeing 737-800ERX. Die Flügel dagegen stammen von der 737-900, sind aber leicht modifiziert. Die P-8A werden auf der gleichen Produktionsstraße wie die zivilen Muster gefertigt und dann entsprechend umgebaut und ausgerüstet. Der Rumpf ist verstärkt, um die höheren Belastungen aufzufangen. Zur Erfüllung der Aufgaben, u.a. die U-Boot-Jagd, Schiffsbekämpfung und allgemeine Überwachungsmissionen verfügt die Poseidon über modernste Systeme. Sichtbar davon sind die rund 100 Antennen an Rumpf und Flügeln. Als wichtigstes Element ist das synthetische Breitbandradar APY-10 zu erwähnen. Geprüft werden auch weitere Varianten, so eine für sog. SIGINT-Aufgaben als Ersatz der Lockheed EP-3E Orion. Die US Navy hat einen Bedarf zwischen 19 und 26 Maschinen.
Hersteller: The Boeing Company, Defense & Space Group, St. Louis, Werk Renton, Washington, Washington, USA.

Abmessungen:
Spannweite 68,40 m
Länge 76,30 m
Höhe 19,41 m
Flügelfläche 554,00 m².

BOEING 747-8I/-8F

Ursprungsland: USA.
Kategorie: Langstrecken-Passagierflugzeug (-8I) und Frachter (-8F).
Triebwerke: Vier Mantelstromtriebwerke General Electric GEnx-2B67 von je 30163 kp (295,80 kN) Standschub.
Leistungen: Langstrecken-Reisegeschwindigkeit (-8I) 913km/h (Mach 0,855), (-8F) Mach 0,845; Reichweite mit max. Nutzlast als Frachter 8185 km; Reichweite der 747-8I mit max. Treibstoffzuladung 14815 km.
Gewichte (747-8I/-8F): Rüstgewicht 213000/190900 kg; max. Startgewicht 448000 kg.
Zuladung: Zwei Mann Cockpitbesatzung und (-8I) beispielsweise 467 Passagiere in drei Klassen. Als Frachter (-8F) 140000 kg Nutzlast.
Entwicklungsstand: Der Prototyp der Frachtausführung 747-8F startete am 8. Februar 2010 zum Erstflug, gefolgt vom Prototypen der Passagierversion 747-8I (siehe Dreiseitenriss) am 20. März 2011. Von der 747-8F (siehe Foto) waren bis Ende 2012 67 Einheiten bestellt. Für die 747-8I liegen derzeit folgende Aufträge vor: Lufthansa (20), Air China (5), Arik (2) und Transaero (5). Neun weitere Maschinen werden in VIP-Ausführung gebaut. Die Auslieferung des Frachters an den Erstbesteller Cargolux begann im Oktober 2011, jene der Passagierausführung Anfang 2012. Bis Ende 2012 sind rund 40 Maschinen abgeliefert worden. Von den früheren 747-Versionen wurden 1418 Einheiten gebaut, die Produktion 2009 dann eingestellt.
Bemerkungen: Boeing lancierte im November 2005 die verlängerte Ausführung 747-8. Der Rumpf der beiden Ausführungen -8I/-8F ist gegenüber der 747-400 um 5,09 m länger, das Abfluggewicht um ca. 40000 kg höher. Die überarbeiteten Tragflächen erhalten anstatt der Winglets neu geformte Flügelspitzen. Zudem erfolgen Verbesserungen primär durch aerodynamische Verfeinerungen an Flügeln und Triebwerksgondeln mit dem Ziel, den Außenlärm zu reduzieren. Nebst bewährten Komponenten der 747-Reihe werden auch mehrere Komponenten von der neuen 787 verwendet, so u.a. die Triebwerke. Damit verfügt die 747-8I bzw. die 8F über wesentlich bessere Leistungsdaten als die Vorgängerversion.
Hersteller: The Boeing Company, Commercial Airplane Group, Seattle, Werk Everett, Washington, USA.

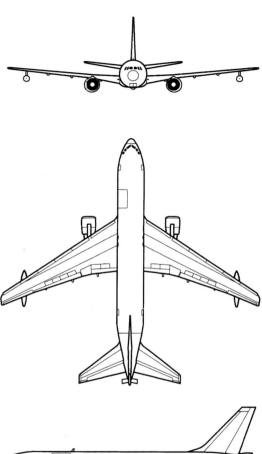

Abmessungen (767-200/KC-46A):
Spannweite 47,57 m
Länge (767-200) 48,51 m, (767-200C/KC-46A) 50,50 m
Höhe 15,85 m
Flügelfläche 283,30 m².

BOEING KC-767 bzw. KC-46A

Ursprungsland: USA.
Kategorie: Militärischer Tanker und Transporter.
Triebwerke: Zwei Mantelstromtriebwerke, beispielsweise Pratt & Whitney PW4060 von je 27100 kp (267 kN) oder zwei General Electric CF6-80C2 von je 27830 kp (273 kN) Standschub.
Leistungen (767-200ER): Reisegeschwindigkeit 850 km/h (Mach 0,80); Dienstgipfelhöhe 13145 m; max. Reichweite 10450 km.
Gewichte (767-200C/KC-46A): Max. Startgewicht 188000 kg.
Zuladung: Zwei Piloten und ein Betankungsoperateur; als Frachter 19 Standardpaletten mit max. 50000 kg, als Tanker eine Zuladung von 124205 l.
Entwicklungsstand: Eine erste E-767T-T/KC-767 noch ohne Tankerausrüstung nahm am 16. Juli 2003 die Flugerprobung auf. Erstbesteller war die Italienische Luftwaffe (4); Ablieferung ab 2010. Japan beschaffte deren vier. Die zivile 767, insbesondere deren Frachtausführung, wird in kleinen Stückzahlen weiterhin gebaut. Von allen Ausführungen waren bis Ende 2012 rund 1030 bestellt. Die 1000. Maschine wurde im Februar 2011 ausgeliefert. Von der Tankerversion KC-46A für die USAF sind bei einem Erstbedarf von 179 Flugzeuge deren vier bestellt; Erstflug voraussichtlich 2015.
Bemerkungen: Aus der zivilen 767 wurde die KC-767 für eine Mehrzahl von militärischen Aufgaben entsprechend weiterentwickelt. Im Vordergrund steht dabei der kombinierte Militärtransporter und Tanker E-767T-T bzw. KC-767, der auf der 767-200ER basiert. Er ist mit einem Flying Boom unten am Heck und zwei Betankungspods unter den Flügeln ausgerüstet. Die Kabine kann sowohl für Passagier- als auch Frachteinsätze ausgelegt werden. Vorne links am Rumpf befindet sich eine große Frachttüre. Nachdem in letzter Zeit die Nachfrage auch nach der zivilen 767 wieder etwas zugenommen hat, prüft Boeing nun die Lancierung einer von der KC-767 abgeleiteten neuen zivilen Frachtausführung 767-200C. Bei Abmessungen ähnlich der -200 würde sie die Cockpitauslegung der 767-400 übernehmen. Darauf basiert auch weitgehend die KC-46A. Die konstruktiven Details sind noch nicht bekannt. Voraussichtlich werden leistungsstärkere Triebwerke eingebaut.
Hersteller: The Boeing Company, Boeing Integrated Defense Systems, St. Louis, Missouri, Werke Everett und Wichita, USA.

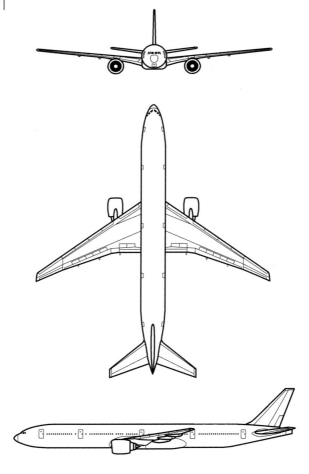

Abmessungen:
Spannweite 64,80 m
Länge (200LR/F) 63,70 m, (300, -ER) 73,90 m
Höhe 18,44 m
Flügelfläche 436,80 m².

BOEING 777-300ER/200LR

Ursprungsland: USA.
Kategorie: Langstrecken- (777-300ER) bzw. Ultra-Langstecken-Verkehrsflugzeug (777-200LR).
Triebwerke (777-300ER/-200LR): Zwei Mantelstromtriebwerke General Electric GE90-115B/-110B1 von je 52700/49865 kp (519,0/489,0 kN) Standschub.
Leistungen (777-300ER/-200LR): Max. Reisegeschwindigkeit 950 km/h (Mach 0,87); Langstrecken-Reisegeschwindigkeit 895 km/h (Mach 0,84); Dienstgipfelhöhe 13106 m; max. Reichweite 14594/17445 km.
Gewichte (777-300ER/-200LR): Rüstgewicht 169135/156635 kg; max. Startgewicht 351734/347800 kg.
Zuladung (777-300ER/-200LR): Zwei Piloten und in normaler Dreiklassenbestuhlung 365/301, max. mit Economy-Einrichtung 550/440 Passagiere.
Entwicklungsstand: Die erste 777-300ER nahm die Flugerprobung am 24. Februar 2003 auf, gefolgt von der 777-200LR am 8. März 2005. Der Frachter 777-200F flog erstmals am 14. Juli 2008. Von allen 777-Varianten sind bis Ende 2012 1431 bestellt worden, aufgeteilt wie folgt: 777-200 (88), -200ER (427), -200LR (58), -300 (60), -300ER (671), -F (127). Davon waren 1066 abgeliefert. Angesichts der zunehmenden Nachfrage wurde die Monatsproduktion auf sieben Einheiten gesteigert.
Bemerkungen: Die von Boeing für Ultra-Langstrecken konzipierte 777-200LR ist derzeit das Verkehrsflugzeug mit der längsten Reichweitenleistung. Dazu wurden gegenüber der -200ER mehrere Veränderungen vorgenommen: Leistungsstärkere Triebwerke, Verstärkungen an Rumpf, Tragflächen und Heck, zurückgepfeilte Flügelspitzen sowie vergrößerte Treibstoffkapazität durch Zusatztanks in den Flügeln und im Frachtraum. Als Option ist ein Schlafraum für bis zu 40 Personen im Frachtraum und einer für die Besatzung oberhalb des Passagierraumes erhältlich. Die Frachtvariante 777F (siehe Foto) basiert auf der -200LR. Unter der Bezeichnung 777-X prüft Boeing derzeit verschiedene Möglichkeiten der Weiterentwicklung der 777, um gegenüber der A350-1000 (siehe Seiten 34/35) bestehen zu können. Ein neuer Flügel aus Verbundwerkstoffen, schwächere Triebwerke und ein leicht verlängerter Rumpf dürften zu einer deutlichen Verbesserung der Wirtschaftlichkeit führen. Der Entwicklungsentscheid steht aber noch aus.
Hersteller: The Boeing Company, Commercial Airplane Group, Seattle, Werk Everett, Washington, USA.

Abmessungen:
Spannweite 60,10 m
Länge (787-8) 57,00 m, (787-9) 63,00 m, (787-10X) 68,00 m
Höhe 16,90 m
Flügelfläche 361 m².

BOEING 787 DREAMLINER

Ursprungsland: USA.
Kategorie: Mittel- bis Langstrecken-Verkehrsflugzeug.
Triebwerke: Zwei Mantelstromtriebwerke General Electric GEnx-1B oder Rolls-Royce Trent 1000 von je zwischen 25000 und 32000 kp (244 bis 311 kN) Leistung.
Leistungen: Reisegeschwindigkeit Mach 0,85; Reiseflughöhe 13000 m; Reichweite bei voller Zuladung (787-8) 11000 km, max. Reichweite (787-8) 15200 km, (787-9) 15750 km.
Gewichte: Rüstgewicht (787-8) 111493 kg; max. Startgewicht (787-8) 227930 kg, (787-9) 247208 kg.
Zuladung: Zwei Mann Cockpitbesatzung und (787-8/-9) in Dreiklassenbestuhlung 217/257 Passagiere, bei Einheitsklasse 230/300 Passagiere.
Entwicklungsstand: Der erste von sechs Prototypen, eine 787-8, verließ am 8. Juli 2007 die Montagehalle. Aufgrund technischer Schwierigkeiten verzögerte sich der Erstflug um über zwei Jahre und fand schließlich am 15. Dezember 2009 statt. Die Ablieferungen an den Erstbesteller ANA begannen im November 2011. Der Auftragsbestand senkte sich Ende 2012 auf 848 Einheiten (787-8 523, 787-9 325). 49 davon waren abgeliefert. Ab Ende 2013 soll die Monatsproduktion auf 10 Einheiten gesteigert werden.
Bemerkungen: Mit der Familie 787 Dreamliner lanciert Boeing eine neue Generation von Verkehrsflugzeugen. Zwei Neuerungen sind dabei zentral: Der erhöhte Passagierkomfort und die Wirtschaftlichkeit. So will man den Passagierraum besonders attraktiv gestalten. Nebst bequemen Stühlen mit mehr Sitzabstand fallen die großen Fenster auf. Durch ein Bündel von Maßnahmen, vor allem aber durch zukunftsweisende Technologien, sollen bezüglich Wirtschaftlichkeit und Ökologie neue Bestwerte erreicht werden. Erstmals stellt man bei einem so großen Flugzeug den Rumpf vollständig aus Verbundwerkstoffen her. Von den neuen Triebwerken verlangt Boeing vor allem einen hohen Wirkungsgrad, einfache Wartung und geringen Lärm. Bei einer typischen Auslastung soll der Treibstoffverbrauch pro Person, gemessen an der zurückgelegten Distanz, drei Mal geringer als bei einem Personenwagen sein. Als nächste Ausführung ist die verlängerte 787-10X geplant. Ein Entwicklungsentscheid steht aber noch aus.
Hersteller: The Boeing Company, Commercial Airplane Group, Seattle/Chicago, Werke Everett, Washington und Charleston, South Carolina, USA.

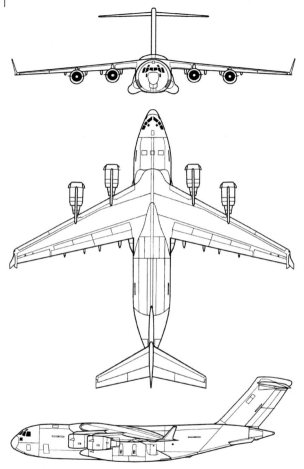

Abmessungen:
Spannweite 50,29 m
Länge 53,04 m
Höhe 16,79 m
Flügelfläche 353 m².

BOEING C-17A GLOBEMASTER III

Ursprungsland: USA.
Kategorie: Schwerer Militärfrachter.
Triebwerke: Vier Mantelstromtriebwerke Pratt & Whitney F117-PW-100 von je 18914 kp (185,5 kN) Standschub.
Leistungen: Max. Reisegeschwindigkeit 818 km/h auf 10975 m (Mach 0,77), 650 km/h in niedriger Höhe; Dienstgipfelhöhe 13700 m; Reichweite mit 75000 kg Nutzlast 5100 km; Überführungsreichweite 11575 km.
Gewichte: Rüstgewicht 127685 kg; max. Startgewicht 278960 kg.
Zuladung: Zwei Piloten und zwei Lademeister. Im 26,82 m langen, 5,49 m breiten und 4,11 m hohen Frachtraum können Nutzlasten bis zu 75750 kg mitgeführt werden. Typische Lasten: Drei Kampfhubschrauber AH-64 oder ein voll ausgerüsteter Kampfpanzer M-1 Abrams, bis zu 102 Fallschirmspringer. Einzellasten von 27215 kg oder mehrere Paletten von max. 49895 kg können im Flug abgeworfen werden.
Entwicklungsstand: Der Prototyp flog erstmals am 15. September 1991; erste Ablieferungen an die USAF im Juni 1993. Die USAF beschafft insgesamt 224 Einheiten, die bis 2013 abzuliefern sind. Weitere Besteller: Australien neu 6, Großbritannien neu 8, Indien neu 10, Kanada 4, NATO 3, Qatar 2, UAE 6. Ende 2012 waren rund 245 Einheiten gebaut.
Bemerkungen: Das Besondere an der C-17A ist die Fähigkeit, schwere Lasten auf strategischen Distanzen direkt in die Nahkampfzone fliegen zu können. Für diese Aufgabe wurde sie sehr robust ausgelegt und ist beispielsweise in der Lage, Lande- und Startbahnen mit einer Länge von nur 915 m zu benützen. Das superkritische Tragwerk mit einer Pfeilung von 25° ist mit Winglets und einem angeblasenen Klappensystem ausgerüstet. Das stabile Fahrwerk erlaubt ein Manövrieren mit eigener Kraft am Boden. Seit 2001 erhalten alle C-17 einen Zusatztank von 39000 l im Flügelkasten. Damit erhöht sich die Reichweite bei einer Nutzlast von 18145 kg von 8150 auf 9815 km.
Hersteller: The Boeing Company, Defence & Space Group, Seattle, Washington, Werk Long Beach, Kalifornien, USA.

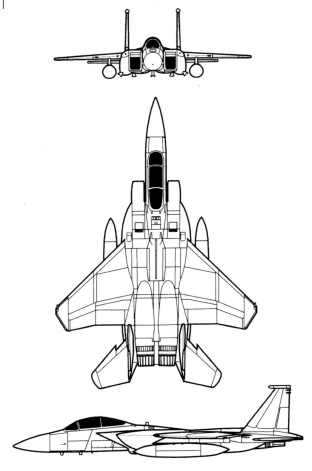

Abmessungen:
Spannweite 13,05 m
Länge 19,45 m
Höhe 5,65 m
Flügelfläche 56,50 m².

BOEING F-15E/K/SG EAGLE

Ursprungsland: USA.
Kategorie: Zweisitziger Luftüberlegenheitsjäger und Erdkämpfer.
Triebwerke: Zwei Mantelstromtriebwerke (F-15E) Pratt & Whitney F100-PW-229 bzw. (F-15K) General Electric F-110-GE-129 von je 8073 kp (79,20 kN) Standschub ohne und 13200 kp (129,40 kN) mit Nachbrenner.
Leistungen: Kurzzeitig erreichbare Spitzengeschwindigkeit 2698 km/h oder Mach 2,54 auf 12190 m; länger dauernde Höchstgeschwindigkeit 2443 km/h oder Mach 2,4 auf 12190 m; Dienstgipfelhöhe 18300 m; max. Aktionsradius 1270 km; Überführungsreichweite mit Zusatztanks 4445 km.
Gewichte: Rüstgewicht 14379 kg; max. Startgewicht 36741 kg.
Bewaffnung: Eine sechsläufige 20-mm-Revolverkanone M61A1 und bis zu 10500 kg Außenlasten (Erdkampf) bzw. je vier Luft-Luft-Lenkwaffen AIM-7F Sparrow und AIM-9L Sidewinder oder bis zu acht AIM-120 (Luftüberlegenheitseinsatz).
Entwicklungsstand: Die erste F-15E begann mit den Testflügen am 11. Dezember 1986. Ablieferungen in einer Stückzahl von 245 an die USAF ab 1988. Der F-15E ähnliche Ausführungen bestellten Israel 25 F-15I und Saudi Arabien 72 F-15S (Beschreibung siehe Ausgabe 2002). Südkorea erhält 60 F-15K, Singapore 24 F-15SG. Neuester Auftrag: Saudi Arabien weitere 84 F-15SA. Von allen F-15-Versionen sind insgesamt gegen 1600 Einheiten gebaut worden.
Bemerkungen: Die Ausführung F-15K für Südkorea unterscheidet sich vom Ausgangsmuster F-15E u.a. durch neue Triebwerke, neues Cockpit, verbesserte Sensoren und Avionik. Das ebenfalls neue APG-63V1 oder V-2-Radar erlaubt, bewegte Ziele auf dem Land wie auch im Meer zu verfolgen. Die Ablieferungen begannen 2005. Derzeit baut Boeing nur die auf der F-15K basierende Variante F-15SG (früher F-15T genannt), die mit einer neuen AESA-Version des APG-63-Radars ausgerüstet ist. Im Rahmen eines Modernisierungsprogramms erhalten rund 225 F-15E der USAF ein neues AESA-Radar APG-82. Die Abfangjägerausführung F-15C wird teilweise mit diesem Radar ausgerüstet. Die in der Ausgabe 2011 vorgestellte Weiterentwicklung F-15SE Silent Eagle soll in modifizierter Form weitergeführt werden.
Hersteller: The Boeing Company, Defence & Space Group, Seattle, Washington, Werk St. Louis, Missouri, USA.

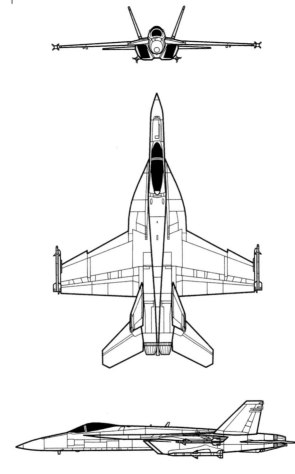

Abmessungen:
Spannweite 13,70 m
Länge 18,40 m
Höhe 4,88 m
Flügelfläche 46,45 m².

BOEING F/A-18E/F SUPER HORNET

Ursprungsland: USA.
Kategorie: Einsitziges und zweisitziges bord- und landgestütztes Mehrzweckkampfflugzeug.
Triebwerke: Zwei Mantelstromtriebwerke General Electric F414-GE-400 von je 6470 kp (63,4 kN) Standschub ohne und 9978 kp (97,86 kN) mit Nachverbrennung.
Leistungen: Höchstgeschwindigkeit auf optimaler Höhe Mach 1,8 +; Dienstgipfelhöhe 15240 m; Radius als Abfangjäger mit je zwei Luft-Luft-Lenkwaffen Sidewinder und AMRAAM 760 km, bei Tiefangriffseinsätzen mit vier 450-kg-Bomben, zwei Sidewinders und zwei 1818-l-Außentanks (hoch-tief-tief-hoch) 722 km.
Gewichte (F/A-18E/F): Leergewicht 14580/14905 kg; norm. Startgewicht 23541 kg, max. 29964 kg.
Bewaffnung: Eine 20-mm-Revolverkanone M61A2 und eine Waffenlast verschiedenster Auslegung von 8050 kg.
Entwicklungsstand: Der erste von sieben Prototypen flog erstmals am 29. November 1995. Die USN hat die Zahl der zu beschaffenden F/A-18E/F erneut erhöht, und zwar auf 580, die alle bis 2014 abzuliefern sind. Rund 520 davon waren Ende 2012 übergeben. Australien erhielt 24 F/A-18F Block II Super Hornets.
Bemerkungen: Die F/A-18E/F Super Hornet ist eine leistungsfähigere Weiterentwicklung der F/A-18C/D Hornet. Die Hauptflügel sind größer, der Rumpf wurde um eine zusätzliche Sektion um 86 cm verlängert. Rund ein Drittel der Zelle besteht aus Verbundwerkstoffen, vorwiegend Karbonfaser. Die Triebwerkeinläufe sind rechteckig gestaltet. Gegenüber dem Ausgangsmuster ist die Super Hornet um rund 25 % größer. Im Übrigen sind alle Konturen möglichst reflektionsarm ausgelegt, um die Radarsignatur klein zu gestalten. Dank um rund 35 % stärkeren Triebwerken und einer um einen Drittel erhöhten Treibstoffkapazität resultieren in allen Bereichen wesentlich bessere Flugleistungen und insbesondere eine deutlich erhöhte Reichweite. Alle ab 2005 gebauten Super Hornets erhalten in einer neu konfigurierten Rumpfnase das wesentlich leistungsfähigere Radar vom Typ APG-79 AESA. Früher gebaute Maschinen werden ab 2013 damit nachgerüstet. Ein Erprobungsträger einer »Stealth«-Weiterentwicklung der F/A-18F mit stärkeren Triebwerken, rumpfkonformen Zusatztanks, Infrarot-Such- und Verfolgungssensor usw. wird derzeit erprobt.
Hersteller: The Boeing Company, Defence & Space Group, Seattle, Washington, Werk St. Louis, Missouri, USA.

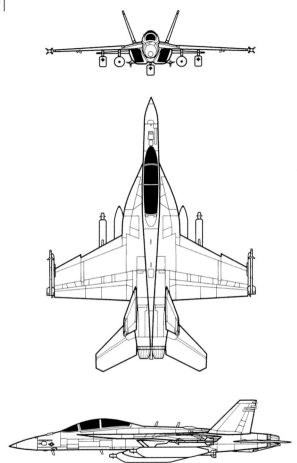

Abmessungen:
Spannweite 13,70 m
Länge 18,40 m
Höhe 4,88 m
Flügelfläche 46,45 m².

BOEING EA-18G Growler

Ursprungsland: USA.
Kategorie: Zweisitziges bord- und landgestütztes Elektronikkampfflugzeug.
Triebwerke: Zwei Mantelstromtriebwerke General Electric F414-GE-400 von je 6470 kp (63,4 kN) Standschub ohne und 9978 kp (97,86 kN) mit Nachverbrennung.
Leistungen: Höchstgeschwindigkeit auf optimaler Höhe Mach 1,8 +; max. Reisegeschwindigkeit Mach 0,95; Dienstgipfelhöhe 15240 m; Radius als Abfangjäger mit je zwei Luft-Luft-Lenkwaffen Sidewinder und AMRAAM 760 km, bei Tiefangriffseinsätzen mit vier 450-kg-Bomben, zwei Sidewinders und zwei 1818-l-Außentanks (hoch-tief-tief-hoch) 722 km.
Gewichte: Leergewicht 15010 kg; max. Startgewicht 29964 kg.
Bewaffnung: An insgesamt neun Aufhängepunkten unter den Flügeln und unter dem Rumpf bis zu fünf ALQ-99/-218/-227-Störbehälter, Zusatztanks oder AGM-88-HARM-Radarabwehr-Lenkwaffen.
Entwicklungsstand: Der erste von zwei Prototypen der EA-18G nahm die Flugerprobung am 16. August 2006 auf, gefolgt vom ersten Serienflugzeug im September 2007. Die USN beschafft neu 114 Einheiten, die meisten sind bereits bestellt. Insgesamt werden 10 Staffeln gebildet, die erste erlangte im Oktober 2009 die Einsatzbereitschaft. Australien wird 12 der 24 erhaltenen F/A-18F in EA-18G Growler umbauen.
Bemerkungen: Die EA-18G basiert auf der zweisitzigen Variante der sickingerF/A-18F (siehe Seiten 84/85). Ihre Hauptaufgabe ist die Bekämpfung von Radar-/Flabanlagen und anderen Verteidigungseinrichtungen in einem modernen Kampfumfeld mit elektronischen Störmitteln (sog. SEAD-Kapazität, Suppression of Enemy Air Defence). Die ersten Maschinen des Blocks I werden mit folgenden Behältern ausgerüstet: Empfänger-System ALQ-218(V2), ALQ-227 zur Bekämpfung der Kommunikations-Einrichtungen sowie Störsystem im Nieder- und Hochfrequenzbereich ALQ-99. Im Übrigen behält die EA-18G die gleiche Einsatz- und Waffenkapazität wie die F/A-18F bei. Spätere Beschaffungsblocks erhalten weiter entwickelte Systeme, so u.a. eines zur Egalisierung gegnerischer Gegenmaßnahmen, so dass die Freund-Feind-Erkennung und die Kommunikation in der Angriffsphase jederzeit aufrechterhalten bleiben kann.
Hersteller: The Boeing Company, Defence & Space Group, Seattle, Washington, Werk St. Louis, Missouri, USA.

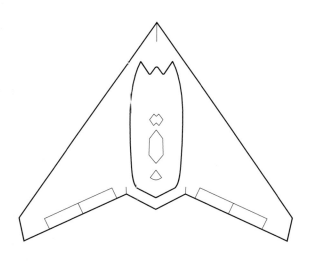

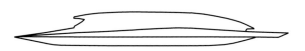

Abmessungen:
Spannweite 15,24 m
Länge 10,97 m
Höhe ohne Fahrwerk ca. 1,15 m.

BOEING PHANTOM RAY

Ursprungsland: USA.
Kategorie: Erprobungsträger für ein unbemanntes Waffensystem für Kampfeinsätze.
Triebwerk: Ein Mantelstromtriebwerk General Electric F404-GE-102D von rund 5100 kp (50,00 kN) Standschub.
Leistungen (X-45C, provisorische Angaben): Höchstgeschwindigkeit knapp unter Mach 1,0; normale Einsatzgeschwindigkeit voraussichtlich 988 km/h (Mach 0,85); Dienstgipfelhöhe 12190 m; Aktionsradius rund 2400 km.
Gewichte (X-45C): Leergewicht 8165 kg; max. Startgewicht 16555 kg.
Bewaffnung: In einem internen Schacht können Waffen bis zu einem Gewicht von 2041 kg mitgeführt werden.
Entwicklungsstand: Der vorläufig einzige Erprobungsträger begann die ersten aerodynamischen Versuche huckepack auf einer Boeing 747 der NASA am 13. Dezember 2010. Der erste Alleinflug folgte am 27. April 2011. Es ist ein Programm von einstweilen nur 10 Flügen vorgesehen. Je nach Resultat soll ein eigentlicher Prototyp abgeleitet werden.
Bemerkungen: Mit der Phantom Ray entwickelt Boeing aus eigenen Mitteln einen UAV-Erprobungsträger und Demonstrator mit teilweise völlig neuer Technologie, geringster Radarsignatur und Wärmeabstrahlung. Dabei wurde der vor einigen Jahren konstruierte Prototyp X-45C (siehe Ausgabe 2006) entsprechend umgebaut. Dieser war im Rahmen des J-UCAS-Programms von USAF und USN für ein unbemanntes Kampfflugzeug entwickelt worden. Im Vordergrund steht einerseits die Erprobung von Aufklärungs- und Überwachungseinsätzen, andererseits aber auch die Bekämpfung von gegnerischen Verteidigungsanlagen und elektronischen Störmaßnahmen. Die Phantom Ray soll in der Lage sein, autonom eine Flugbetankungsoperation durchzuführen. 2012 gab Boeing bekannt, dass von diesem Typ eine Version für Einsätze ab Flugzeugträgern abgeleitet werden soll. Dieser würde in Konkurrenz zur Northrop Grumman X-47B (siehe Seiten 260/261) stehen.
Hersteller: The Boeing Company, Phantom Works, Advanced Military Aircraft Division, St. Louis, Missouri, USA.

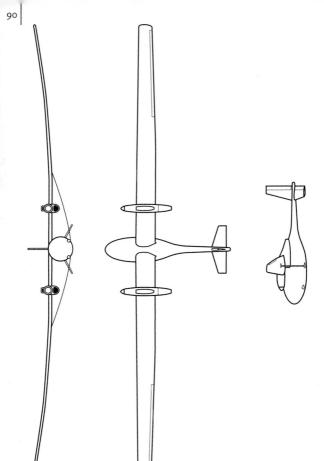

Abmessungen:
Spannweite 45,70 m
weitere Angaben noch nicht bekannt.

BOEING PHANTOM EYE

Ursprungsland: USA.
Kategorie: Unbemannter Höhenaufklärer für militärische wie auch für zivile Einsätze.
Triebwerk: Zwei Turbolader-Automotoren Ford 2,3-Liter mit einer Leistung von je 150 PS (110 kW).
Leistungen (provisorische Angaben): Normale Reisegeschwindigkeit 280 km/h; Dienstgipfelhöhe rund 20000 m.
Gewichte (geschätzt): Max. Startgewicht 4308 kg.
Zuladung: Eine Aufklärungsausrüstung bis zum Gewicht von 200 kg kann im Rumpf mitgeführt werden.
Entwicklungsstand: Ein Demonstrator wurde am 12. Juli 2010 von Boeing präsentiert. Nach einer Verzögerung von rund einem Jahr startete die erste Phantom Eye am 4. Juni 2012 zum Erstflug. Ob eine Beschaffung folgt, ist noch offen.
Bemerkungen: Mit der Phantom Eye wird erstmals ein UAV entwickelt, welches vollständig mit Wasserstoff angetrieben und entsprechend ökologisch sein wird. Die Hauptaufgabe soll die permanente Aufklärung in großen Höhen sein. Dazu ist die Phantom Eye in der Lage, bis zu vier Tage ununterbrochen zu fliegen. Kennzeichnend für diesen Typ ist der massige Rumpf, welcher nebst der Aufklärungsausrüstung auch zwei kugelförmige Wasserstofftanks enthält. Die Phantom Eye besitzt kein Radfahrwerk, sondern ist mit Kufen ausgestattet. Der Erprobungsträger entspricht größenmäßig in etwa 60 bis 70% der geplanten Serienausführung. Mit vier Phantom Eye's könnte ein Luftraum bzw. ein Abschnitt davon 24 Stunden am Tag, 7 Tage pro Woche während des ganzen Jahres lückenlos überwacht werden.
Hersteller: The Boeing Company, Phantom Works, Advanced Military Aircraft Division, St. Louis, Missouri, USA.

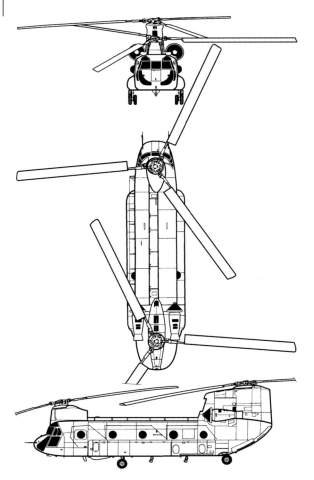

Abmessungen:
Durchmesser jedes der beiden Rotoren 18,29 m
Rumpflänge 15,84 m
Rumpfhöhe ohne Rotor 5,20 m.

BOEING CH-47SD/F CHINOOK

Ursprungsland: USA.
Kategorie: Schwerer Transporthubschrauber.
Triebwerke: Zwei Gasturbinen AlliedSignal T55-714A von je 4733 WPS (3529 kW) Leistung.
Leistungen: Höchstgeschwindigkeit 298 km/h auf Meereshöhe; Durchschnittsgeschwindigkeit 245 km/h; max. Schrägsteiggeschwindigkeit 9,38 m/Sek; Schwebehöhe mit Bodeneffekt 1837 m, ohne Bodeneffekt 1675 m; max. Flughöhe 6030 m; max. Einsatzradius 600 km; Überführungsreichweite 1902 km.
Gewichte: Leer 11550 kg; norm. Startgewicht 22688 kg.
Zuladung: Zwei Piloten und 45 Personen; als Ambulanzhubschrauber 24 Patienten plus zwei Sanitäter. Max. 11340 kg Außenlasten.
Entwicklungsstand: Der Erstflug der neuesten Ausführung CH-47SD fand am 25. August 1999 statt. Der erste Serienhubschrauber wurde im Juli 2006 der US Army übergeben. 452 CH-47F werden beschafft. 393 davon wurden bisher in Auftrag gegeben. Bei rund der Hälfte handelt es sich um neue Hubschrauber, die restlichen sind Umbauten aus der Version CH-47D. Weitere Besteller dieser Ausführung: Australien 7, Großbritannien 22, neu Indien 15, Italien 16 (+ 4 Optionen), Kanada 15, Niederlande 6 (+ voraussichtlich weitere 11), Türkei 6 und UAE 16. Im Juli 2010 wurde die 100. CH-47F abgeliefert. Beginnend mit dem Prototypen Boeing Vertol 114 bzw. YHC-1B 1961 befindet sich die Chinook in den verschiedensten Versionen seit 50 Jahren ununterbrochen im Einsatz. Rund 750 Hubschrauber fliegen noch.
Bemerkungen: Die CH-47SD (= »Super« D) ist eine wesentliche weiterentwickelte Ausführung. Das Äquivalent der US Army heißt CH-47F und flog erstmals am 25. Juni 2001. Die wichtigsten Neuerungen sind: Stark verbesserte Avioniksysteme mit einem MIL-STD-1553-Databus und ein voll integriertes Glascockpit, welches für NVG-Einsätze geeignet ist. Die Triebwerke erzeugen eine um rund 22 % höhere Leistung. Zudem werden größere Treibstofftanks eingebaut. Zur Erhöhung der Lebensdauer und zur Senkung des Vibrationspegels ist die Zelle verstärkt und versteift. Schließlich gelangen neue Elastomerlager an den Rotorköpfen zur Anwendung. Damit steigt die Zuverlässigkeit und sinkt der Wartungsaufwand.
Hersteller: The Boeing Company, Helicopters Division, Philadelphia, Pennsylvania, USA.

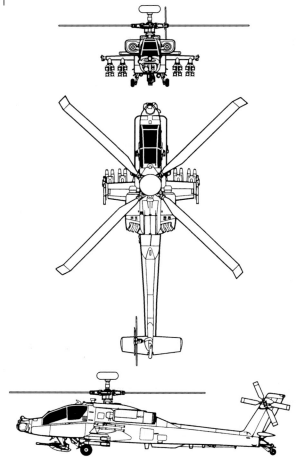

Abmessungen:
Rotordurchmesser 14,63 m
Rumpflänge 14,70 m
Höhe inkl. Mastvisier 4,90 m.

BOEING AH-64D/E LONGBOW APACHE ◄

Ursprungsland: USA.
Kategorie: Zweisitziger Kampf- und Aufklärungshubschrauber.
Triebwerke (AH-64E): Zwei Gasturbinen General Electric T701D von je 2000 WPS (1500 kW) Leistung.
Leistungen (AH-64D Block II bei 6552 kg): Höchstgeschwindigkeit 296 km/h; typische Einsatzgeschwindigkeit bei 7158 kg 272 km/h; max. Schrägsteiggeschwindigkeit 12,7 m/Sek; Schwebehöhe mit Bodeneffekt 5246 m, ohne Bodeneffekt 4124 m; Aktionsradius mit max. interner Treibstoffzuladung 407 km, Überführungsreichweite 1701 km.
Gewichte (AH-64D Block II): Leergewicht 5352 kg; max. Startgewicht 9525 kg.
Bewaffnung: Eine einläufige 30-mm-Kanone unter dem Vorderrumpf sowie bis zu 16 lasergelenkte Hellfire-Panzerabwehrraketen oder 76 ungelenkte 70-mm-Raketen. Als Defensivbewaffnung können Luft-Luft-Lenkwaffen wie Stinger, Sidewinder oder Mistral mitgeführt werden.
Entwicklungsstand: Der erste AH-64D Longbow Apache startete am 15. April 1992 zum Erstflug. Aktuellen Plänen zufolge bringt die US Army nun alle 717 AH-64A auf diesen Standard und kauft 128 neue AH-64D. Die ersten Einheiten sind seit Mitte 1998 im Einsatz. Von allen AH-64-Varianten sind derzeit über 1100 von 15 Luftwaffen beschafft worden. Neueste Bestellungen: Indien 22, Indonesien 8. Der AH-64D Block III-Erprobungsträger flog erstmals am 9. Juli 2008, gefolgt vom ersten vollständig ausgerüsteten Prototypen am 4. Dezember 2009. Neu wird diese Ausführung AH-64E genannt. 634 Hubschrauber werden für die US Army ab Ende 2011 in jährlichen Tranchen von 48 Hubschraubern entsprechend umgebaut und zudem 14 neue beschafft.
Bemerkungen: Die AH-64D verfügt über ein Mastvisier (Longbow millimetre-wave = Millimeterwellenradar) zur Rundumgefechtsfeldbeobachtung. Sie ist in der Lage, mehr als ein Dutzend Ziele gleichzeitig zu entdecken. Eine weitere Umrüstung erfolgt seit 2006 mit einem neuen Infrarot-Navigations- und Zielsystem Arrowhead. Die AH-64E weist erhebliche Verbesserungen auf, u.a. leistungsfähigere Triebwerke 701D, verstärktes Getriebe, längere Rotorblätter aus Verbundwerkstoff und ein reduziertes Strukturgewicht. Eine Folge davon sind verbesserte Flugleistungen und eine größere Überlebensfähigkeit. Die Avionik besitzt neu eine sog. offene Systemarchitektur.
Hersteller: The Boeing Company, Helicopters Division, Philadelphia, Pennsylvania, Werk Mesa, Arizona, USA.

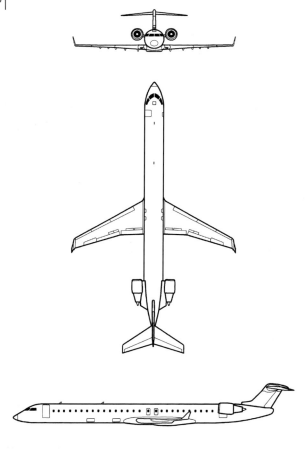

Abmessungen:
Spannweite (CRJ900) 24,85 m, (CRJ1000) 26,18 m
Länge (CRJ900) 36,40 m, (CRJ1000) 39,13 m
Höhe (CRJ900) 7,51 m, (CRJ1000) 7,13 m
Flügelfläche (CRJ900) 70,60 m², (CRJ1000) 75,81 m².

BOMBARDIER CRJ900/1000 NEXTGEN

Ursprungsland: Kanada.
Kategorie: Regionalverkehrsflugzeug.
Triebwerke: Zwei Mantelstromtriebwerke General Electric CF34-8C1 oder C5A von je 6168 bis 6577 kp (60,48 bis 64,49 kN) Standschub.
Leistungen: Max. Reisegeschwindigkeit (CRJ900) 860 km/h (Mach 0,81), (CRJ1000) 870 km/h (Mach 0,82); normale Reisegeschwindigkeit (CRJ900/1000) 827 km/h (Mach 0,78); Dienstgipfelhöhe 12600 m; Reichweite (CRJ900 ER) 3200 km, (CRJ1000) mit 100 Passagieren 2760 km, (CRJ1000 ER) 3130 km.
Gewichte: Rüstgewicht (CRJ900) 21546 kg, (CRJ1000) 23179 kg; max. Startgewicht (CRJ900 ER) 37421 kg, (CRJ1000 EuroLite, EL) 38995 kg, (ER) 41640 kg.
Zuladung: Zwei Piloten und bis zu (CRJ900) 86 und (CRJ1000) 104 Passagiere in Viererreihen; max. Nutzlast (CRJ900) 10306 kg, (CRJ 1000) 11975 kg.
Entwicklungsstand: Der Prototyp der CRJ1000 NextGen (siehe Dreiseitenriss) flog erstmals am 3. September 2008. Die ersten Serienmaschinen wurden im Dezember 2010 ausgeliefert. Bisher sind 44 Maschinen von drei Fluggesellschaften beschafft worden, die neueste Bestellung kommt von Garuda (18 + Optionen). Die Auftragslage bei der CRJ900 (siehe Foto) beläuft sich aktuell auf 291. Rund 250 davon sind mittlerweile ausgeliefert. Neuester Besteller ist Delta mit 40 Einheiten (+ 30 Optionen).
Bemerkungen: Nachdem die Nachfrage nach immer größeren Regionaljets wächst will man mit dieser vermutlich letzten Verlängerung CRJ1000 im Markt der 100-Plätziger mitzuhalten versuchen. Gegenüber der CRJ900 ist der Rumpf um 1,58 m vor und 1,37 m hinter dem Flügel verlängert. Diverse strukturelle Verstärkungen waren zudem nötig. Dies betrifft vor allem das Mittelrumpfsegment und Teile des Flügels. Seine Spannweite wurde durch Zusätze an den Flügelspitzen um je 66 cm vergrößert. Das Fahrwerk und die Bremsen sind verstärkt. Schließlich mussten auch die Klappenstellungen an die neuen aerodynamischen Erfordernisse angepasst werden. Neben der Standard- und der Extended-Range-Ausführung gibt es auch eine leichtere EuroLite-Variante mit geringerem Startgewicht.
Hersteller: Bombardier Aerospace, Montreal, Quebec, Werk Montreal-Mirabel, Quebec, Kanada.

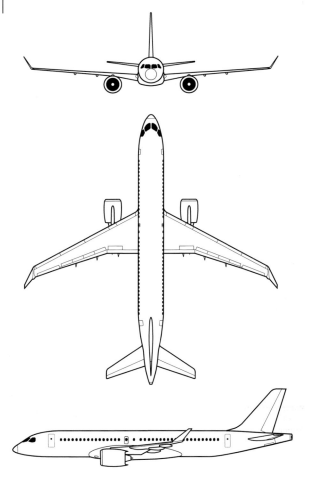

Abmessungen:
Spannweite 35,10 m
Länge (CS100) 34,80 m, (CS300) 38,00 m
Höhe 11,50 m
Flügelfäche 112,30 m².

BOMBARDIER CSERIES

Ursprungsland: Kanada.
Kategorie: Kurz- und Mittelstrecken-Verkehrsflugzeug, Firmenflugzeug.
Triebwerke: Zwei Mantelstromtriebwerke Pratt & Whitney (CS100/300) PW1521G von je 9510 kp (93,40 kN) bzw. (CS100ER/300ER) PW1524G von je 10546 kp (103,60 kN) Standschub.
Leistungen (nach Angaben des Herstellers): Max. Reisegeschwindigkeit Mach 0,82; Reisegeschwindigkeit Mach 0,78; Dienstgipfelhöhe 12450 m; Reichweite (CS100/ER) 4074/5463 km, (CS300/ER) 4074/5436 km.
Gewichte (CS100/300): Leergewicht 33340/35154 kg; max. Startgewicht 54749/59557 bzw. (ER) 58151/63095 kg.
Zuladung: Zwei Mann Cockpitbesatzung und je nach Innenausstattung (CS100) zwischen 100 und 125 Passagiere bzw. (CS300) zwischen 120 und 145 Passagiere.
Entwicklungsstand: Der für das vierte Quartal 2012 geplante Erstflug des Prototyps CS100 musste aus technischen Gründen ins zweite Semester 2013 verschoben werden. Bis Ende 2012 waren von fünf Fluggesellschaften und zwei Leasing-Gesellschaften 138 Maschinen (+ Optionen) der Versionen CS100 (66) und CS300 (72) bestellt, u.a. von Lufthansa für Swiss 30 CS100, Atlas 10 CS300, Braathens je 5 CS100/300, Korean 10 CS300, Republic Airways 40 (CS300). Private Air erhält 5 als Businessflugzeuge ausgerüstete CS100. Mit der Auslieferung der CS100 soll frühestens Mitte 2014 begonnen werden, die CS300 (siehe Dreiseitenriss) folgt ein Jahr später.
Bemerkungen: Bei der CSeries handelt es sich um eine vollständige Neukonstruktion und um das größte Verkehrsflugzeug, welches Bombardier bisher je entwickelt hat. Um in den Bereichen Wirtschaftlichkeit, Lärm und Umwelt Höchstwerte zu erreichen, hat man zu den neuesten technologischen Lösungen gegriffen. 46% der Flugzeugteile bestehen aus Verbundwerkstoffen, u.a. das gesamte Leitwerk. Rumpf sowie die Cockpitsektion sind aus leichten Aluminium-Lithium-Legierungen. Zum Einbau gelangen Triebwerke, welche derzeit zu den effizientesten gehören sollen. Durch die großzügig dimensionierte Kabine, große Kabinenfenster, neue Beleuchtungstechniken, überdurchschnittlich große Gepäckfächer und größere Armfreiheit soll ein für diese Flugzeugklasse hohes Komfortniveau erreicht werden. Die Avionik stammt von Rockwell-Collins. Gesteuert wird die CSeries mittels Sidesticks und einem Fly-By-Wire-System. Bombardier plant, eine VIP-Ausführung zu entwickeln.
Hersteller: Bombardier Aerospace, Montreal, Quebec, Werk Montreal-Mirabel, Quebec, Kanada.

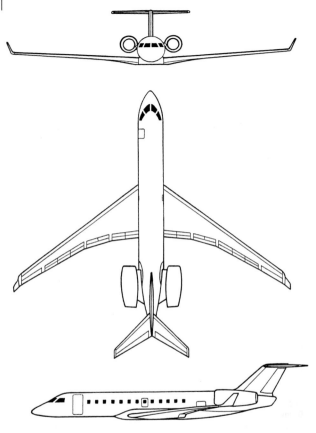

Abmessungen:
Spannweite inkl. Winglets (5000/6000) 28,65 m, (7000/8000) 31,79 m
Länge (5000) 29,50 m, (6000) 30,30 m, (7000) 33,83 m, (8000) 30,97 m
Höhe 7,70 m
Flügelfläche (5000/6000) 94,94 m².

BOMBARDIER GLOBAL EXPRESS 5000/6000/7000/8000 ◄

Ursprungsland: Kanada.
Kategorie: Langstrecken-Firmenflugzeug.
Triebwerke (5000/6000): Zwei Mantelstromtriebwerke BMW/Rolls-Royce BR710-48A2-20 von je 6690 kp (65,6 kN) Standschub.
Leistungen: Max. Reisegeschwindigkeit 950 km/h (Mach 0,89); Langstrecken-Reisegeschwindigkeit 907 km/h (Mach 0,85); max. Anfangssteiggeschwindigkeit 18,3 m/Sek; Dienstgipfelhöhe 15545 m; Reichweite bei Mach 0,85 (5000) 9620 km, (6000) 11390 km.
Gewichte: Rüstgewicht (5000/6000) 23056/ 23224 kg; max. Startgewicht (5000/6000) 42000/44452 kg.
Zuladung: Zwei Piloten im Cockpit und je nach Innenausstattung bis zu (5000/6000) 17/19 Passagiere; max. Nutzlast 3266 kg.
Entwicklungsstand: Erstflug der Ursprungsausführung Global Express am 13. Oktober 1996. Die Global Express 6000 (ex. XRS, siehe Dreiseitenriss) folgte am 16. Januar 2005 und die 5000 am 7. März 2003. Die neu vorgestellten Varianten 7000/8000 dürften die Flugerprobung 2015 bzw. 2016 aufnehmen und jeweils ein Jahr später in Dienst gestellt werden. Von allen Varianten sind bisher rund 500 bestellt worden. Bombardier konnte kürzlich zwei Großaufträge entgegennehmen: NetJets 50 + 70 Optionen aller Versionen, VistaJet 56 + 86 Optionen der Versionen 5000/6000/8000.
Bemerkungen: Die Ausführungen 5000 und 6000 wurden in der Ausgabe 2012 vorgestellt. 2011 kündigte Bombardier an, dass ausgehend von diesen Varianten zwei neue entwickelt werden, die 7000 und die 8000. Beide nutzen das General Electric-Triebwerk TechX neuester Technologie der Leistungsklasse 70 kN, welches bezüglich Treibstoffverbrauch, Lärmemissionen und Abgaswerte neue Bestwerte verspricht. Im vergrößerten Flügel wird die Treibstoffkapazität erhöht, so dass Reichweiten von bis (7000) 13520 km bzw. (8000) 14631 km erreicht werden. Damit ist die 8000 der Businessjet mit der momentan größten Reichweite. So werden beispielsweise Flüge von London nach Australien non-stop möglich. Sonst unterscheiden sich diese beiden Versionen fast nur bezüglich der Rumpflänge.
Hersteller: Gulfstream Aerospace Corp. (Tochterfirma von General Dynamics), Savannah, Georgia, USA.

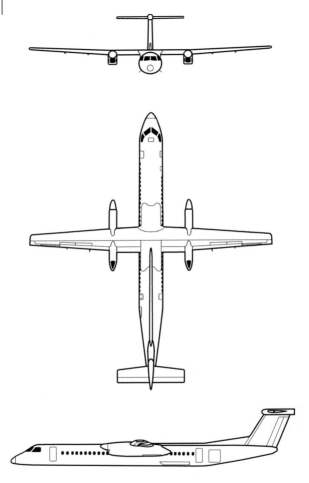

Abmessungen:
Spannweite 28,42 m
Länge 32,84 m
Höhe 8,36 m
Flügelfläche 63,08 m².

BOMBARDIER Q400

Ursprungsland: USA/Kanada.
Kategorie: Regionalverkehrs- und Mehrzweckflugzeug.
Triebwerke: Zwei Propellerturbinen Pratt & Whitney Canada PW150A von je 4580 WPS (3415 kW) Leistung bzw. 5070 WPS (3781 kW) mit APR.
Leistungen: Max. Reisegeschwindigkeit 667 km/h; ökonom. Reisegeschwindigkeit 565 km/h; Dienstgipfelhöhe 7620 m; Reichweite mit max. Nutzlast 1596 km, mit 70 Passagieren 2522 km.
Gewichte: Rüstgewicht 17108 kg; max. Startgewicht 29574 kg.
Zuladung: Zwei Piloten und Standard-Innenausstattung für 70 Passagiere in Viererreihen. Max. Nutzlast 8625 kg.
Entwicklungsstand: Die erste Dash 8-400 (mittlerweile als Q400 bezeichnet) startete am 31. Januar 1998 zum Erstflug, Ablieferung im Januar 2000. Ende 2012 lagen für die Version Q400 bzw. Q400 NextGen Aufträge für etwa 460 Einheiten von über 30 Betreibern vor, rund 430 davon waren hergestellt. Bombardier lieferte Ende 2010 die 1000. Maschine der Dash 8-Familie ab.
Bemerkungen: Die Dash 8 Q400 ist eine nochmals vergrößerte Ausführung des Grundmusters Dash 8. Gegenüber der Dash 8-300 (siehe Ausgabe 1996) unterscheidet sie sich durch den 7,16 m längeren Rumpf, leistungsfähigere Triebwerke und ein verstärktes Flügelmittelstück. Dadurch vergrößert sich die Spannweite um rund 1 m. Neue, besonders lärmarme Sechsblattrotoren von Dowty sind rund 20 cm weiter vom Rumpf entfernt platziert worden. Zur weiteren Lärmreduktion ist ein sog. »active cabin-noise control system« (= aktives Lärmunterdrückungssystem) eingebaut, welches den in die Kabine eindringenden Lärm erheblich auf 77 dB abdämpft, weshalb der Name des Musters auf Q400 (**Q** = quiet/ruhig) abgeändert wurde. Einige ältere Maschinen werden zu Frachtern Q400PF umgebaut. Die derzeit angebotene Variante Q400 NextGen (Erstablieferung im Mai 2009) weist einige Verbesserungen in der Inneneinrichtung auf. Bombardier prüft unter der Bezeichnung Dash 8 Q400X eine weitere Verlängerung des Musters für 90 Passagiere.
Hersteller: Bombardier Aerospace, Downsview, Ontario, Kanada.

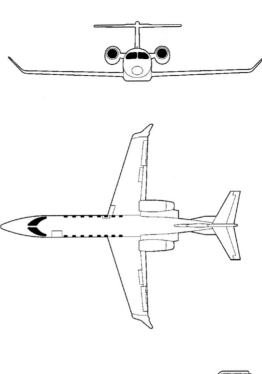

Abmessungen:
Spannweite einschließlich Winglets 15,51 m
Länge (70) 16,93 m, (75) 17,56 m
Höhe 4,31 m
Flügelfläche 28,95 m².

BOMBARDIER LEARJET 70/75

Ursprungsland: USA.
Kategorie: Firmenflugzeug.
Triebwerke: Zwei Mantelstromtriebwerke Honeywell TFE733-40BR von je 1746 kp (17,1 kN) Standschub.
Leistungen (70/75, nach Angaben des Herstellers): Max. Reisegeschwindigkeit 860 km/h (Mach 0,81); Langstreckenreisegeschwindigkeit 800 km/h; Dienstgipfelhöhe 15545 m; max. IFR-Reichweite mit vier Passagieren (70) 3815 km, (75) 3778 km.
Gewichte (70/75): Rüstgewicht 6221/6300 kg; max. Startgewicht 9525/9752 kg.
Zuladung (70/75): Zwei Piloten und in der Kabine normalerweise sechs/acht, maximal sieben/neun Passagiere.
Entwicklungsstand: Die erste Learjet 75 (siehe Dreiseitenriss und Foto), eine umgebaute Learjet 45, startete 8. August 2011 zum Erstflug, gefolgt von der zur 70 umgebauten Learjet 40 am 2. Februar 2012. Das erste dem Serienstandard entsprechende Muster soll anfangs 2013 erstmals fliegen. Learjet 70 und 75 werden parallel produziert und sollen ab 2013 ausgeliefert werden. Von den Ausführungen Learjet 40 und 45 wurden bisher rund 600 Einheiten gebaut.
Bemerkungen: Die im Mai 2012 vorgestellte Learjet 70 löst die Learjet 40 als kleinsten Businessjet von Bombardier ab, die Learjet 75 die Learjet 45. Beide neuen Versionen weisen gegenüber ihren Vorgängern neue Triebwerke mit mehr Schub auf. Zudem konnte man Gewicht einsparen. Damit erzielen die Learjet 70 und 75 eine kürzere Startstrecke, erhöhte Steig- und Reichweitenleistungen und einen kleineren Treibstoffverbrauch. Weiter will man die Betriebskosten gegenüber den Vorgängern senken. Zum Einbau gelangt eine neue Avionik Vision, welche auf der G5000 von Garmin International basiert. Schließlich wird auch die Kabine aufgewertet und Elemente der Learjet 85 (siehe Seiten 106/107) übernommen. Die Learjet 70/75 weisen folgende Innenmaße auf: Länge 5,39 m/6,02 m, Breite 1,56 m, Höhe 1,50 m. Die Außenabmessungen entsprechen jenen der Learjet 40/45.
Hersteller: Bombardier Aerospace, Werk Wichita, Kansas, USA, Montreal, Quebec, Kanada.

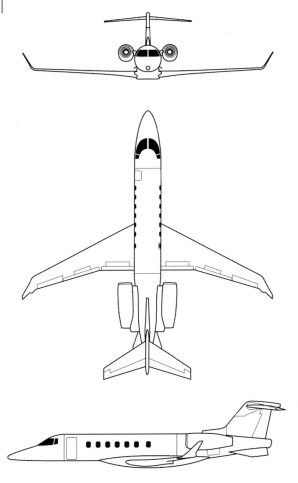

Abmessungen:
Spannweite einschließlich Winglets 18,75 m
Länge 20,76 m
Höhe 6,08 m
Flügelfläche 37,25 m².

BOMBARDIER LEARJET 85

Ursprungsland: USA/Kanada.
Kategorie: Firmenflugzeug.
Triebwerke: Zwei Mantelstromtriebwerke Pratt & Whitney Canada PW307B von je 2677 kp (27,13 kN) Standschub.
Leistungen (nach Angaben des Herstellers): Max. Reisegeschwindigkeit auf 13100 m 871 km/h (Mach 0,82); Langstreckenreisegeschwindigkeit auf 13700 m 829 km/h (Mach 0,78); Dienstgipfelhöhe 14935 m; max. Reichweite mit vier Passagieren und IFR-Reserven 5556 km.
Gewichte (nach Angaben des Herstellers): Leergewicht 9752 kg; max. Startgewicht 16682 kg.
Zuladung: Zwei Piloten und in der Kabine normalerweise acht, maximal zehn Passagiere.
Entwicklungsstand: Der Erstflug der Learjet 85 hat sich erneut verspätet und wird erst für Mitte 2013 erwartet. Bombardier möchte die ersten Serienmaschinen im Herbst 2014 an die Kunden abliefern. Aktuell sind 60 Maschinen bestellt.
Bemerkungen: Im Mai 2008 stellte Bombardier die Learjet 85 vor. Obwohl äußerlich als klassische Learjet zu erkennen, handelt es sich um eine vollständige Neukonstruktion. Sie ist der erste Businessjet, dessen Rumpf vollständig aus Faserverbundwerkstoffen besteht. Der Metallanteil an der Struktur beschränkt sich auf Fahrwerk, Triebwerke, Flugsteuerung sowie einige Abdeckungen. Für acht Passagiere ausgelegt, soll sie eine komfortable Kabine mit folgenden Innenmaßen erhalten: Länge 7,54 m, Höhe 1,80 m, Breite 1,85 m. Bombardier bietet verschiedene Standardeinrichtungen an. Die Fenster sind größer als bei Vorgängermodellen dimensioniert. Der Tradition der Learjets folgend, zeichnet sich die Learjet 85 ebenfalls durch ein agiles und schnelles Flugverhalten aus. Vorgesehen ist die Avionik neuester Technologie Rockwell Collins Pro Line Fusion, welche sich u.a. durch einfache Bedienung auszeichnen soll. Mit der Learjet 85 wird die seit mittlerweile 50 Jahren gebaute Learjet-Produktreihe fortgesetzt.
Hersteller: Bombardier Aerospace, Werk Wichita, Kansas, USA, Quebec, Kanada.

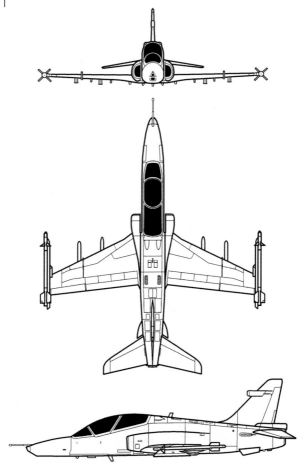

Abmessungen:
Spannweite inkl. Lenkwaffen 9,94 m
Länge 12,43 m
Höhe 3,98 m
Flügelfläche 16,69 m².

BRITISH AEROSPACE HAWK Mk.128

Ursprungsland: Großbritannien.
Kategorie: Zweisitziger Fortgeschrittenentrainer und Erdkämpfer.
Triebwerke: Ein Mantelstromtriebwerk Rolls-Royce/Turboméca Adour 951 von 2950 kp (28,89 kN) Standschub.
Leistungen: Höchstgeschwindigkeit 1040 km/h oder Mach 0,85; max. Reisegeschwindigkeit 1019 km/h auf Meereshöhe; Dienstgipfelhöhe 13565 m; taktischer Einsatzradius je nach Bewaffnung zwischen 583 und 925 km; Überführungsreichweite mit zwei 860-l- und einem 590-l-Zusatztank 2584 km.
Gewichte: Rüstgewicht 4570 kg; max. Startgewicht 9100 kg.
Bewaffnung: Eine 25-mm-Aden- oder eine 27-mm-Mauser-Kanone und maximal 3000 kg externe Waffenlasten, verteilt auf sieben Stationen unter Flügeln und Rumpf.
Entwicklungsstand: Ein Erprobungsträger der neuesten Ausführung LIFT, welche die Basis der aktuellsten Variante Mk.128 darstellte, fliegt seit 1998. Insgesamt sind bisher fast 1000 Maschinen aller Versionen für 20 Luftwaffen bestellt und zum größten Teil ausgeliefert worden. 2012 konnten folgende neue Aufträge verzeichnet werden: Indien weitere 60 Mk. 132 für die Luftwaffe und 17 für die Marine (z.T. Lizenzbau), Oman 8, Saudi Arabien 22 AJT. Indien hatte früher bereits 66 Einheiten beschafft.
Bemerkungen: Die als LIFT (**L**ead-**I**n-**F**ighter-**T**rainer) bezeichnete Ausführung der Hawk weist, besonders was die Avionik angeht, einige bedeutende Verbesserungen auf: MIL-Std-1553B-Databus, überarbeitetes Cockpit mit drei Flachbildschirmen und HUD, Nachtsichtgeräte, INS/GPS und weitere elektronische Hilfen. Die Zelle wurde für eine längere Lebensdauer verstärkt, das Bugfahrwerk kann aktiv gesteuert werden. Zudem ist ein APU (= **A**uxiliary **P**ower **U**nit = Starthilfstriebwerk) installiert. Seit Mitte August 2002 fliegt eine Ausführung Mk.120 mit voll digitalisiertem Cockpit und Adour 951-Triebwerken, von der schließlich die Mk. 128 für die RAF (Erstflug 27. Juli 2005) abgeleitet wurde. Diese verfügt über ein neues Avioniksystem mit offener Architektur. Eine weitere Entwicklung dieser Variante wird derzeit geprüft.
Hersteller: British Aerospace PLC, Military Aircraft Division, Warton, Preston, Lancashire, Großbritannien.

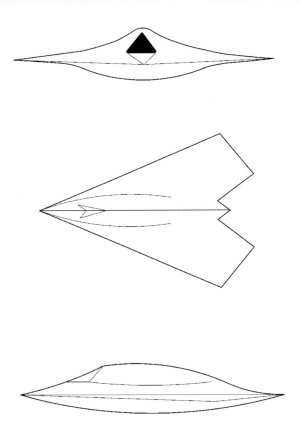

Abmessungen:
Spannweite 9,10 m
Länge 11,35 m
Höhe 4,00 m.

BRITISH AEROSPACE TANARIS

Ursprungsland: Großbritannien.
Kategorie: Erprobungsträger für ein unbemanntes Kampf- und Aufklärungsflugzeug mit Stealth-Eigenschaften.
Triebwerke: Ein Mantelstromtriebwerk Rolls-Royce/Turboméca Adour Mk.951 von 2950 kp (28,89 kN) Leistung.
Leistungen: Noch sind keine Angaben erhältlich. Die Tanaris soll aber interkontinentale Reichweiten (Zitat) erreichen.
Gewichte: Max. Startgewicht rund 8000 kg.
Bewaffnung: In zwei internen Bombenschächten im Rumpf können Waffen aller Art sowie Aufklärungs- und Elektronikabwehrsysteme mitgeführt werden.
Entwicklungsstand: Der Erprobungsträger soll anfangs 2013 die Flugerprobung aufnehmen. Eine Serienfertigung ist aber nicht vorgesehen.
Bemerkungen: In den letzten Jahren ist die Entwicklung einer Anzahl von Technologie-Demonstratoren entstanden, welche alle die Möglichkeiten von unbemannten Kampf- und Aufklärungseinsätzen erproben sollen. Darunter fallen die Boeing Phantom Ray (siehe Seiten 88/89), die Dassault nEURon (siehe Seiten 142/143) und die Northrop Grumman X-47B (siehe Seiten 260/261). Ursprünglich von der britischen Regierung geheim gehalten, wurden erste Informationen über die Tanaris Ende 2011 bekannt. Dieses gemeinsam von der Regierung und diversen Unternehmen finanzierte Projekt soll in einem einzigen Prototyp mehrere Elemente vereint erproben: Stealth-Eigenschaften, Systeme für einen unbemannten Waffenträger, autonome Einsatzmöglichkeiten und neue Triebwerk-Elemente. Die meisten Eckdaten dieses Erprobungsträgers sind noch nicht bekannt. So zeigt der Dreiseitenriss nur die ungefähren Proportionen. In den Größenproportionen dürfte die Tanaris der BAe Hawk (siehe Seiten 108/109) entsprechen.
Hersteller: British Aerospace PLC, Military Aircraft Division, Warton, Preston, Lancashire, Großbritannien.

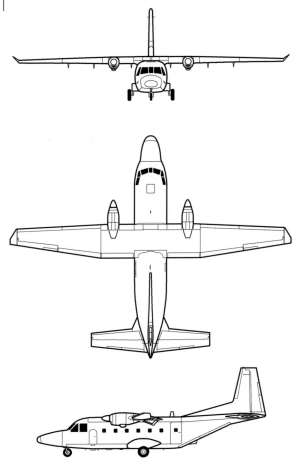

Abmessungen:
Spannweite 20,28 m
Länge 16, 15 m
Höhe 6,60 m
Flügelfläche 41,00 m².

CASA C-212-400 AVIOCAR

Ursprungsland: Spanien (Indonesien).
Kategorie: Leichter militärischer und ziviler Mehrzwecktransporter.
Triebwerke: Zwei Propellerturbinen AlliedSignal TPE331-12JR von je 1100 WPS (820 kW), reduziert auf 925 WPS (690 kW) Leistung.
Leistungen: Max. Reisegeschwindigkeit 365 km/h; Dauer-Reisegeschwindigkeit 300 km/h auf 3300 m; Dienstgipfelhöhe 8500 m; Reichweite mit max. Nutzlast 432 km, mit max. Treibstoffzuladung 2000 km.
Gewichte: Rüstgewicht 4550 kg; max. Startgewicht 8100 kg.
Zuladung: Zwei Piloten und bis zu 26 Passagiere oder 2950 kg Fracht.
Entwicklungsstand: Die Ursprungsausführung C-212-100 fliegt seit 1971 und wurde seither ununterbrochen gebaut. Bisher sind mehr als 500 Einheiten bestellt und zum größten Teil abgeliefert worden. Die neueste Version -400 nahm die Flugerprobung im April 1997 auf. Der größte Einzelauftrag wurde von der Brasilianischen Luftwaffe für 50 C-212-400 erteilt (Lizenzbau).
Bemerkungen: Die C-212-400 wurde erstmals 1997 vorgestellt. Dank stärkeren Triebwerken sind alle Flugleistungen generell verbessert und das Abfluggewicht um 400 kg erhöht. Das Cockpit ist mit EFIS-Instrumenten ausgerüstet. Die gesamte Elektronik ist nun in der Rumpfnase konzentriert. Auch wurden Verbesserungen an der Kabine vorgenommen. Eine als C-212M bezeichnete Version, basierend auf der C-212-300, ist besonders für militärische Aufgaben ausgelegt und kann unter den Flügeln zwei Zusatztanks von je 500 l oder andere Lasten mitführen. Ab 2013 wird eine verbesserte Ausführung unter der Bezeichnung NC212 in Indonesien für zivile wie auch militärische Zwecke gebaut Sie erhält eine neue digitale Avionik und weist eine auf 28 Personen erhöhte Passagierkapazität auf.
Hersteller: CASA (Construcciones Aeronauticas), Madrid, Tochtergesellschaft der Cassidian (EADS), Werk Bandung (Indonesien), Spanien.

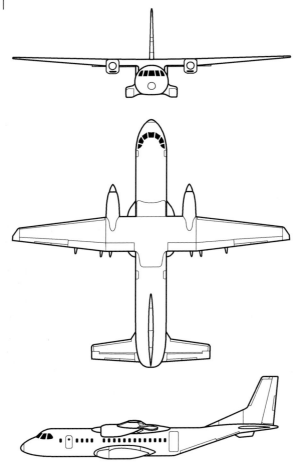

Abmessungen:
Spannweite 25,81 m
Länge 24,45 m
Höhe 8,60 m
Flügelfläche 59,10 m².

CASA C-295

Ursprungsland: Spanien.
Kategorie: Mehrzwecktransporter.
Triebwerke: Zwei Propellerturbinen Pratt & Whitney Canada PW127G von je 2645 WPS (1972 kW) Startleistung, 2920 WPS (2177 kW) mit APR.
Leistungen: Max. Reisegeschwindigkeit 474 km/h auf 7620 m; Steigzeit auf Dienstgipfelhöhe von 7620 m 12 Min; Reichweite mit max. Nutzlast 1445 km, max. Reichweite 5278 km.
Gewichte: Leergewicht 11000 kg; max. Startgewicht 23200 kg.
Zuladung: Zwei Piloten und normalerweise 69 oder bis zu 78 voll ausgerüstete Soldaten; für Evakuationseinsätze 27 liegende Personen und vier Helfer; als Frachter fünf Standard-Container oder drei leichte Fahrzeuge; max. Nutzlast 9250 kg.
Entwicklungsstand: Der erste, bereits dem Serienstandard entsprechende Prototyp, nahm die Flugerprobung am 22. Dezember 1998 auf. Im Oktober 2001 begann CASA mit den Auslieferungen. Folgende Luftwaffen haben bisher Bestellungen aufgegeben: Ägypten neu 8, Algerien 6, Brasilien 12, Finnland 3, Ghana 2, Jordanien 2, Kolumbinen neu 5, Mexico 2, Polen 12, Portugal 12, Spanien 13, Tschechien 4; neueste Besteller: Indonesien 9, Kazakhstan 2, Oman 8. Für die C-295 MPA liegen folgende Aufträge vor: Marine von Chile 6, Portugal 5 der 12 bestellten, UAE 4. Rund 80 davon waren Ende 2012 ausgeliefert.
Bemerkungen: Basierend auf der CN-235 (siehe Ausgabe 2012) wurde die C-295 von CASA alleine entwickelt. Durch Einfügen von Rumpfsegmenten vor und hinter dem Flügel vergrößerte man die Außenlänge um 3,10 m, die Kabinenlänge um 3,00 m. Stärkere Triebwerke gelangten zum Einbau, verbunden mit Sechsblatt-Propellern neuester Technologie von Hamilton. Weiter mussten wegen der höheren Gewichte Flügel und Fahrwerk verstärkt werden. Dank dieser Maßnahmen steigt die Ladekapazität gegenüber dem Ausgangsmuster um rund 50 %. Die C-295 verfügt über eine neue Avionik Topdeck von Sextant und ist für Luftbetankungen ausgelegt. Eine Seeüberwachungs- und U-Bootbekämpfungsversion C-295MPA »Persuader« wird ebenfalls angeboten. Seit 7. Juni 2011 erprobt man auch eine AEW-Variante mit Tellerradar über dem Rumpf (siehe Foto).
Hersteller: CASA (Construcciones Aeronauticas), Madrid, Tochtergesellschaft der Cassidian (EADS), Werk Sevilla, Madrid, Spanien.

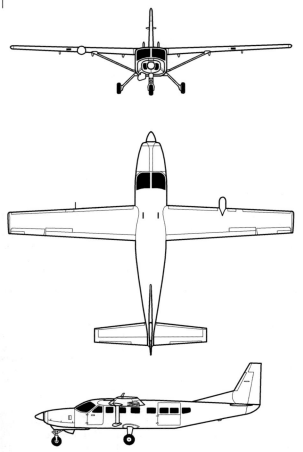

Abmessungen:
Spannweite 15,87 m
Länge (Caravan) 11,50 m, (Grand Caravan) 12,72 m
Höhe (Caravan) 4,52 m, (Grand Caravan) 4,70 m
Flügelfläche 25,96 m².

CESSNA 208B GRAND CARAVAN

Ursprungsland: USA.
Kategorie: Mehrzweckflugzeug.
Triebwerke: Eine Propellerturbine Pratt & Whitney Canada PT6A-114A von 675 WPS (503 kW) Leistung.
Leistungen: Max. Reisegeschwindigkeit 340 km/h auf 3050 m, 295 km/h auf 6095 m; Anfangssteiggeschwindigkeit 4,9 m/Sek; Dienstgipfelhöhe 7620 m; max. Reichweite mit 45 Min. Reserven 1680 km auf 3050 m.
Gewichte: Leergewicht 1861 kg; max. Startgewicht (Caravan) 3629 kg, (Grand Caravan) 3969 kg, (Grand Caravan EX) 3994 kg.
Zuladung: Ein bis zwei Piloten und in der Standardausführung neun Passagiere, maximal jedoch 14 Passagiere oder (Caravan) 1758 kg, (Grand Caravan) 1933 kg Fracht.
Entwicklungsstand: Der Prototyp der 208 flog erstmals am 9. Dezember 1982; Beginn der Kundenablieferungen im Februar 1985. Die militärische Variante U-27A wurde 1986 eingeführt. Die verbesserte Version 208B nahm am 3. März 1986 die Flugerprobung auf, gefolgt von der Grand Caravan 1991. Nebst der 208B werden derzeit angeboten: Caravan 675, Caravan Amphibian, Grand Caravan (EX) und Super Cargomaster. Nach wie vor ist die Nachfrage nach diesem Typ hoch. So sind bisher von der Version Grand Caravan über 1500, von allen Ausführungen insgesamt über 2000 gebaut worden. Mitte 2012 hat Cessna die neueste Grand Caravan EX lanciert. Die ersten Auslieferungen begannen Ende 2012. Inskünftig soll die Caravan EX auch in China bei CAIGA endmontiert werden.
Bemerkungen: Als eigentliches »Arbeitspferd« wird die Caravan für die verschiedensten Aufgaben eingesetzt, sei es vom Frachter über militärische Aufgaben bis hin zum Passagierflugzeug mit VIP-Einrichtung. Die neueste Ausführung Grand Caravan EX bleibt in den Außenabmessungen gleich, wird jedoch mit dem um fast 25% stärkeren Triebwerk PT6A-140 mit 867 WPS (646 kW) angetrieben. Damit verbessern sich alle Leistungsmerkmale wesentlich, besonders jene in hoch gelegenen und heißen Gebieten. Die Reisegeschwindigkeit ist um rund 20 km/h höher, die Steigleistungen nehmen um 20% zu.
Hersteller: Cessna Aircraft Company, Wichita, Kansas, USA.

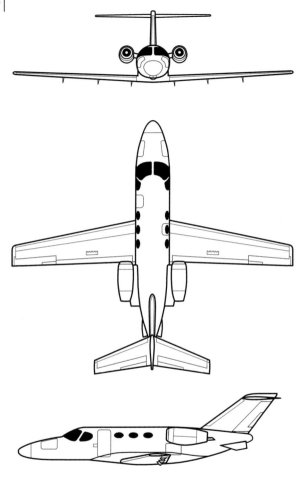

Abmessungen:
Spannweite 13,16 m
Länge 12,17 m
Höhe 4,09 m
Flügelfläche 19,50 m².

CESSNA 510 CITATION MUSTANG ◀

Ursprungsland: USA.
Kategorie: Taxi- und leichtes Firmenflugzeug.
Triebwerke: Zwei Mantelstromtriebwerke Pratt & Whitney PW615F von je 662 kp (6,49 kN) Standschub.
Leistungen: Typische Reisegeschwindigkeit 630 km/h auf 10688 m; Dienstgipfelhöhe 12500 m; Reichweite unter IFR-Bedingungen bei einer Nutzlast von 270 kg 2161 km.
Gewichte: Leergewicht 2480 kg; max. Startgewicht 3921 kg.
Zuladung: Pilot und bis zu fünf Passagiere; Nutzlast bei voller Treibstoffzuladung 272 kg.
Entwicklungsstand: Der Prototyp der Citation Mustang absolvierte den Erstflug am 23. April 2005, das erste Serienflugzeug folgte am 29. August 2005. Bisher sind über 450 Einheiten gebaut worden. Je nach Nachfrage werden jährlich bis zu 150 Maschinen hergestellt.
Bemerkungen: Mit diesem kleinsten Jet will sich Cessna gegenüber der neu aufkommenden Konkurrenz von sehr leichten und preisgünstigen Düsenflugzeugen am Markt behaupten. Die Citation Mustang stellt eine Brücke zwischen mit Kolbenmotoren ausgerüsteten Sport- und Reiseflugzeugen und den eigentlichen Businessjets dar. Der Basispreis beträgt rund US$ 3,0 Mio. Von der Auslegung her ist die ganz aus Aluminium hergestellte Mustang der CitationJet-Familie ähnlich, in den Außenabmessungen jedoch kleiner. Der Flügel ohne Pfeilung wurde völlig neu konzipiert. Die kleine Passagierkabine (Länge 4,42 m, Breite 1,42 m, Höhe 1,37 m) verfügt jedoch über eine Toilette. Im Cockpit gelangt die Garmin G100-Avionik zum Einbau, welche drei große Flachbildschirme und als Erleichterung für den Piloten ein umfassendes Flight Management System umfasst. Cessna prüft derzeit eine Ableitung mit einer Propellerturbine statt mit zwei Mantelstromtriebwerken zu entwickeln. Diese wäre deutlich kostengünstiger zu beschaffen.
Hersteller: Cessna Aircraft Company, Werk Independence, Wichita, Kansas, USA.

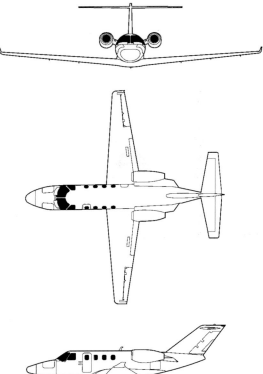

Abmessungen:
Spannweite 14,33 m
Länge 12,98 m
Höhe 4,24 m
Flügelfläche 22,30 m².

CESSNA 525 CITATION M2

Ursprungsland: USA.
Kategorie: Leichtes Firmenflugzeug.
Triebwerke: Zwei Mantelstromtriebwerke Williams Rolls-Royce FJ44-1AP-21 von je 891 kp (8,74 kN) Standschub.
Leistungen: Max. Reisegeschwindigkeit 741 km/h auf 9450 m (Mach 0,71); Steigzeit auf 12497 m 25 Min; Dienstgipfelhöhe 12497 m; max. IFR-Reichweite 2408 km.
Gewichte: Rüstgewicht 3060 kg; max. Startgewicht 4853 kg.
Zuladung: Pilot und Copilot/Passagier im Cockpit und vier bis fünf Passagiere. Es kann auch eine Toilette eingebaut werden.
Entwicklungsstand: Der erste von zwei Prototypen nahm die Flugerprobung am 9. März 2012 auf. Mit den Auslieferungen soll im zweiten Semester 2013 begonnen werden. Der aktuelle Auftragsbestand ist nicht bekannt. Von allen Citations zusammen hat Cessna seit Lancierung des ersten Musters über 6500 gebaut.
Bemerkungen: Mit dem neuesten Glied M2 der Citation-Familie will Cessna eine Angebotslücke zwischen der Mustang (siehe Seiten 118/119) und der Citation CJ2+ (siehe Ausgabe 2006) schließen. Sie soll als Ersatz für die nicht mehr produzierte CJ1 (siehe Ausgabe 2002) dienen. Von der Grundauslegung aus sieht die M2 ihren Vorgängerinnen recht ähnlich. Die Grundstruktur besteht ebenfalls größtenteils aus Aluminiumlegierungen. Zur Gewichtsoptimierung sind einzelne Teile aus Verbundwerkstoff. Die Innenmaße der Kabine des kreisrunden Rumpfes betragen: Länge 4,80 m, Breite 1,47 m, Höhe 1,45 m. In der Flügelnase sowie im Rumpfheck sind zwei recht große Gepäckräume vorhanden. Die ungepfeilten Flügel verlaufen vollständig unter dem Rumpf, so dass die Kabine dadurch in der ganzen Länge nicht eingegrenzt ist. Im Cockpit ist das Avionik-System Garmin 3000 mit den heute üblichen drei LCD-Mulitifunktions-Großbildschirmen eingebaut. Cessna gibt den Preis für die Basisausführung mit US$ 4,2 Mio. an.
Hersteller: Cessna Aircraft Company, Werke Wichita und Independence, Kansas, USA.

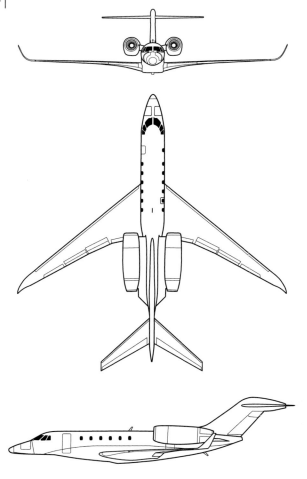

Abmessungen (Citation X/New Citation X):
Spannweite 19,48/21,10 m
Länge 22,04/22,43 m
Höhe 5,86 m
Flügelfläche (Ten) 48,90 m².

CESSNA 750 CITATION X / NEW CITATION X

Ursprungsland: USA.
Kategorie: Firmenflugzeug.
Triebwerke (New Citation X): Zwei Mantelstromtriebwerke Rolls Royce (Allison) AE 3007C2 von je 3200 kp (31,28 kN) Standschub.
Leistungen (Citation X/New Citation X nach Angaben des Herstellers): Max. Reisegeschwindigkeit 972/977 km/h; Anfangssteiggeschwindigkeit 22,4/Sek; Dienstgipfelhöhe 15545 m; IFR-Reichweite bei Mach 0,82 mit sechs Passagieren und 45 Min. Reserven 5652/6008 km.
Gewichte (Citation X/New Citation X): Leergewicht 10024/11330 kg; max. Startgewicht 16374/16602kg.
Zuladung (Citation X/New Citation X): Zwei Mann Cockpitbesatzung und normalerweise acht, maximal aber bis zu 12 Passagiere in Einzelsitzen und einer dreiplätzigen Couch; Nutzlast mit vollen Treibstofftanks 617/683 kg, max. 1043/1140 kg.
Entwicklungsstand: Das erste Erprobungsmuster der Citation X nahm die Flugtests am 21. Dezember 1993 auf. Die Kundenauslieferungen begannen im Juni 1996. Rund 350 wurden bisher hergestellt. Die neue Cessna, noch als Citation Ten bezeichnetes Muster, flog erstmals am 17. Januar 2012. Mit der Zulassung wird Mitte 2013 gerechnet.
Bemerkungen: Das bisherige Topmodell Citation X von Cessna wird nun von der New Citation X abgelöst. Der Hersteller lancierte die um 0,38 m längere, mit Rolls Royce-Triebwerken AE3007 neuerer Generation ausgerüstete Weiterentwicklung. Sie erhält ein völlig neues Cockpit Garmin G5000 mit Head-Up-Display, ausgerüstet u.a. mit drei großen und mehreren kleinen LCD-Multifunktionsbildschirmen. Die New Citation X weist in Teilbereichen bessere Flugleistungen auf. Cessna behauptet, dass dieses Modell mit der auf Mach 0,935 angehobenen Geschwindigkeit weiterhin das schnellste Geschäftsreiseflugzeug im Markt ist. Mit der größeren Reichweite kann beispielsweise die Strecke von New York nach London nonstop beflogen werden. Der Durchmesser des Innenraums bleibt mit einer Breite von 1,68 m und einer Höhe von 1,73 m gleich wie bei der Citation X. Die Länge der Kabine beträgt nun aber 7,67 m.
Hersteller: Cessna Aircraft Company, Wichita, Kansas, USA.

Abmessungen:
Spannweite 9,46 m
Länge 14,97 m
Höhe 4,77 m
Flügelfläche 24,40 m².

CHENGDU FC-1/JF-17 SUPER 7

Ursprungsland: Volksrepublik China.
Kategorie: Einsitziger Luftüberlegenheitsjäger und Erdkämpfer.
Triebwerke: Ein Mantelstromtriebwerk Klimow RD-93 von 5040 kp (49,4 kN) ohne und 8300 kp (81,4 kN) mit Nachverbrennung.
Leistungen (geschätzt): Höchstgeschwindigkeit ohne Außenlasten 1800 km/h (Mach 1,8); Dienstgipfelhöhe 16700 m; Aktionsradius als Jäger 1200 km, als Erdkämpfer 700 km; Reichweite mit internem Kraftstoff 1600 km; Überführungsreichweite 3000 km.
Gewichte: Leergewicht 6350 kg; Startgewicht normal beladen ohne Außenlasten 9100 kg; max. Startgewicht 12700 kg.
Bewaffnung: Eine doppelläufige 23-mm-Kanone GSh-223-2 links unter dem Rumpf und Luft-Luft- bzw. Luft-Boden-Lenkwaffen sowie Bomben an vier Stationen unter den Flügeln, zwei an den Flügelspitzen und einer unter dem Rumpf. Max. Waffenladung 3600 kg.
Entwicklungsstand: Das erste Erprobungsmuster nahm die Flugerprobung am 25. August 2003 auf. Das erste Serienmuster wurde im März 2007 der pakistanischen Luftwaffe übergeben. Ob die Volksrepublik China diesen Typ beschafft, scheint zunehmend unsicher. Das erste in pakistanischer Lizenz gebaute Muster wurde im November 2009 fertig gestellt. Pakistan will bis zu 200 Einheiten beschaffen und hat bis Ende 2012 150 Einheiten geordert. Rund 50 davon sind bereits abgeliefert. Weiterer Besteller: offenbar Azerbeijan 26.
Bemerkungen: Das chinesisch-pakistanische Gemeinschaftsprojekt FC-1 wurde in enger Zusammenarbeit mit der russischen MAPO entwickelt. Dieses Muster basiert auf der nie fertig gestellten einmotorigen Variante der MiG-29, der MiG-33. Als kompakter Allwetter-Mehrzweckjäger soll er den Leistungen der F-16 nahe kommen. Die Auslegung der FC-1 ist recht konventionell. Rumpf wie Flügel bestehen aus Aluminium. Die Steuerung ist noch vollständig Servo gesteuert. Spätere Ausführungen sollen ein Fly-By-Wire-System erhalten. Eingebaut ist eine chinesische Avionik mit dem Mehrzweckradar KLJ-7. Damit ist die JF-17 eines der wenigen Kampfflugzeuge, welche keinerlei US-Systeme verwendet. Von einer zweisitzigen Ausführung wurden erste Bilder gesehen. Chengdu prüft die Entwicklung einer vereinfachten Ausführung, welche insbesondere für unterentwickelte Länder von Interesse sein könnte.
Hersteller: Chengdu Aircraft Industrial Corp., Chengdu, Sichuan, Volksrepublik China.

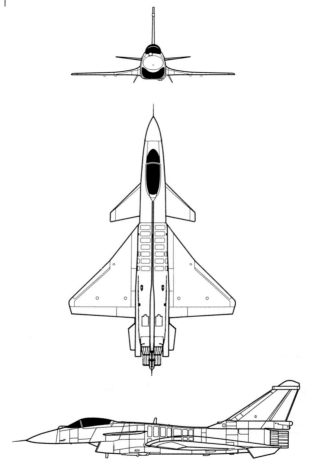

Abmessungen:
Spannweite Hauptflügel 9,75 m, Vorflügel 5,30 m
Länge 16,43 m
Höhe 5,43 m
Fläche Hauptflügel 39,00 m², Vorflügel 4,70 m².

CHENGDU J-10

Ursprungsland: Volksrepublik China.
Kategorie: Einsitziger Mehrzweckjäger und zweisitziger Einsatztrainer.
Triebwerke: Ein Mantelstromtriebwerk Saturn/Lyulka AL-31FN von 8100 kp (79,4 kN) Standschub ohne und 12800 kp (125,50 kN) mit Nachverbrennung.
Leistungen (geschätzt): Höchstgeschwindigkeit Mach 1,85 in großen Höhen, auf Meereshöhe Mach 1,2; Dienstgipfelhöhe 18000 m; Aktionsradius 550 km; Reichweite mehr als 2000 km.
Gewichte: Leergewicht 9730 kg; max. Startgewicht 24650 kg.
Bewaffnung: Eine Kombination von Kurzstrecken-Luft-Luft-Lenkwaffen PL-8, Mittelstrecken-Luft-Luft-Lenkwaffen PL-11 und Zusatztanks/Luft-Boden-Raketen/Bomben an bis zu elf Waffenstationen; max. Waffenlast rund 5500 kg. Zudem ist eine 23-mm-Kanone eingebaut.
Entwicklungsstand: Der erste von neun Prototypen führte am 24. März 1998 seinen Erstflug aus, der doppelsitzige Prototyp J-10S folgte am 26. Dezember 2003. Seit 2004 ist die J-10 bei der Luftwaffe der VR China im Einsatz. Insgesamt soll sie 300 Exemplare bekommen, über 200 davon sind bereits abgeliefert. Pakistan wird voraussichtlich 36 J-10 beschaffen.
Bemerkungen: Beim Mehrzweckjäger J-10 sind außer dem russischen Triebwerk alle Systeme, wie auch das Doppler-Bordradar KLJ-3, chinesischer Provenienz. Die J-10 verfügt über ein digitales Fly-By-Wire-Steuerungssystem. Anfang 2009 startete die verbesserte Ausführung J-10B zum Erstflug. Der Triebwerkeinlauf ist überarbeitet, die Rumpfnase vermutlich für ein neues AESA-X-Band-Radar umkonstruiert, die Zelle verstärkt und das Seitenleitwerk vergrößert. Zudem befinden sich zwei weitere Waffenaufhängepunkte unter den Flügeln. Ein verstärktes Triebwerk eventuell auch mit Vektor-Steuerung soll eingebaut sein. Spätere Ausführungen könnten das chinesische Triebwerk WS-10A Taihang erhalten. Zu Beginn des Jahres 2011 ist auch die Marineversion J-10AH in Einsatz gelangt. Sie unterscheidet sich primär durch eine fix montierte Betankungssonde.
Hersteller: CAC, Chengdu Aircraft Industrial Corporation, Chengdu, Sichuan, Volksrepublik China.

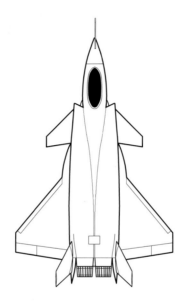

Abmessungen (nach unbestätigten Angaben):
Spannweite 13,00 m,
Länge etwa 20,30 m
Höhe 4,45 m
Flügelfläche je nach Quellen 59 oder 73 m².

CHENGDU J-20 BLACK EAGLE ◄

Ursprungsland: Volksrepublik China.
Kategorie: Einsitziger Luftüberlegenheitsjäger, vielleicht aber auch Angriffsflugzeug für mittlere Strecken.
Triebwerke: Wahrscheinlich zwei Mantelstromtriebwerke der Saturn AL-31-Familie oder Shenyang WS-10G mit einer Leistung von rund 13200 kp (129,45 kN).
Leistungen (nach unbestätigten Angaben): Höchstgeschwindigkeit Mach 2,5; Dienstgipfelhöhe 20000 m; Einsatzradius 2000 km; Überführungsreichweite 5500 km.
Gewichte (nach unbestätigten Angaben): Leergewicht 17000 kg; Startgewicht zwischen 34000 und 36000 kg.
Bewaffnung: Die Prototypen sind noch unbewaffnet. Eine voraussichtliche Serienausführung dürfte in internen Waffenschächten vor allem moderne Abfang- und Angriffslenkwaffen mitführen.
Entwicklungsstand: Zur großen Überraschung wurden erste Fotos des Prototypen am 22. Dezember 2010 herumgereicht. Bereits am 11. Januar 2011 nahm der erste von offenbar zwei Prototypen die Flugerprobung auf. Ein zweiter fliegt seit 16. Mai 2012. Ob es sich dabei um echte Prototypen oder eigentliche Erprobungsträger handelt, ist nicht bekannt. Die Black Eagle ist aufgrund des J-XX-Programm-Pflichtenhefts für einen Überlegenheitsjäger der Luftwaffe der Volksrepublik China entwickelt worden. Eine Serienausführung soll ab 2017 die Einsatzbereitschaft erlangen.
Bemerkungen: Bei der Chengdu J-20 handelt es sich um das erste bekannt gewordene Flugzeug chinesischer Produktion, das über sog. Stealth-Eigenschaften verfügt. Die bisher erhältlichen Bilder lassen erkennen, dass es sich bei der J-20 um einen Deltaflügler mit Canards handelt. Die doppelt vorhandenen Seitenleitwerke sind nach außen abgewinkelt und voll beweglich, die rautenförmigen Lufteinlässe liegen am Bug an und sind wie bei der F-35 als **D**iverterless **S**upersonic **I**nlets (DSI) ausgeführt. Vom Aussehen her hat die außergewöhnlich große Black Eagle Ähnlichkeiten mit der Lockheed Martin F/A-22 Raptor (siehe Ausgabe 2011) sowie mit der russischen MiG 1-44 (siehe Ausgabe 2001), von der allerdings nur ein einziger Erprobungsträger flog, bevor das Programm eingestellt wurde. Vermutlich wird das Flugzeug durch ein Fly-By-Wire-System gesteuert. Eingebaut dürfte ein AESA-Radar vom Typ 1475/KLJ5 sein. Gewisse Quellen vermuten, dass die J-20 auch für Strike-Einsätze vorgesehen ist.
Hersteller: CAC, Chengdu Aircraft Industrial Corporation, Chengdu, Sichuan, Volksrepublik China.

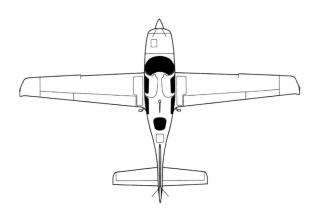

Abmessungen:
Spannweite 11,68 m
Länge 7,92 m
Höhe 2,71 m
Flügelfläche 13,46 m².

CIRRUS SR22-G3/T

Ursprungsland: USA.
Kategorie: Sport- und Reiseflugzeug.
Triebwerke (SR22-G3/T): Ein luftgekühlter Sechszylinder-Boxermotor Teledyne Continental IO-550-N/TSIO 550-K von 310/315 PS (230/234) kW) Leistung.
Leistungen (SR22-G3/T): Höchstzulässige Geschwindigkeit 378/396 km/h; max. Reisegeschwindigkeit 335/395 km/h auf 2590/7620 m; Anfangssteiggeschwindigkeit 6,6 m/Sek; Dienstgipfelhöhe 5334/7620 m, max. Reichweite mit IFR-Reserven 2166/1713 km.
Gewichte: Leergewicht 1009 kg; max. Startgewicht 1542 kg.
Zuladung: Pilot und drei Passagiere, max. Nutzlast rund 500 kg.
Entwicklungsstand: Die neueste Ausführung SR22T wird seit Mitte 2010 angeboten. Im September 2011 lieferte Cirrus das 5000. Exemplar von allen Varianten ab. Derzeit werden jährlich rund 300 Maschinen gebaut. Unter der Bezeichnung T-53A erwarb die USAF für die USAF Academy 25 SR20. 13 SR20 und 7 SR22 wurden 2012 als Basistrainer für die Armée de l'Air beschafft, 3 weitere SR20 für die Aéronavale.
Bemerkungen: Das weiterhin am meisten gebaute Modell ist die SR22-G3. Laut Hersteller wurden gegenüber dem Vormodell über 300 Modifikationen und Verbesserungen vorgenommen. Neu ist der Flügel, der dank eines neuen Karbonfiber-Kernträgers leichter und robuster ist. Er fasst auch 42 l mehr Treibstoff. Die allgemeine Aerodynamik wurde im Detail verbessert, das Fahrwerk ist leicht erhöht. Als Option kann eine Klimaanlage eingebaut werden. Schließlich hat man die Bedienung durch verschiedene Maßnahmen optimiert. Seit Mitte 2008 kann als Option ein völlig neu gestaltetes Cockpit von Garmin u.a. mit zwei zentralen 12-inch-Displays, die über vielfältige neue Funktionen verfügen, eingebaut werden. Die Weiterentwicklung SR22T unterscheidet sich primär durch den Turbomotor, welcher in gewissen Bereichen deutliche Leistungssteigerungen ermöglicht. Der Basis-Kaufpreis soll bei US$ 475'000.– liegen. Weiterhin angeboten werden die Versionen SR20/SR20-GTS, SR22/SR-22-GTS sowie die SR22 Turbo GTS.
Hersteller: Cirrus Design Corp. (seit 2011 Tochtergesellschaft der CAIGA, China Aviation Industry General Aircraft Co. Ltd., VR China), Duluth, Minnesota, USA.

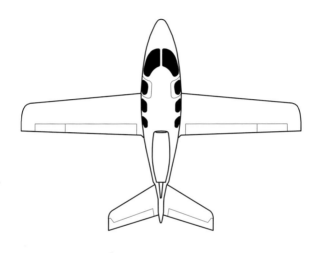

Abmessungen:
Spannweite 11,73 m
Länge (Prototyp) 9,02 m, (Serie) 8,91 m
Höhe 3,05 m.

CIRRUS VISION SF50 ◄

Ursprungsland: USA.
Kategorie: Leichtes düsengetriebenes Sport- und Reiseflugzeug.
Triebwerke: Ein Mantelstromtriebwerk Williams International FJ33-4A-19 von 860 kp (8,45 kN) Standschub.
Leistungen (prov. Angaben für Erprobungsträger): Maximale Reisegeschwindigkeit 590 km/h; normale Reisegeschwindigkeit 555 km/h; Dienstgipfelhöhe 8535 m; normale Reichweite 1800 km, maximal 2590 km.
Gewichte: Rüstgewicht 1681 kg; max. Startgewicht 2727 kg.
Zuladung: Ein Pilot und normal vier, maximal bis zu sechs Passagiere; Nutzlast bei vollen Treibstofftanks 180 kg, max. Nutzlast 545 kg.
Entwicklungsstand: Der vorläufig einzige Erprobungsträger flog erstmals am 3. Juli 2008. Nachdem lange Zeit die Zukunft dieses Musters unsicher war, hat der neue Eigner weitere Finanzmittel freigegeben, so dass im Laufe von 2013 ein Produktionsprototyp zum Erstflug starten kann. Mit den Auslieferungen soll 2015 begonnen werden. Bisher liegen Bestellungen für 500 Maschinen vor.
Bemerkungen: In mehreren Belangen ist das erste Flugzeug mit Strahlantrieb von Cirrus eine echte Innovation. Im Gegensatz zu den meisten übrigen ähnlichen Konstruktionen fokussiert dieses Muster nicht auf den Taxiflugmarkt, sondern auf jenen der Privatpiloten, welche ihr einmotoriges Sportflugzeug durch ein höherwertiges Düsenflugzeug ersetzen möchten. Die Vision soll besonders einfach zu fliegen sein. Die Cockpitausrüstung sieht sehr futuristisch aus. Dem Passagierkomfort wird größte Beachtung geschenkt. So soll die Kabine mehr Raum pro Person bieten als einige Konkurrenzmuster. Die Konstruktion besteht vollständig aus Verbundwerkstoffen, wobei das V-förmige Höhenruder besonders auffällt. Einmalig für Jets ist das Rettungssystem mit Fallschirm, welches von den SR20/22-Modellen übernommen wird. Markant ist auch das oben am Rumpf angebrachte Triebwerk, welches für dieses Muster diverse Vorteile bringen soll. Der Wirtschaftlichkeit wird große Beachtung geschenkt. So sollen die Betriebskosten sehr tief sein. Cirrus gibt für die ersten 500 Exemplare mit Garmin G3000-Avionik einen Kaufpreis von US$ 1,72 Mio. an, nachher steigt der Preis auf US$ 1,96 Mio.
Hersteller: Cirrus Design Corp. (seit 2011 Tochtergesellschaft der CAIGA, China Aviation Industry General Aircraft Co. Ltd., VR China), Duluth, Minnesota, USA.

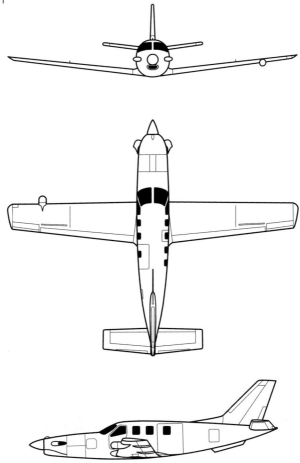

Abmessungen:
Spannweite 12,68 m
Länge 10,64 m
Höhe 4,35 m
Flügelfläche 18,00 m².

DAHER-SOCATA TBM 850 ◄

Ursprungsland: Frankreich.
Kategorie: Leichtes Mehrzweckflugzeug.
Triebwerke: Eine Propellerturbine Pratt & Whitney Canada PT6A-66D von 850 WPS (633 kW) Leistung.
Leistungen: Höchstgeschwindigkeit 590 km/h auf 7925 m; normale Reisegeschwindigkeit 523 km/h auf 9145 m; Langstrecken-Reisegeschwindigkeit 452 km/h auf 9145 m; Anfangssteiggeschwindigkeit 11,7 m/Sek; Dienstgipfelhöhe 9449 m; Reichweite mit max. Nutzlast 2037 km, mit max. Treibstoffzuladung 2935 km.
Gewichte: Leer 2081 kg; max. Startgewicht 3353 kg.
Zuladung: Ein bis zwei Piloten und bis zu sechs Passagiere. »Club«-Version mit vier Passagiersitzen und Mittelgang. Nutzlast bei max. Reichweite 422 kg, max. Nutzlast 654 kg.
Entwicklungsstand: Der Prototyp der neuesten Version TBM 850 flog erstmals im Februar 2005, gefolgt vom ersten Serienflugzeug im Januar 2006. Rund 300 Maschinen sind bisher ausgeliefert worden. Die Jahresproduktion beläuft sich derzeit auf etwa 40 Einheiten. Vom Ursprungsmuster TBM 700 hat Socata rund 320 gebaut.
Bemerkungen: Die TBM 850 ist eine weiter entwickelte Ausführung der Gemeinschaftsentwicklung TBM 700 von Socata und Mooney Aircraft. Dank der verbesserten Flugleistungen will man mit diesem Muster eine wirtschaftlichere Alternative zu den neu aufkommenden Ultraleicht-Düsengeschäftsflugzeugen bieten. Im Zusammenhang mit dem leistungsstärkeren Triebwerk wurden auch diverse Systeme überarbeitet. Es gelangt die Avionik Garmin G1000 zum Einbau. Sonst weist die TBM 850 keine Änderungen gegenüber der TBM 700 auf. Mit einer Standardausrüstung kostet sie rund $ 2,8 Mio. 2012 wurde die TBM 850 Elite vorgestellt mit verbesserter Avionik und der Option, einen Teil der Kabine innert kurzer Frist in einen Frachtraum verwandeln zu können.
Hersteller: Daher-Socata, Werk Tarbes, Suresnes, Marseilles, Frankreich.

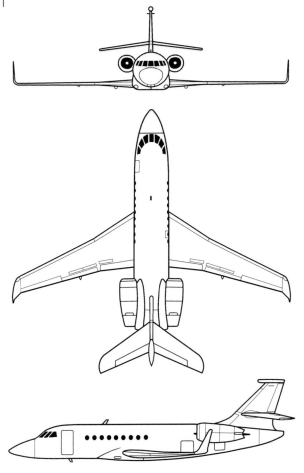

Abmessungen:
Spannweite 21,38 m
Länge 20,23 m
Höhe 7,06 m
Flügelfläche 49,02 m².

DASSAULT FALCON 2000LX/S/LXS

Ursprungsland: Frankreich.
Kategorie: Firmenflugzeug.
Triebwerke: Zwei Mantelstromtriebwerke Pratt & Whitney Canada PW308C von je 3175 kp (31,13 kN) Standschub.
Leistungen: Max. Reisegeschwindigkeit auf 11890 m 903 km/h (Mach 0,85); Anfangssteiggeschwindigkeit 17,4 m/Sek; Dienstgipfelhöhe 14300 m; Reichweite mit sechs Passagieren und NBAA-Reserven (LX/LXS) 7410 km, (S) 6200 km.
Gewichte (LX/S): Rüstgewicht 11250/11227 kg; max. Startgewicht 19142/ 18688 kg.
Zuladung: Zwei Piloten im Cockpit und je nach Innenausstattung acht bis zwölf Passagiere in der Kabine, bei enger Bestuhlung 19 Passagiere; (LXS) Nutzlast bei maximaler Treibstoffzuladung 993 kg.
Entwicklungsstand: Erstflug des Erprobungsmusters Falcon 2000 am 4. März 1993. Zulassung und Beginn der Ablieferungen an Kunden im Februar 1995. Die Ausführung 2000LX flog erstmals im Frühjahr 2007, die neueste Version 2000S am 14. Februar 2011. Die Zulassung erfolgt anfangs 2013. Bis Ende 2012 sind von allen Falcon 2000-Varianten über 500 Einheiten gebaut worden. Die Jahresproduktion beläuft sich derzeit auf etwa 20 aller Varianten.
Bemerkungen: Die Falcon 2000 verfügt über den gleichen komfortablen Rumpfquerschnitt mit durchgehender Stehhöhe wie die Falcon 900 (siehe Ausgabe 2010, bisher über 500 gebaut). Die Kabine ist aber mit 9,46 m Länge etwas kürzer. Dank nur zwei Triebwerken kann die Falcon 2000 deutlich wirtschaftlicher betrieben werden. Alle seit 2004 gebauten Falcon 2000 sind mit dem interaktiven Cockpit-Management-System »EASy« versehen. Als Option ist ein HUD erhältlich. Derzeit bietet Dassault die Versionen 2000LX, 2000S und neu die 2000LXS an. Die 2000S als preiswerteste Variante gibt es nur mit einer standardisierten Inneneinrichtung. Damit lässt sich der Kaufpreis auf rund US$ 25 Mio. reduzieren, gegenüber jenem der 2000LX mit rund US$ 32 Mio. 2012 lancierte Dassault die Falcon 2000LXS (siehe Foto), welche die LX ab 2014 ablösen wird. Dank neuen Vorflügeln entlang des ganzen Flügels verbessern sich die Startleistungen. Das max. Abfluggewicht beläuft sich auf 19414 kg. Die Passagierkabine wurde zudem überarbeitet.
Hersteller: Dassault Falcon Jet Corporation, Werk Bordeaux-Mérignac, St. Cloud, Frankreich.

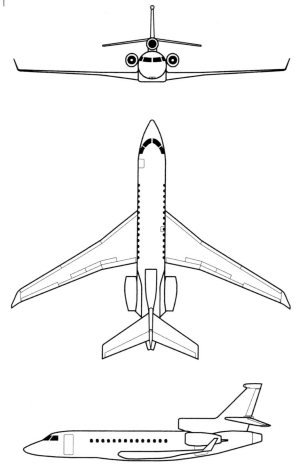

Abmessungen:
Spannweite 26,21 m
Länge 23,19 m
Höhe 7,83 m
Flügelfläche 70,70 m².

DASSAULT FALCON 7X

Ursprungsland: Frankreich.
Kategorie: Firmenflugzeug.
Triebwerke: Drei Mantelstromtriebwerke Pratt & Whitney Canada PW307A von je 2900 kp (28,47 kN) Standschub.
Leistungen: Max. Reisegeschwindigkeit Mach 0,90; Langstreckenreisegeschwindigkeit Mach 0,80; Dienstgipfelhöhe 15554 m; Reichweite mit acht Passagieren und NBAA-Reserven bei Mach 0,80 11119 km.
Gewichte: Leergewicht 15545 kg; max. Startgewicht 31820 kg.
Zuladung: Zwei Piloten im Cockpit und je nach Innenausstattung acht bis zwölf Passagiere in der Kabine, bei enger Bestuhlung 19 Passagiere; Nutzlast bei max. Treibstoffzuladung 1355 kg.
Entwicklungsstand: Die Dassault Falcon 7X absolvierte den Erstflug am 5. Mai 2005, gefolgt von einer zweiten am 5. Juli 2005. Bis Ende 2012 waren über 200 Maschinen ausgeliefert bei einem aktuellen Bestellungsstand von rund 250 7X.
Bemerkungen: Mit der Falcon 7X baut Dassault sein Angebot an Businessjets im obersten Segment aus. Der Rumpf ist gegenüber der Falcon 900 (siehe Ausgabe 2010) um 2,98 m länger. Bei gleichem Kabinenquerschnitt misst der Passagierraum nun 11,90 m. Dem Komfort wurde größte Aufmerksamkeit geschenkt. So ist der Lärmpegel nochmals reduziert worden. Auch die Klimatisierung wurde verbessert. Mit rund 4,45 m³ ist der Gepäckraum sehr großzügig ausgefallen. Ganz neu ist der Flügel, welcher für aeroelastische Effekte optimiert wurde, sehr hohe Reisegeschwindigkeiten ermöglicht, die guten Langsamflugeigenschaften jedoch beibehält. Im Vergleich zur Falcon 900EX weist er eine um 44 % größere Fläche auf und ist um 5° stärker gepfeilt. Wie alle neuen Falcons ist auch die 7X mit dem »EASy«-Cockpit ausgerüstet. Gesteuert wird mit einem Fly-By-Wire-System. Anstelle von Steuerhörnern sind Sidesticks eingebaut. Dank der leistungsstarken Triebwerke zählt die Falcon 7X derzeit zu den schnellsten Businessjets ihrer Klasse. Dassault gibt einen Listenpreis von US$ 40 Mio. an.
Hersteller: Dassault Falcon Jet Corporation, Werk Bordeaux-Mérignac, St. Cloud, Frankreich.

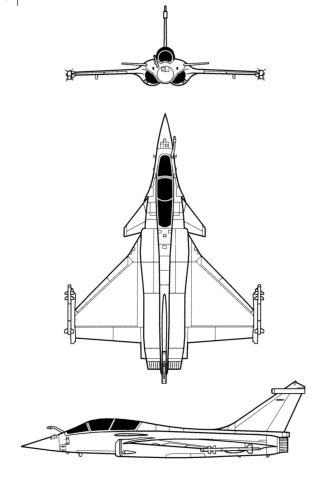

Abmessungen:
Spannweite inkl. Lenkwaffen an den Flügelspitzen 10,90 m
Länge 15,30 m
Höhe 5,34 m
Flügelfläche 45,70 m².

DASSAULT RAFALE F3

Ursprungsland: Frankreich.
Kategorie: Zweisitziges Mehrzweckkampfflugzeug B, einsitziger bordgestützter oder landgestützter Abfangjäger M bzw. C.
Triebwerke: Zwei Mantelstromtriebwerke SNECMA M88-4E von je 5100 kp (50,04 kN) Standschub ohne und 7711 kp (75,61 kN) mit Nachbrenner.
Leistungen: Höchstgeschwindigkeit 2124 km/h über 10975 m (Mach 2,0), 1390 km/h im Tiefflug (Mach 1,15); Anfangssteiggeschwindigkeit 305 m/Sek; Dienstgipfelhöhe 16775 m; taktischer Einsatzradius in Abfangmission mit acht Mica Luft-Luft-Lenkwaffen, einem Zusatztank von 1700 l unter dem Rumpf und je einem von 1300 l unter den Flügeln 1853 km, bei einem Einsatzprofil hoch-tief-tief-hoch mit 12 250-kg-Bomben, vier Mica-Lenkwaffen und Zusatztanks von insgesamt 4300 l 1093 km.
Gewichte: Rüstgewicht (C) 9100 kg, (B) 10000 kg, (M) 9700 kg; max. Startgewicht 19500 bis 24500 kg.
Bewaffnung: Eine 30-mm-GIAT-DEFA-Kanone 791B und eine Waffenlast von max. 9500 kg, verteilt auf (Rafale M) 13, (Rafale C/B) 14 Aufhängepunkte unter Rumpf und Flügeln sowie an den Flügelenden.
Entwicklungsstand: Erstflug des ersten Prototyps am 19. Mai 1991. Die Französische Luftwaffe erhält 234 Maschinen (84 Doppelsitzer Rafale B und 150 Einsitzer Rafale C; 134 bestellt), die Französische Marine 60 Einsitzer Rafale M (bisher 50 bestellt). Im Juni 2004 wurde die erste Staffel der Aéronavale einsatzbereit, die erste der Armée de l'Air im Juni 2006. Jährlich werden 12 Maschinen gebaut, rund 120 waren Ende 2012 im Einsatz. Die Luftwaffe Indiens bestellte 2012 126 Rafales.
Bemerkungen: Fast die gesamte Zelle ist aus Verbundwerkstoffen hergestellt, Rumpfspitze und Heck bestehen aus Kevlar. Die Steuerung erfolgt nach dem Fly-By-Wire-Prinzip. Alle seit 2009 produzierten Maschinen entsprechen dem Standard F3, welche primär dank verbesserter Software umfassende Multi-Role-Kapazität aufweisen und neu entwickelte Waffen mitführen können, u.a. seit 2011 auch einen Aufklärungsbehälter AREOS Reco. Frühere Rafales der Versionen F1 und F2 werden auf diesen Standard umgebaut. Im September 2012 wurde die erste Rafale F3 mit dem neuen zweidimensionalen Breitbandradar AESA RBE-2 mit aktiv elektronisch scannender Antenne ausgeliefert.
Hersteller: Dassault Défense, Vaucresson, Frankreich.

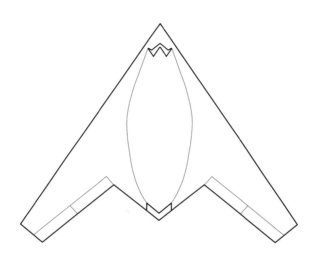

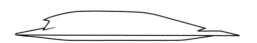

Abmessungen:
Spannweite 12,50 m
Länge 9,50 m.

DASSAULT NEURON

Ursprungsland: Internationales Konsortium.
Kategorie: Erprobungsträger für ein unbemanntes Aufklärungs- und Kampfflugzeug mit Stealth-Eigenschaften.
Triebwerke: Ein Mantelstromtriebwerk Rolls-Royce/Turboméca Adour Mk.951 von 2950 kp (28,89 kN) Leistung.
Leistungen: Höchstgeschwindigkeit rund Mach 0,80; weitere Leistungsdaten noch nicht bekannt.
Gewichte: Leergewicht rund 4500 kg; max. Startgewicht zwischen 6000 und 6500 kg.
Bewaffnung: In einem internen Bombenschacht zentral im Rumpf können Waffen aller Art sowie Aufklärungs- und Elektronikabwehrsysteme mitgeführt werden.
Entwicklungsstand: Der Erprobungsträger nEUROn startete am 1. Dezember 2012 zum Erstflug. Daran schließt sich ein zweijähriges Testprogramm an. Ob daraus ein Serienmuster entwickelt wird, ist zum heutigen Zeitpunkt nicht entschieden.
Bemerkungen: Unter dem Lead von Dassault beteiligen sich an diesem internationalen Projekt noch folgende Hersteller: EADS/Spanien, Saab/Schweden, Alenia/Italien, HAI/Griechenland und RUAG/Schweiz. Die nEUROn kommt, was die zu erprobenden Funktionen eines UCAV (**U**nmanned **C**ombat **A**ir **V**ehicle,) angeht, recht nahe an eine Serienmaschine heran. Nebst der Einsatzdoktrin für unbemannte Kampfflugzeuge, können Stealth-Eigenschaften, Aufklärungs- und Kampfeinsätze sowie die Integration in ein Kampfumfeld erprobt werden. Als Nurflügler ausgelegt besteht die nEUROn weitgehend aus neu entwickelten Verbundwerkstoffen und verfügt über ein leistungsfähiges Kampfradar unbekannter Herkunft. Der Triebwerkeinlauf befindet sich oben am Rumpf. Die nEUROn ist weltweit das erste Militärflugzeug, welches vollständig auf virtueller Ebene entwickelt wurde. Es erlaubt den internationalen Teams, simultan basierend auf gleicher Informations- und Informatikbasis ihre Entwicklungsarbeit durchzuführen.
Hersteller: Internationales Konsortium, Endmontage bei Dassault Défense, Werk Istres, Frankreich.

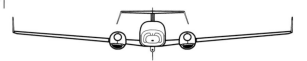

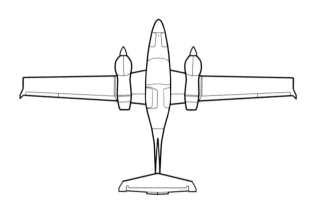

Abmessungen:
Spannweite 13,42 m
Länge 8,56 m
Höhe 2,49 m
Flügelfläche 16,29 m².

DIAMOND DA42NG/DA-52 TWIN STAR

Ursprungsland: Österreich.
Kategorie: Sport- und Reiseflugzeug, bemanntes und unbemanntes Überwachungsflugzeug.
Triebwerke (DA42NG): Zwei flüssigkeitsgekühlte Turbodieselmotoren mit Common-Rail Einspritzung Austro Engine AE300 von je 168 PS (125 kW) Leistung.
Leistungen (DA42NG): Maximale Reisegeschwindigkeit 341km/h; normale Reisegeschwindigkeit bei 75 % Leistung 322 km/h; Anfangssteiggeschwindigkeit 5,84 m/Sek; Dienstgipfelhöhe 5486 m; Reichweite bei 60 % Leistung 1315 km, mit optionalem Zusatztank 2000 km.
Gewichte (DA42NG): Leergewicht 1415 kg; max. Startgewicht 1900 kg.
Zuladung: Vier Personen einschließlich des Piloten; max. Zuladung 525 kg.
Entwicklungsstand: Der Prototyp DA42 nahm am 9. Dezember 2002 die Flugerprobung auf. Erste Auslieferungen erfolgten im zweiten Semester 2004. Über 550 sind bis Ende 2012 hergestellt worden. Die Produktionsrate wurde aufgrund der Krise merklich zurückgefahren. Von der Version DA42MPP hat Diamond bisher rund 60 hergestellt. Bestellt wurde sie u.a. von Großbritannien (2), Venezuela (6) und Niger (2). Die DA-52 startete am 3. April 2012 zum Erstflug.
Bemerkungen: Diamond bietet mehrere Überwachungsvarianten DA42MPP Guardian (siehe Dreiseitenriss) u.a. mit dem sog. OPALE-System in der Rumpfnase an. Sie verfügen über diverse Sensoren und Seitenscheiben mit Auswölbungen zur besseren Beobachtung. Im Frühjahr 2009 startete die unbemannte DA42 Dominator 2 zum Erstflug. Sie soll in der Lage sein, ununterbrochen 28 Std. in der Luft zu verbleiben. Neu gibt es die Version Centaur (siehe Foto), wahlweise mit oder ohne Pilot (sog. OPA, Optionally-Piloted Aircraft) einsetzbar. Derzeit fliegt ein Erprobungsmuster mit einem 4-Achsen-Fly-By-Fire-Steuerungssystem. Bei Erfolg, könnte es in einer späteren Version in Serie gehen. Im Frühjahr 2012 wurde die DA-52 vorgestellt. Sie verbindet die Flügel der DA-42 mit dem Rumpf der einmotorigen DA-50 (siehe Ausgabe 2008). Als Antrieb kommen zwei Austro Engine AE300 von je 180 PS (134 kW), die sowohl mit Diesel als auch Jet A-1 betrieben werden können, zum Einsatz.
Hersteller: Diamond Aircraft Industries GmbH, Flugplatz Wiener-Neustadt, Österreich.

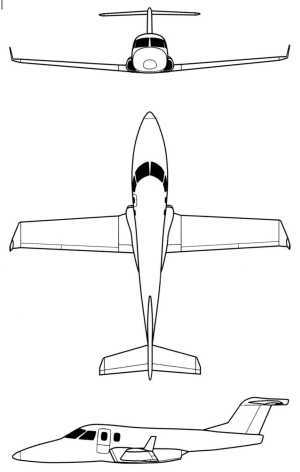

Abmessungen:
Spannweite 11,43 m
Länge 10,70 m
Höhe 3,53 m
Flügelfläche 14,80 m².

DIAMOND D-JET

Ursprungsland: Österreich.
Kategorie: Reiseflugzeug und leichter Firmenjet.
Triebwerke: Ein Mantelstromtriebwerk Williams (Prototyp) FJ33-4A-15 von 635 kp (6,3 kN), (Serie) FJ-33-4A-19 von 861 kp (8,50 kN) Standschub.
Leistungen (mit FJ-4A-15-Triebwerk): Reisegeschwindigkeit 585 km/h; Anfangssteiggeschwindigkeit 13,7 m/Sek; Dienstgipfelhöhe 7620 m; normale Reichweite unter IFR-Bedingungen 2500 km.
Gewichte: Leergewicht 1175 kg; max. Startgewicht 2517 kg.
Zuladung: Pilot und normal vier, max. bis zu fünf Passagiere; max. Zuladung bei vollen Treibstofftanks 244 kg, max. 1000 kg.
Entwicklungsstand: Der Erstflug des Prototyps (siehe Dreiseitenriss) erfolgte am 18. April 2006. Am 14. September 2007 (siehe Foto) folgte der zweite, welcher dem Serienstandard entspricht, ein dritter fliegt seit 2012. Nach langen Verzögerungen soll nun mit der Auslieferung an die Kunden im dritten Quartal 2014 begonnen werden. Der Auftragsbestand ist derzeit unbekannt.
Bemerkungen: Die D-JET ist das erste Düsenflugzeug der Diamond. Mit diesem Typ will man sich im derzeit stark wachsenden Markt von preisgünstigen leichten Firmenflugzeugen mit einem Düsentriebwerk etablieren, die sich dank einfacher Konstruktionsbauweise und geringem Treibstoffverbrauch recht wirtschaftlich betreiben lassen. Hierbei steht sie in direkter Konkurrenz beispielsweise zur Cirrus SJ50 (siehe Seiten 132/133). Auch die D-JET ist ganz nach der Tradition des Herstellers aus faserverstärktem Kunststoff gebaut. Die Kabine wirkt mit einer Länge von 3,50 m und einer Breite wie Höhe von 1,42 m recht geräumig. Im Cockpit mit Flachbildschirmen von Garmin G1000 wurde besonders auf die einfache Bedienung durch einen einzigen Piloten geachtet. Diamond nennt derzeit einen Kaufpreis für die Basisversion von US$ 1,38 Mio. Für den amerikanischen Markt plant man eine etwas schwerere Ausführung mit größerer Treibstoffkapazität und einem Hochgeschwindigkeits-Fallschirmrettungssystem. Dieses kann bis zu Geschwindigkeiten von 550 km/h zur Rettung des Flugzeugs angewendet werden. Alle Serienmaschinen erhalten das leistungsstärkere Triebwerk FJ-33-4A-19.
Hersteller: Diamond Aircraft, Flugplatz Wiener-Neustadt, Österreich.

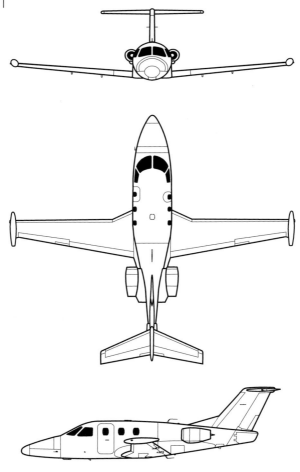

Abmessungen:
Spannweite inkl. Flügelmitteltanks 11,60 m
Länge 10,20 m
Höhe 3,40 m
Flügelfläche 13,43 m².

ECLIPSE AVIATION ECLIPSE 550

Ursprungsland: USA.
Kategorie: Sport-, Taxi- und Firmenflugzeug.
Triebwerke: Zwei Mantelstromtriebwerke Pratt & Whitney Canada PW610F von je 408 kp (4,00 kN) Standschub.
Leistungen: Max. Reisegeschwindigkeit 694 km/h; Anfangssteigegeschwindigkeit 17,4 m/Sek; Zeit um 11275 m zu erreichen 25 Min; Dienstgipfelhöhe 12500 m; max. Reichweite mit vier Passagieren unter IFR-Bedingungen 2080 km.
Gewichte: Leergewicht 1648 kg; max. Startgewicht 2722 kg.
Zuladung: Pilot und drei bis fünf Passagiere; max. Nutzlast 1074 kg.
Entwicklungsstand: Der Erstflug des Prototyps fand am 26. August 2002 statt. Das erste mit PW610F-Triebwerken ausgerüstete Modell begann die Flugerprobung am 31. Dezember 2004. Ende 2006 begannen die Auslieferungen an Kunden. Nachdem 270 Maschinen gebaut wurden, musste wegen Konkurs des Herstellers die Produktion eingestellt werden. Aus der Konkursmasse entstand die Nachfolgegesellschaft Eclipse Aerospace, welche mit Unterstützung von Sikorsky Aircraft die überarbeitete Eclipse 550 lancierte. Die Zulassung erfolgte im April 2012. Es ist vorgesehen, mit den ersten Auslieferungen Mitte 2013 zu beginnen.
Bemerkungen: Das Konzept der Eclipse sieht einen möglichst kostengünstigen und sehr wirtschaftlichen »Volksjet« vor. Die Kunden sollen sich schwergewichtig aus bisherigen Eignern von einmotorigen Sport- und Reiseflugzeugen rekrutieren. Die ganze Konstruktion besteht aus Aluminium. Obwohl aus Kostengründen weitgehend auf Verbundwerkstoffe verzichtet wurde, ist die Eclipse im Verhältnis zur Größe recht leicht. Die Avionik von Avio umfasst u.a. Multifunktions-Anzeigen, ein GPS-basiertes Flight Management System sowie digitale Triebwerkskontrolle FADEC. Gegenüber der Eclipse 500 (siehe Ausgabe 2008) blieb das konstruktive Grundprinzip gleich. Bei der 550 sind jedoch zahlreiche Detailverbesserungen vorgenommen worden. Der Kaufpreis der neuen Version beträgt derzeit US$ 2,7 Mio., fast doppelt so viel wie die Vorgängervariante.
Hersteller: Eclipse Aerospace Inc., Albuquerque, New Mexico, USA.

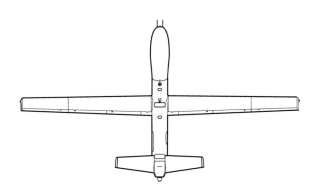

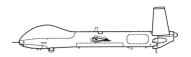

Abmessungen:
Spannweite 15,30 m
Länge 8,30 m.

ELBIT HERMES 900

Ursprungsland: Israel.
Kategorie: Unbemannte Langstrecken-Aufklärungsdrone für mittlere und große Höhen.
Triebwerke: Ein Kolbentriebwerk Rotax 914 von 100 PS (74,57 kW).
Leistungen: Höchstgeschwindigkeit 220 km/h; Patrouillengeschwindigkeit 112 km/h; Dienstgipfelhöhe 9144 m; max. Flugdauer 36 Std.
Gewichte: Max. Startgewicht 1180 kg.
Zuladung: Aufklärungs- und Elektronikausrüstung bis zu einer Nutzlast von 350 kg im Rumpf. Die Hermes 900 kann auch Außenlasten mitführen.
Entwicklungsstand: Die erste Hermes 900 nahm 9. Dezember 2009 die Flugerprobung auf. Bisher wurde sie von Israel, Chile, Kolumbien und Mexicos Bundespolizei bestellt. Genaue Stückzahlen sind nicht bekannt. Die Schweiz prüft die Beschaffung von sechs Hermes 900.
Bemerkungen: Die Hermes 900 basiert auf der 450 (siehe Ausgabe 2012). Sie ist aber wesentlich leistungsfähiger und kann eine größere Nutzlast auf längere Distanzen mitführen. Sie vertritt die neueste Generation von UAV's. Das Haupteinsatzspektrum dieser mittelgroßen Drone sind lang dauernde taktische Missionen auf mittlerer bis großer Höhe. Das Hautaufgabenspektrum umfasst u.a. Zielerfassungen (ISTAR) und -anpassungen bzw. Feuerunterstützung u.a. für Artilleriesysteme, Patrouilleneinsätze über Land oder Meer, Grenzüberwachungen, Koordinationsaufgaben bei Katastrophen sowie SIGINT- bzw. COMINT- und ELINT-Aufgaben. Dazu kann die Hermes 900 mit verschiedenen Aufklärungs- und Überwachungssystemen ausgerüstet werden. Alle Daten werden wie heute üblich via SATCOM-Kommunikationsrelay online auf eine Bodenstation übertragen. Die Elbit Hermes 900 startet, fliegt und landet völlig autonom und kann bei jedem Wetter eingesetzt werden, dies auch integriert mit dem zivilen Flugverkehr. Es ist vorgesehen, die Hermes 450 und die 900 zusammen einzusetzen. Daher sind deren wichtigste Systeme voll kompatibel. Ein einziger Operateur kann von der gleichen Bodenstation beide Modelle gleichzeitig einsetzen. Um die hohen Reichweitenleistungen zu erreichen, verfügt die Hermes 900 über ein Einziehfahrwerk.
Hersteller: Elbit Systems Ltd., Haifa, Israel.

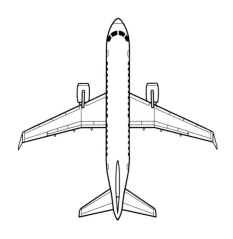

Abmessungen:
Spannweite einschließlich Winglets (170/175) 26,00 m, (190/195) 28,72 m
Länge (170) 29,90 m, (175) 31,67 m, (190) 36,24 m, (195) 38,65 m
Höhe (170/175) 9,67 m, (190/195) 10,55 m
Flügelfläche (170/15) 72,72 m², (190/195) 92,50 m².

EMBRAER 170/175/190/195 ◄

Ursprungsland: Brasilien.
Kategorie: Regionalverkehrsflugzeug.
Triebwerke: Zwei Mantelstromtriebwerke General Electric (170/175) CF34-8E von je 6250 kp (62,27 kN) bzw. (190/195) CF34-10E von 8391 kp (82,3 kN) Standschub.
Leistungen: Max. Reisegeschwindigkeit 870 km/h (Mach 0,82); Dienstgipfelhöhe 11890 m; Reichweite bei voller Passagierzahl (170STD) 3334 km, (175SLR) 3519 (190) 3119 km, (190LR) 4074 km, (195) 3334 km.
Gewichte (170STD/175LR/190LR/195LR): Rüstgewicht 20940/21840/28080/28970 kg; max. Startgewicht 35990/38790/50300/50790 kg.
Zuladung (170/175/190/195): Zwei Piloten und bei Zweiklassenbestuhlung 70/78/94/96 bzw. mit Einheitsklasse 86/86/98 bis 106 bzw. 108 bis 118 Passagiere in Viererreihen mit Mittelgang. Max. Nutzlast 9000/9890/12720/13530 kg.
Entwicklungsstand: Der erste Prototyp 170 nahm die Flugerprobung am 19. Februar 2002 auf, gefolgt von der ersten 175 am 14. Juni 2003. Am 29. Februar 2004 erhob sich die 190 von EMBRAER erstmals in die Lüfte. Mit den Auslieferungen wurde Anfang 2004 begonnen. Der Auftragsbestand aller Ausführungen belief sich Ende 2012 auf über 1070 Einheiten. Der 900. E-Jet wurde im vierten Quartal 2012 ausgeliefert.
Bemerkungen: Typisch für die ganze Familie der sog. E-Jets 170 (siehe Dreiseitenriss) bis 195 (siehe Foto) ist der »Double bubble-Rumpfquerschnitt«, der einer »Acht« gleicht. Dies bringt für den Passagier erhebliche Komfortverbesserungen. Bei vier Sitzen nebeneinander sind Kopf- und Ellenbogenfreiheit wesentlich größer. Im Übrigen entspricht die Konstruktion dem heute üblichen technischen Stand: Cockpit mit farbigen Flüssigkristall-Bildschirmen, digitale, elektronische Triebwerkkontrolle, Fly-By-Wire-Steuerung usw. Rumpf und Rumpfquerschnitt sind bei allen E-Jets gleich aufgebaut. Die einzelnen Varianten unterscheiden sich primär durch die Rumpflänge und unterschiedliche Abfluggewichte. Wegen der größeren Rumpflänge musste bei den Versionen 190/195 das Seitenleitwerk leicht vergrößert werden, das Fahrwerk ist höher. Trotzdem besteht zu 95% Teilegleichheit. Von allen Varianten gibt es schwere Ausführungen LR, welche sich durch höhere Reichweitenleistungen auszeichnen. EMBRAER prüft gegenwärtig die Weiterentwicklung der E-Jet-Familie mit neuen ökonomischeren Triebwerken.
Hersteller: EMBRAER (Emprêsa Brasileira de Aeronautica SA), Sao José dos Campos, Brasilien.

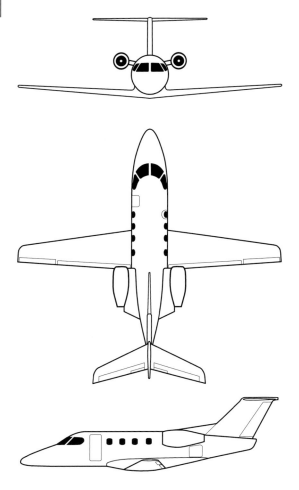

Abmessungen:
Spannweite 12,30 m
Länge 12,82 m
Höhe 4,35 m
Flügelfläche 18,80 m².

EMBRAER PHENOM 100 ◀

Ursprungsland: Brasilien.
Kategorie: Leichtes Firmenflugzeug.
Triebwerke: Zwei Mantelstromtriebwerke Pratt & Whitney Canada PW617F-E von je 768 kp (7,53 kN) Standschub.
Leistungen: Max. Reisegeschwindigkeit 722 km/h (Mach 0,70); Dienstgipfelhöhe 12497 m; Reichweite mit vier Passagieren unter IFR-Bedingungen 2182 km, unter VFR-Bedingungen 2450 km.
Gewichte: Rüstgewicht 3235 kg; max. Startgewicht 4750 kg.
Zuladung: Ein bis zwei Piloten im Cockpit und vier Passagiere in der Kabine; max. Nutzlast 595 kg.
Entwicklungsstand: Die Phenom 100 erhob sich erstmals am 26. Juli 2007 in die Lüfte. Bisher sind Aufträge für rund 400 Einheiten bekannt gegeben worden, darunter von verschiedenen neu gegründeten Flugtaxiunternehmen. Die Erstauslieferungen begannen nach Erhalt der Zulassung im November 2008. Bereits im Februar 2012 wurde die 300. Maschine fertig gestellt. In Melbourne, Florida, USA, hat EMBRAER ein zweites Montagewerk errichtet. Angesichts der schwierigen Marktlage wurde jedoch die Produktion deutlich zurückgefahren.
Bemerkungen: Mit den leichten und kostengünstigen Modellen Phenom 100 und 300 (siehe Seiten 156/157) will sich EMBRAER im unteren Segment der Firmen- und Taxiflugzeuge mit neuen Lösungen einbringen. Die Konstruktion entspricht dem heute üblichen Standard, wobei man dem Komfortaspekt große Beachtung schenkt. So verfügt die Phenom 100 über die größte Kabine in ihrer Klasse. Der Querschnitt beläuft sich auf 1,55 m Breite und 1,50 m Höhe. Dank vergleichsweise großen Fenstern soll der Innenraum besonders hell sein. Im Cockpit gelangt die Avionik Garmin G1000 zum Einbau. Obwohl zwischen Phenom 100 und der wesentlich teureren Phenom 300 weitgehend Teilegleichheit besteht, unterscheiden sich die beiden Muster bezüglich Triebwerke, Gewichte und Flugleistungen erheblich. Der Verkaufspreis für die Basisausführung wurde von EMBRAER für den Europamarkt auf US$ 3,995 Mio. angesetzt.
Hersteller: EMBRAER (Emprêsa Brasileira de Aeronautica SA), Sao José dos Campos, Brasilien und 2. Montagewerk in Melbourne, Florida, USA.

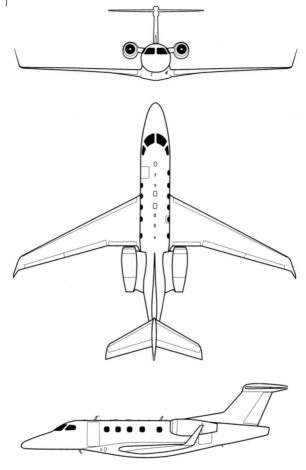

Abmessungen:
Spannweite 15,91 m
Länge 15,64 m
Höhe 5,10 m
Flügelfläche 28,50 m².

EMBRAER PHENOM 300 ◄

Ursprungsland: Brasilien.
Kategorie: Leichtes Firmenflugzeug.
Triebwerke: Zwei Mantelstromtriebwerke Pratt & Whitney Canada PW535-E von je 1525 kp (15,00 kN) Standschub.
Leistungen: Max. Reisegeschwindigkeit 838 km/h (Mach 0,78); Zeit um 10668 m zu erreichen 12 Min., Dienstgipfelhöhe 13716 m; Reichweite mit sechs Personen unter IFR-Bedingungen 3645 km.
Gewichte: Rüstgewicht 5265 kg, max. Startgewicht 8150 kg.
Zuladung: Ein bis zwei Piloten im Cockpit und sechs Passagiere in der Kabine, einschließlich einer Galley und einer Toilette. Maximal ist Platz für neun Personen vorhanden.
Entwicklungsstand: Die Phenom 300 nahm die Flugerprobung am 29. April 2008 auf. Mit der Erstauslieferung begann der Hersteller Anfang 2010. Der aktuelle Auftragsbestand beläuft sich auf über 200 Maschinen. Die 100. Phenom 300 wurde im Oktober 2012 abgeliefert. Als derzeit größter Besteller hat die NetJets im Oktober 2010 50 Maschinen (+ 75 Optionen) in Auftrag gegeben. Wie die Phenom 100 wird auch die Phenom 300 zusätzlich in Melbourne, Florida, gebaut.
Bemerkungen: Mit der Phenom 100, der hier beschriebenen Phenom 300 und später den Phenom 450, 500 bis hin zur Lineage 1000 entwickelte EMBRAER in kurzer Zeit eine ganze Familie von Businessjets. Sie alle versuchen sich im stark umkämpften Markt dadurch zu positionieren, als sie gegenüber Mitbewerbern preislich eher auf der günstigen Seite liegen. Die Konstruktion entspricht dem heute üblichen Standard, wobei man dem Komfortaspekt große Beachtung schenkt. So verfügt die Phenom 300 über die größte Kabine in ihrer Klasse. Der Querschnitt beläuft sich analog zur Phenom 100 auf 1,55 m Breite und 1,50 m Höhe. Dank vergleichsweise großen Fenstern soll der Innenraum besonders hell sein. Die Inneneinrichtung entstand in Zusammenarbeit mit BMW Group Design Work. Im Cockpit gelangt die Avionik Garmin G1000 zum Einbau. Obwohl zwischen Phenom 100 (siehe Seiten 154/155) und der wesentlich teureren Phenom 300 weitgehend Teilegleichheit besteht, unterscheiden sich die beiden Muster bezüglich Triebwerke, Flügel, Gewichte und Flugleistungen wesentlich. Der Verkaufspreis wurde von EMBRAER auf US$ 8,14 Mio. angesetzt.
Hersteller: EMBRAER (Emprêsa Brasileira de Aeronautica SA), Sao José dos Campos, Brasilien und 2. Montagewerk in Melbourne, Florida , USA.

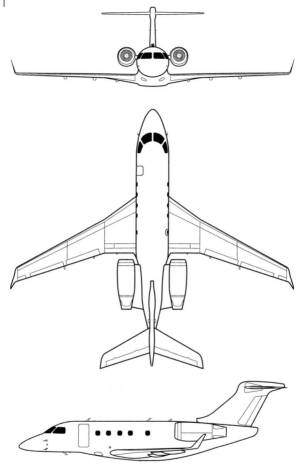

Abmessungen:
Spannweite 20,25 m
Länge (450) 19,15 m, (500) 20,52 m
Höhe 6,74 m.

EMBRAER LEGACY 450/500

Ursprungsland: Brasilien.
Kategorie: Mittelschwere Firmenflugzeuge.
Triebwerke: Zwei Mantelstromtriebwerke Honeywell HFT7500E von je (450) 2757 kp (27,03 kN), (500) 2966 kp (29,09 kN) Standschub.
Leistungen (nach Angaben des Herstellers): Höchstgeschwindigkeit Mach 0,82; Zeit um 13100 m zu erreichen 22 Min., Dienstgipfelhöhe 13716 m; Reichweite mit (500) sechs bzw. (450) vier Personen unter IFR-Bedingungen rund (450) 4260 km, (500) 5550 km.
Gewichte: Max. Startgewicht (450) 7950 kg; weitere Angaben noch nicht erhältlich.
Zuladung: Ein bis zwei Piloten im Cockpit und (450) sechs, (500) acht Passagiere in der Kabine, einschließlich einer Galley und einer Toilette. Maximal ist Platz für (450) neun bzw. (500) zwölf Personen vorhanden; max. Nutzlast (beide) 1270 kg, bei max. Treibstoffzuladung (beide) 725 kg.
Entwicklungsstand: Nach einer technisch bedingten Verzögerung unternahm der erste Prototyp Legacy 500 seinen Erstflug am 27. November 2012. Die Legacy 450 folgt rund ein Jahr später. Anfang 2014 will man mit den Kundenauslieferungen der Legacy 500 beginnen. Die Legacy 450 folgt rund ein Jahr später. Wie viele der beiden Ausführungen bisher bestellt worden sind, ist noch nicht bekannt.
Bemerkungen: Die Legacy 450 und 500 schließen die Lücke im mittleren Segment des Angebots an Business Jets von EMBRAER, womit der Hersteller vom Viersitzer bis zur Lineage 1000 mit bis zu 20 Plätzen das ganze Spektrum von Geschäftsflugzeugen abdecken kann. Beide Versionen sind von neuester Konstruktion und mit modernster Avionik Pro Line Fusion von Collins, Fly-By-Wire-Steuerung, vier Flachbildschirmen im Cockpit mit besonders hoher Auflösung, Sidesticks zum Steuern usw. ausgerüstet. Die komfortable Kabine weist gegenüber Mitwerbern in der gleichen Klasse den größten Querschnitt mit einer Breite von 2,07 m und einer Höhe von 1,83 m auf. Mit der Entwicklung der Inneneinrichtung hat man die BMW Group Design Works in den USA beauftragt. Die 450 und 500 unterscheiden sich sonst nur durch die verschiedenen Rumpflängen und die Leistungswerte der Triebwerke. EMBRAER gibt als Verkaufspreise für die jeweilige Basisversion (450) US$ 15,3 Mio. und (500) US$ 18,3 Mio. an.
Hersteller: EMBRAER (Emprêsa Brasileira de Aeronautica SA), Sao José dos Campos, Brasilien.

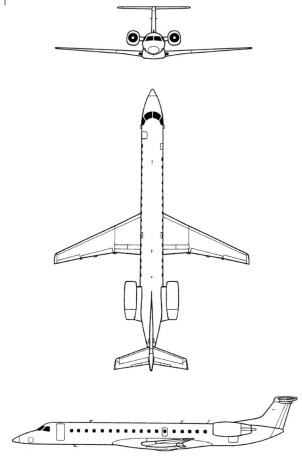

Abmessungen:
Spannweite 21,17 m
Länge 26,33 m, ERJ-145 29,87 m
Höhe 6,76 m
Flügelfläche 51,18 m².

EMBRAER LEGACY 600/650

Ursprungsland: Brasilien.
Kategorie: Firmenflugzeug.
Triebwerke: Zwei Mantelstromtriebwerke Rolls Royce Allison (600) AE3007-A1E von je 3600 kp (35,38 kN), (650) AE3007A2 von je 4091 kp (40,12 kN) Standschub.
Leistungen: Höchstgeschwindigkeit Mach 0,80; max. Reisegeschwindigkeit 833 km/h (Mach 0,78); Dienstgipfelhöhe 12500 m; Reichweite mit vier Passagieren rund (600) 6290 km, (650) 7220 km.
Gewichte (600/650): Leergewicht 13675/14190 kg; max. Startgewicht 22500/24300 kg.
Zuladung (600/650): Zwei Piloten und je nach Inneneinrichtung bis zu 16 Passagiere, als Corporate Shuttle sogar bis zu 37 Personen; Nutzlast mit vollen Treibstofftanks 653/778 kg, max. 2325/2210 kg.
Entwicklungsstand: Die Businessjet-Version Legacy 600 fliegt seit 31. März 2001, die neueste Ausführung 650 seit 23. September 2009. Ende November 2012 wurde die 200. Einheit abgeliefert. Weiterhin in kleinen Stückzahlen werden die Regionalverkehrsvarianten ERJ-135/ERJ-145 Amazon (siehe Dreiseitenriss) gebaut, letztere auch in der VR China (890 + Optionen bisher bestellt, 880 davon abgeliefert; siehe Ausgabe 2006).
Bemerkungen: Drei Ausführungen sind erhältlich: Eine 10- bis 16-plätzige Executive-Version, ein 16- bis 37-Plätzer Corporate Shuttle sowie eine Variante als Staatsflugzeug. Abgeleitet ist die Legacy von der ERJ-135. Sie weist nebst einer anderen Inneneinrichtung neue Triebwerke auf. Zudem wurde der Frachtraum umgebaut, um einen Zusatztank von 3978 l aufzunehmen. Im Übrigen besteht zum Ausgangsmuster weitgehend Teilegleichheit. Die neu vorgestellte Legacy 650 verfügt über stärkere Triebwerke und insbesondere bessere Reichweitenleistungen. Äußerlich kaum zu unterscheiden, sind doch einige wesentliche Veränderungen vorgenommen worden: Zusatztreibstofftank im zentralen Flügelkasten, verstärkter Flügel, neues Betankungssystem, Cockpit-Avionik Honeywell Primus Elite. Der Kaufpreis soll US$ 29,5 Mio. betragen.
Hersteller: EMBRAER (Emprêsa Brasileira de Aeronautica SA), Sao José dos Campos, Brasilien.

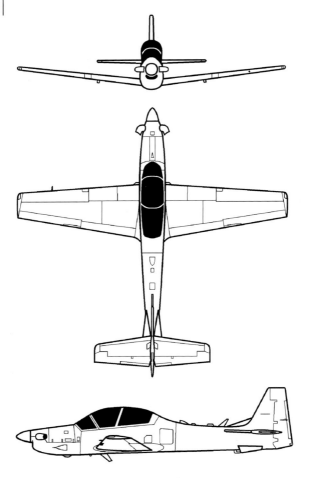

Abmessungen:
Spannweite 11,14 m
Länge 11,38 m
Höhe 3,97 m
Flügelfläche 19,40 m².

EMBRAER EMB-314/A-29 SUPER TUCANO

Ursprungsland: Brasilien.
Kategorie (EMB-314): Zweisitziger Basis- und Fortgeschrittenentrainer bzw. leichtes einsitziges (A-29) bzw. zweisitziges (AT-29) Erdkampf- und Überwachungsflugzeug.
Triebwerke: Eine Propellerturbine Pratt & Whitney Canada PT6A-68/3 von 1600 WPS (1190 kW) Leistung, reduziert auf 1250 WPS (932 kW).
Leistungen: Höchstgeschwindigkeit 590 km/h; max. Reisegeschwindigkeit 535 km/h; Anfangssteiggeschwindigkeit 24 m/Sek; Dienstgipfelhöhe 10600 m; Aktionsradius auf 3300 m ohne Bewaffnung 750 km, bei voller Bewaffnung 540 km.
Gewichte: Leergewicht 3150 kg; normales Startgewicht 3600 kg, mit Waffenlast 5250 kg.
Bewaffnung (AT-29): Zwei in den Flügeln fest eingebaute 12,7-mm-Maschinengewehre sowie an fünf Aufhängestationen unter dem Rumpf und unter den Flügeln eine Vielzahl von Waffenlasten bis zu 1500 kg.
Entwicklungsstand: Der erste, bereits dem Serienstandard entsprechende Prototyp YA-29 nahm die Flugerprobung am 2. Juni 1999 auf. Die Brasilianische Luftwaffe hat alle 99 AT-/A-29 erhalten. Weitere Besteller: Chile 12, Domenikanische Republik 8, Ecuador 24, Guatemala 6, Indonesien 8, Kolumbien 22. Neueste Bestellungen: Angola 6, Burkina Faso 3, Indonesien weitere 8, Mauretanien bisher 3.
Bemerkungen: Die A-29/AT-29 sind die Erdkampf- bzw. COIN-Ausführungen des Trainers EMB-314 Super Tucano. Sie unterscheiden sich von ihm hauptsächlich durch eine missionsbezogene Ausrüstung: Elbit-Angriffs- und Navigationselektronik, GPS, Head-Up-Display, Multifunktionsbildschirme, punktuell verstärkte Zellen- und Flügelstruktur. Das Cockpit ist gepanzert und druckbelüftet. Die Besatzung kann für Nachteinsätze mit **N**ight-**V**ision-**G**oggles (NVG) ausgestattet werden. Der Zweisitzer AT-29 verfügt zusätzlich über ein nach vorne gerichtetes FLIR-Gerät. So ausgerüstet, soll die A-29 primär zur Bekämpfung von Drogenschmugglern und Guerillas in der Amazonasregion eingesetzt werden. Dabei arbeitet sie mit der AEW-Version der EMB-145SA (siehe Ausgabe 2009) zusammen.
Hersteller: EMBRAER (Emprêsa Brasileira de Aeronautica SA), Sao José dos Campos, Brasilien.

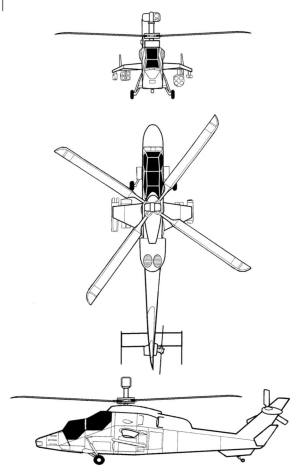

Abmessungen:
Rotordurchmesser 13,00 m
Rumpflänge (HAP mit Kanone) 14,77 m, (UHT) 14,08 m
Höhe inkl. Rotorkopf 3,83 m, inkl. Mastvisier 5,20 m.

EUROCOPTER TIGER/UHU

Ursprungsland: Frankreich und Deutschland.
Kategorie: Zweisitziger Panzerabwehr- und Erdkampfunterstützungs-Hubschrauber.
Triebwerke: Zwei Gasturbinen MTU/Rolls-Royce/Turboméca MTR 390-E von je 1467 WPS (1094 kW) Leistung.
Leistungen (HAP): Höchstgeschwindigkeit 322 km/h; max. Reisegeschwindigkeit 287 km/h; normale Reisegeschwindigkeit 250 km/h; max. Schrägsteiggeschwindigkeit 11,5 m/Sek; Dienstgipfelhöhe 3960 m; Schwebehöhe ohne Bodeneffekt 3500 m; Flugdauer 2,85 Std; Reichweite 800 km.
Gewichte: Leer (UHT) 4350 kg; normales Startgewicht 5400 kg; max. Überlast (HAD) 6600 kg.
Bewaffnung (HAP): 30-mm-Kanone, bis zu 68 ungelenkte Raketen und vier Mistral-Luft-Luft-Lenkwaffen; (HAD): u.a. acht Panzerabwehrlenkwaffen HOT/Trigat und zwei Luft-Luft-Lenkwaffen Mistral; (UHT): Zwei Behälter für je 22 ungelenkte 67-mm-Raketen, zwei starre 12,7-mm-Kanonen unter den Flügeln und Stinger-Luft-Luft-Lenkwaffen.
Entwicklungsstand: Fünf Prototypen wurden gebaut, wovon der erste am 27. April 1991 erstmals flog. Die ursprünglich vorgesehenen Beschaffungszahlen wurden zwischenzeitlich massiv gekürzt. Insgesamt liegen Aufträge für nur noch 206 Tiger vor. Die Französische Luftwaffe erhält noch 80 Maschinen (je 40 HAP und HAD; Erstflug der letzteren am 17. Dezember 2010), die Deutsche Armee 80 UHT's. Weitere Besteller: Australische Armee 22, Spanien 24 Einheiten einer verbesserten Ausführung HAD (Lizenzbau, Erstflug 14. Dezember 2007). Bis Ende 2012 waren rund 90 Maschinen abgeliefert.
Bemerkungen: Drei Versionen werden gebaut: HAP (**H**élicoptère d'**A**ppui **P**rotection = Feuerunterstützung, mit Schützenoptik mittels TV-/Infrarotkamera, Laser-Entfernungsmesser) und HAD (**H**élicoptère **A**ppui **D**estruction = Unterstützungs- und Kampfhubschrauber) für die Französische Armee und UHT (**U**nterstützungs**h**ubschrauber **T**iger, Ausrüstung weitgehend baugleich mit der HAD-Version) für die Deutsche Armee. Die Zelle besteht zu über 75 % aus Verbundwerkstoffen. Die Panzerabwehrversion (siehe Dreiseitenriss) erhält ein auf dem Rotormast montiertes Visier mit Kamera. Laufend werden Zusatzsysteme, vorwiegend für den Eigenschutz des Hubschraubers neu installiert.
Hersteller: Eurocopter Hubschrauber GmbH, München, Deutschland.

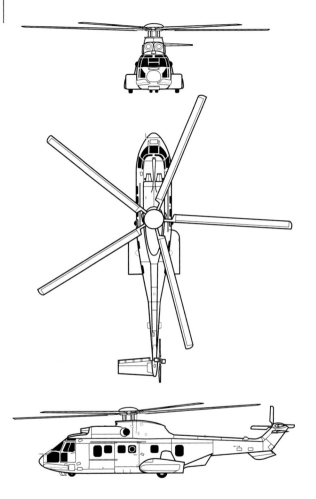

Abmessungen:
Rotordurchmesser 16,20 m
Rumpflänge inkl. Heckrotor 16,79 m
Höhe inkl. Rotorkopf 4,60 m, über Heckrotor 4,97 m.

EUROCOPTER EC225 SUPER PUMA / EC725 COUGAR ◄

Ursprungsland: Frankreich.
Kategorie: Mittelschwerer ziviler (EC225) und militärischer (EC725) Mehrzweckhubschrauber.
Triebwerke: Zwei Gasturbinen Turboméca Makila 2A von je 2100 WPS (1566 kW) Leistung.
Leistungen (EC225): Höchstgeschwindigkeit 324 km/h; Reisegeschwindigkeit 275 km/h auf Meereshöhe; max. Schrägsteiggeschwindigkeit 8,7 m/Sek; Schwebehöhe mit Bodeneffekt 3670 m, ohne Bodeneffekt 2481 m; Dienstgipfelhöhe 5900 m; Reichweite mit Standardtreibstoffzuladung 871 km.
Gewichte (EC225): Leer 5256 kg; max. Startgewicht 10400 kg, mit Außenlast 11000 kg.
Zuladung: Zwei Piloten und 24 Passagiere oder 29 Soldaten; max. Nutzlast 5000 kg.
Entwicklungsstand: Erstflug des Prototyps der Ursprungsausführung AS332 am 13. September 1978. Von allen Super Puma-Varianten sind bis heute rund 800 Maschinen in Auftrag gegeben worden, davon rund zwei Drittel durch über 40 militärische bzw. paramilitärische Organisationen. Die aktuell angebotenen Versionen sind die zivile EC225 (Erstflug 27. November 2000) und die Militärausführung EC725. Der Auftragsbestand von EC225 und EC725 zusammen beläuft sich derzeit auf etwa 300 Hubschrauber. Auch 2012 konnten namhafte (Zusatz)bestellungen verzeichnet werden u.a. COHC 7, Indonesische Luftwaffe 6, Kazakhstan 20, Milestone Aviation Group 16, Thailand 4. 51 EC725UL/AL Super Cougar baut Brasilien in Lizenz. Indonesian Aerospace stellt seit 2011 die EC 225/725 ebenfalls in Lizenz her. Größter Einzelbesteller der EC225 ist die CHC mit 50 Exemplaren.
Bemerkungen: Die jüngste Variante ist die EC725 Cougar Mk.II+ Combat SAR. Nebst Rettungsgeräten ist sie mit Suchscheinwerfer, FLIR und Wetterradar ausgerüstet. Eurocopter entwickelte als Konkurrenz zur S-92 (siehe Seiten 290/291) eine Weiterentwicklung EC225 Super Puma Mk.III, die seit Ende 2001 verfügbar ist. Sie weist dank leistungsfähigeren Makila 2A-Triebwerken ein höheres max. Startgewicht auf. Das Kabinenvolumen nahm durch Vergrößerung des Rumpfes (Länge + 70 cm, Breite + 25 cm, Innenhöhe + 35 cm) um rund einen Viertel zu. Neu sind auch der fünfblättrige Rotor sowie das verstärkte Getriebe. Diese Ausführung wird für zivile wie auch für militärische Zwecke angeboten.
Hersteller: Eurocopter, Werk Marignane, La Courneuve, Frankreich.

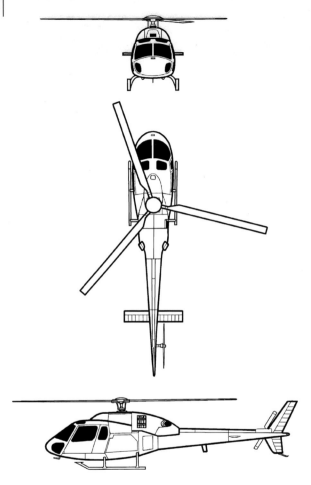

Abmessungen:
Rotordurchmesser 10,69 m
Rumpflänge inkl. Heckrotor 12,94 m
Höhe inkl. Rotorkopf 3,14 m.

EUROCOPTER AS350 B3/AS355 NP ECUREUIL

Ursprungsland: Frankreich.
Kategorie: Leichter ziviler (Ecureuil) und militärischer (Fennec) Mehrzweckhubschrauber.
Triebwerke: Eine Gasturbine (AS350 B3) Turboméca Arriel 2B von 848 WPS (632 kW) bzw. (AS355 NP) zwei Gasturbinen Turboméca Arrius A1A von je 556 WPS (415 kW) Leistung.
Leistungen (AS350 B3/AS355 NP)): Höchstgeschwindigkeit 287/278 km/h; Reisegeschwindigkeit 248/244 km/h auf Meereshöhe; max. Schrägsteiggeschwindigkeit 10,1/10,0 m/Sek; Dienstgipfelhöhe 5250/6100 m; Schwebehöhe mit Bodeneffekt 4140/5035 m, ohne Bodeneffekt 3720/4200 m; Reichweite 616/559 km.
Gewichte (AS350 B3/AS355 NP): Leer 1175/1490 kg; max. Startgewicht 2250/2600 kg, mit Außenlast 2750/2800 kg.
Zuladung: Normal sechs, maximal sieben Personen. Max. Nutzlast extern 1400/1134 kg.
Bewaffnung (AS550 C3 bzw. AS555 SN): Wahlweise eine 20-mm-GIAT-Kanone, zwei 7,62-mm-Maschinengewehr- bzw. 68-mm-Raketenbehälter oder das HeliTOW-Antitank-Lenkwaffensystem Saab/Emerson.
Entwicklungsstand: Am 4. März 1997 absolvierte die leistungsfähigere Ausführung AS350 B3 den Erstflug. Von den zahlreichen bisher entwickelten Varianten sind rund 4900 Exemplare gebaut worden. Lizenzbau in Brasilien bei Helibras als HB 350. Von der zweimotorigen AS355 baute Eurocopter bisher etwa 850 Exemplare. Beide Varianten werden weiterhin in großen Stückzahlen produziert.
Bemerkungen: Die AS350 B3 unterscheidet sich von der Vorversion B2 durch verstärktes Getriebe, digitale Triebwerksteuerung und Heckrotor mit vergrößerten Flächen zur Verbesserung der Steuerung. Dank ihrer größeren Leistungsfähigkeit ist die B3 für Einsätze in großen Höhen optimiert. Eurocopter führte 2007 die überarbeitete AS355 NP ein (siehe Dreiseitenriss und Foto). Sie besitzt das leistungsstärkere Triebwerk Turboméca 1A1 und kann dadurch eine um 200 kg höhere externe Nutzlast mitführen. Die militärischen Gegenstücke der AS350B3 heißen AS550C3 bzw. der AS355 NP AS555 SN Fennec.
Hersteller: Eurocopter, Werk Marignane, La Courneuve, Frankreich.

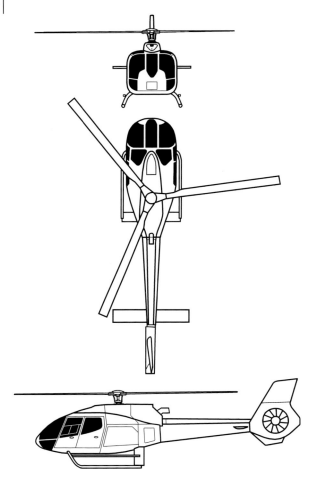

Abmessungen:
Rotordurchmesser 10,69 m
Länge inkl. Rotor 12,64 m, Rumpflänge 10,68 m
Höhe inkl. Rotorkopf 3,34 m, Höhe über Heckleitwerk 3,61 m.

EUROCOPTER EC130T2

Ursprungsland: Frankreich.
Kategorie: Leichter ziviler Mehrzweckhubschrauber.
Triebwerke: Eine Gasturbine Turboméca Arriel 2D von 952 WPS (709 kW) Leistung.
Leistungen: Höchstgeschwindigkeit 287 km/h; Reisegeschwindigkeit 236 km/h auf Meereshöhe; max. Schrägsteiggeschwindigkeit 11,6 m/Sek; Dienstgipfelhöhe 7010 m; Schwebehöhe bei max. Nutzlast ohne Bodeneffekt 2950 m; Reichweite etwa 600 km.
Gewichte: Leer 1412 kg; max. Startgewicht mit externer Last 3050 kg.
Zuladung: Normal Pilot und sechs, maximal sieben Passagiere. Als EMS-Hubschrauber bis zu zwei liegende Patienten und zwei Sanitäter. Max. Nutzlast intern 1088 kg, extern 1500 kg.
Entwicklungsstand: Die neueste Weiterentwicklung EC130T2 erhielt die Zulassung im Mai 2012. Bereits sind mehr als 100 Aufträge eingegangen. Mit der Auslieferung wurde bereits begonnen. Ein Großbesteller ist die Maverik Aviation Group mit 50 Einheiten. Von allen EC 130-Versionen sind bisher 410 Einheiten bestellt worden.
Bemerkungen: Obwohl von der AS350B3 (siehe Ausgabe 2007) abgeleitet, erscheint die EC130 als neue Konstruktion. Am augenfälligsten ist der um 25 cm verbreiterte und etwas flachere Rumpf, welcher 23 % mehr Innenraum für Passagiere und Gepäck zulässt und höheren Komfort bietet. Neu ist auch der Fenestron-Heckrotor. Dank diesem und anderen Maßnahmen soll die EC130 im Betrieb besonders lärmarm sein. Die Triebwerksfunktionen werden durch ein digitales Zweikanal-Kontrollsystem überwacht, was die Arbeit des Piloten erleichtert. Die neueste Ausführung EC130T2 zeichnet sich vor allem durch das deutlich leistungsstärkere Triebwerk aus, welches insbesondere die Flugleistungen in hohen und heißen Gebieten verbessert. Trotzdem konnte der spezifische Treibstoffverbrauch reduziert werden. Die Kabine ist in wesentlichen Teilen modifiziert und weist nun einen durchgehend flachen Boden auf. Zur Komfortverbesserung ist ein Active Vibration Control System eingebaut.
Hersteller: Eurocopter, Werk Marignane, La Courneuve, Frankreich.

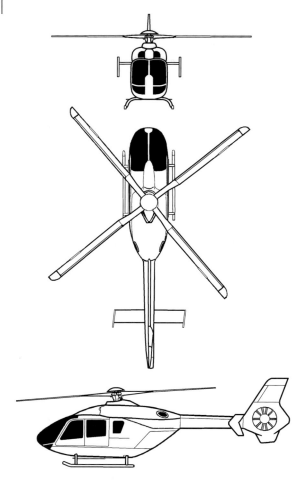

Abmessungen:
Rotordurchmesser 10,20 m
Länge inkl. Rotor 12,51 m, Rumpflänge 10,21 m
Höhe inkl. Rotorkopf 3,35 m, Höhe über alles 3,51 m.

EUROCOPTER EC135T2e ◄

Ursprungsland: Deutschland.
Kategorie: Leichter Mehrzweckhubschrauber.
Triebwerke: Zwei Gasturbinen (EC135T2) Turboméca Arrius 2B2 von je 633 WPS (472 kW) oder (EC135P2) Pratt & Whitney Canada PW206B2 von je 621 WPS (463 kW) Leistung.
Leistungen (Arrius 2B2): Höchstgeschwindigkeit 287 km/h; max. Reisegeschwindigkeit 254 km/h auf Meereshöhe; ökonom. Reisegeschwindigkeit 239 km/h; max. Steiggeschwindigkeit 7,62 m/Sek; Dienstgipfelhöhe 6095 m; Schwebehöhe mit Bodeneffekt 4570, ohne 3880 m; max. Reichweite 635 km; max. Flugdauer mit Zusatztank 4,48 Std.
Gewichte: Leer 1460 kg; max. Startgewicht mit Außenlast 2950 kg.
Zuladung: Sechs bis acht Personen; bei Rettungseinsätzen zwei Tragen und zwei Sanitäter; max. Nutzlast 1495 kg intern, extern 1300 kg.
Entwicklungsstand: Der erste Prototyp EC135 fliegt seit 15. Februar 1994; Beginn der Ablieferungen am 31. Juli 1996. Am 20. Juli 2011 wurde der 1000. Hubschrauber an den deutsche ADAC abgeliefert. Unter den über 160 Operators befinden sich viele Polizeicorps und Rettungsorganisationen aus der ganzen Welt: Spanische Guardia Civil und Polizei zusammen 51, französische Polizei 12 (+ 25 Optionen), polnisches Gesundheitsministerium 23. Fast die Hälfte der EC135 werden für EMS-Einsätze verwendet. Die Japanische Marine beschafft 15 EC135T2e. Auftraggeber der EC635: Irland 2, Irak 24, Jordanien 13, Schweiz 18.
Bemerkungen: Die EC135 folgt neuesten Technologieprinzipien: Haupt- und Heckrotor aus Faserverbundwerkstoffen ohne jegliche Gelenke; Übertragungswelle mit speziellen Vibrationsdämpfern, Zellenstruktur aus Kunststoff, Fenestron-Heckrotor usw. Der Rotorkopf besitzt keine Blattlager mehr. Die Verstellung der einzelnen Rotorblätter geschieht durch elastische Verformung der Kunststoff-Blattwurzel. Rotornabe und Rotormast sind aus einem einzigen Stück geschmiedet. Neu ist die EC135P2e/T2e, welche generell bessere Leistungswerte aufweist. Eine veredelte Version wird unter der Bezeichnung EC135 Hermes vertrieben. Die militärische Ausführung heißt EC 635, ist – abgesehen von Zusatzausrüstungen – mit der zivilen jedoch weitgehend identisch.
Hersteller: Eurocopter Hubschrauber, München, Deutschland.

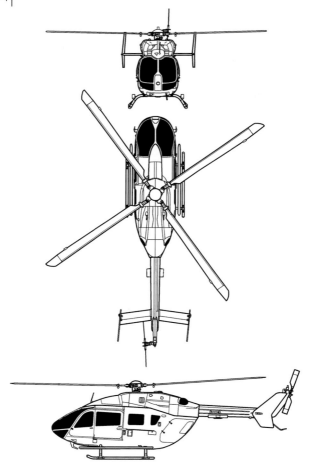

Abmessungen:
Rotordurchmesser 11,00 m
Rumpflänge 10,19 m
Höhe inkl. Rotorkopf 3,95 m.

EUROCOPTER EC145T2/UH-72A LAKOTA

Ursprungsland: Deutschland und Japan.
Kategorie: Mehrzweckhubschrauber.
Triebwerke: Zwei Gasturbinen Turboméca Arriel 1E2 von je 770 WPS (574 kW) bzw. (T2) Arriel 2E von je 1038 WPS (775 kW) Leistung.
Leistungen: Höchstgeschwindigkeit 270 km/h auf Meereshöhe; max. Reisegeschwindigkeit 245 km/h, (T2) 248 km/h; max. Schrägsteiggeschwindigkeit 8,4 m/Sek; Dienstgipfelhöhe 5300 m, (T2) 5486 m; Schwebehöhe mit und ohne Bodeneffekt 2130 m; Reichweite mit normaler Treibstoffzuladung 670 km; Einsatzdauer 3,30 Std.
Gewichte: Leergewicht 1742 kg; norm. Startgewicht 3350 kg; max. Startgewicht 3550 kg, (T2) 3650 kg.
Zuladung: Acht bis zwölf Personen inkl. Piloten; bei EMS-Einsätzen zwei liegende Verletzte und zwei Sanitäter; max. Nutzlast 1500 kg, (T2) 1731 kg.
Entwicklungsstand: Erstflug der EC145 am 12. Juni 1999. Die Ablieferungen begannen Mitte 2001. Aktuell sind mehr als 500 Einheiten im Einsatz, darunter französische Sécurité Civile 32, Gendarmerie 15, ADAC 2, REGA 6. Weitere Großbesteller: Republik Kazakhstan 45 sowie DRF Luftrettung 25 T2. 345 als UH-72A Lakota bezeichnete EC145 werden durch die US Army beschafft (Lizenzbau). 312 davon waren Ende 2012 bereits bestellt und rund 250 davon ausgeliefert. 5 gingen an die US Navy für die Test Pilot School. Weiterhin wird die EC145 auch bei Kawasaki produziert.
Bemerkungen: Die von der BK117 abgeleitete EC145 Ausführung (siehe Dreiseitenriss) weist wesentliche Verbesserungen auf. Völlig neu sind die Avionik und das Cockpit mit NVG-Ausrüstung. Die Innengröße der Kabine nahm durch Verlängerung des Rumpfes um 40 cm und Verbreiterung um 10 cm deutlich zu. Damit und wegen der einfachen Lademöglichkeit via Hecktüren eignet sich diese Version besonders für Rettungseinsätze. Das Cockpit übernimmt wesentliche Elemente der EC135 (siehe Seiten 172/173). Der Co-Produzent Kawasaki vertreibt dieses Muster unter dem Namen BK117C2. Seit Juni 2010 fliegt die EC145T2 mit wesentlich stärkeren Triebwerken und überarbeitetem Getriebe sowie neuer integraler Avionik Helionix. Damit verbessern sich alle Flugleistungen, insbesondere in hohen und heißen Gebieten. Ganz neu ist der Fenestrom-Heckrotor aus Verbundwerkstoff. Ablieferung ab 2013.
Hersteller: Eurocopter Hubschrauber, MBB Division, München, Deutschland, sowie Kawasaki Heavy Industries Ltd., Gifu, Japan.

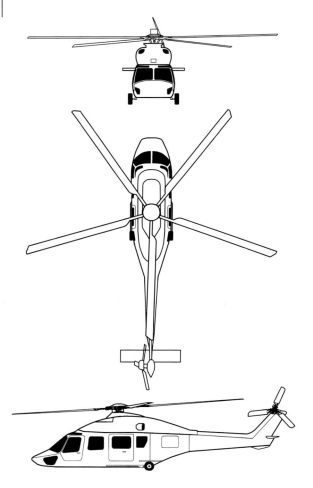

Abmessungen:
Rotordurchmesser 14,80 m
Rumpflänge 13,68 m
Höhe über Rotorkopf 3,47 m, über Heckrotor 5,34 m.

EUROCOPTER EC175/Z-15 ◀

Ursprungsland: Frankreich und Volksrepublik China.
Kategorie: Ziviler Mehrzweckhubschrauber.
Triebwerke: Zwei Gasturbinen Pratt & Whitney Canada PT6C-67E von je 1775 WPS (1325 kW) Leistung.
Leistungen: Höchstgeschwindigkeit 305 km/h; Reisegeschwindigkeit 278 km/h; Dienstgipfelhöhe 6000 m, Aktionsradius mit 16 Passagieren bei Offshore-Einsätzen 250 km.
Gewichte: Leergewicht 4630 kg; max. Startgewicht voraussichtlich rund 7500 kg.
Zuladung: Zwei Piloten und 16 Passagiere.
Entwicklungsstand: Die Flugerprobung des ersten Prototyps begann am 17. Dezember 2009, der zweite startete genau ein Jahr später. Das erste Serienmuster fliegt seit Dezember 2012. Aus technischen Gründen verzögert sich der Beginn der Auslieferungen an Kunden auf September 2013. Bisher sind rund 120 Bestellungen von 15 Betreibern bekannt gegeben worden, darunter von Bristow (12), VIH Aviation Group (6), Héli Union (4) und UTair (15). Die EC 175 wird parallel in Frankreich wie auch in China endmontiert, die Teileherstellung erfolgt jeweils nur an einem Ort.
Bemerkungen: Die EC175 ist ein 50 : 50-Joint-Venture zwischen Frankreich und der Volksrepublik China und damit der vorläufige Höhepunkt der Zusammenarbeit der Firmen Eurocopter und Harbin in diesem Bereich. Schon mehrere frühere Muster des französischen Herstellers wurden in China entweder in Lizenz gebaut oder dort weiter entwickelt. Ein Hauptaugenmerk der EC175 soll die breite Einsatzmöglichkeit sein. Dafür weist sie eine vergleichsweise sehr große Kabine auf. Weitere Schwergewichte sind hohe Sicherheit und dank reduzierten Wartungskosten auch eine gute Wirtschaftlichkeit. Konstruktion wie auch eingebaute Systeme entsprechen der heutigen State-of-the-Art. Weite Teile des Rumpfes sind aus Verbundwerkstoffen. Was Platzverhältnisse, Reisekomfort, Vibrations- und Lärmwerte wie auch Emissionslasten angeht, sollen Bestwerte erreicht werden. Generell wollen die Entwickler mit der EC175 den Benchmark setzen. In der Volksrepublik China wird dieser Typ unter der Bezeichnung Z-15 gebaut.
Hersteller: Eurocopter, Werk Marignane, La Courneuve, Frankreich und Harbin Aviation Industry Group (AVIC II), Volksrepublik China.

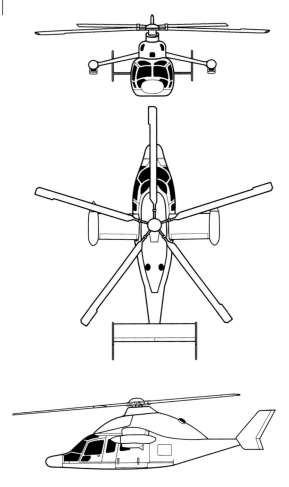

Abmessungen:
Rotordurchmesser 12,60 m
Rumpflänge 11,63 m.

EUROCOPTER X3 ◄

Ursprungsland: Frankreich.
Kategorie: Hybrid-Forschungshubschrauber zur Hochgeschwindigkeitserprobung.
Triebwerke: Zwei Gasturbinen Rolls-Royce Turboméca RTM322 von je 1700 WPS (1267 kW) Leistung.
Leistungen: Eine Höchstgeschwindigkeit von 430 km/h wurde bereits erreicht; Reisegeschwindigkeit 407 km/h; max. Steigrate 25,4 m/Sek; Dienstgipfelhöhe 3810 m.
Gewichte: Keine Angaben bekannt.
Zuladung: Zwei Piloten.
Entwicklungsstand: Zur allgemeinen Überraschung präsentierte Eurocopter im Oktober 2010 den bereits fertig erstellten Erprobungsträger H3 bzw. neu als X3 bezeichnet. Er hatte seinen Erstflug am 6. September 2010 absolviert. Die X3 ist nicht für den Serienbau vorgesehen. Eurocopter plant jedoch, abgeleitet von der X3 bis 2019 ein Serienmuster zu entwickeln, welches die gleiche Antriebskonfiguration aufweisen soll.
Bemerkungen: Um Entwicklungszeit und Kosten zu sparen, hat man soweit möglich Komponenten von bestehenden Modellen verwendet. Der Rumpf stammt von einer AS 365N (siehe Ausgabe 2012), der gesamte Antrieb von der EC 155 (siehe Ausgabe 2010) sowie das Getriebe von der EC175 (siehe Seiten 176/177). Völlig neu dagegen ist das Antriebskonzept. Die Triebwerke treiben dabei nicht nur den Hauptrotor, sondern via Gelenkwellen auch die beiden Schubpropeller an den Flügelenden an. Dadurch kann die X3 wesentlich höhere Reisegeschwindigkeiten als ein konventioneller Hubschrauber erreichen. Im Reiseflug tragen die kleinen Flügel 30 bis 40% des Auftriebs mit, so dass die Umdrehzahl des Hauptrotors reduziert und somit Luftwiderstand und Treibstoffverbrauch gesenkt werden können. Diese Kombination von Tragflügel und Schubpropeller dürfte sich deutlich auf eine bessere Wirtschaftlichkeit niederschlagen. Ein anderes Konzept aber mit gleicher Zielsetzung verfolgt auch die Sikorsky X2 (siehe Ausgabe 2011). In den Tests hat die X3 offenbar deutlich bessere Leistungen erbracht als ursprünglich kalkuliert.
Hersteller: Eurocopter, Werk Marignane, La Courneuve, Frankreich.

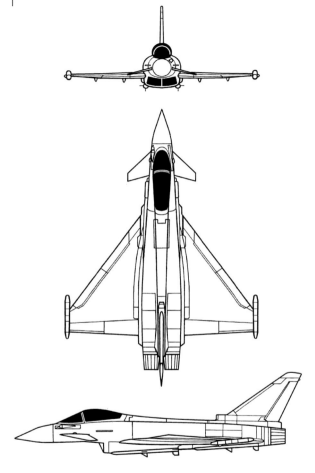

Abmessungen:
Spannweite 10,95 m
Länge 15,96 m
Höhe 5,28 m
Flügelfläche 50,00 m².

EUROFIGHTER TYPHOON

Ursprungsland: Großbritannien, Deutschland, Italien und Spanien.
Kategorie: Luftüberlegenheitsjäger und Mehrzweckkampfflugzeug.
Triebwerke: Zwei Mantelstromtriebwerke Eurojet EJ200 von je rund 6100 kp (60 kN) Standschub ohne und 9185 kp (90 kN) mit Nachbrenner.
Leistungen: Höchstgeschwindigkeit in großer Höhe Mach 2,0+, in Bodennähe 1390 km/h; Anfangssteiggeschwindigkeit 315 m/Sek; Dienstgipfelhöhe 16765 m; Aktionsradius mit je zwei Luft-Luft-Lenkwaffen AIM-120 und AIM-132 inkl. Außentanks 1390+ km; Überführungsreichweite mit zwei Außentanks 3700 km.
Gewichte: Leer 11150 kg; max. Startgewicht 23500 kg.
Bewaffnung: Eine 27-mm-Mauser-Kanone im Rumpf und beispielsweise eine Zusammensetzung von sechs Kurzstrecken-Luft-Luft-Lenkwaffen AIM-132 und vier Mittelstrecken-Luft-Luft-Lenkwaffen AIM-120. Max. Waffenlast 6500 - 8000 kg an 13 Waffenstationen.
Entwicklungsstand: Der erste Prototyp nahm am 27. März 1994 die Flugerprobung auf, gefolgt vom ersten Serienmuster im Laufe von 2002. 2003 sind die ersten Serienmaschinen abgeliefert worden. Aus Budgetgründen sind die ursprünglich geplanten Beschaffungszahlen massiv reduziert und die Produktionsrate heruntergefahren worden: Großbritannien 160, Deutschland 140, Italien 96, Spanien 73. Österreich erwarb 15 Einheiten, Saudi Arabien 72. Mitte 2012 hat die Produktion der Tranche 3 begonnen. 112 davon sollen gebaut werden. Bisher wurden insgesamt rund 350 Maschinen abgeliefert. Neueste Bestellung: Oman 12 der Version F3.
Bemerkungen: Die Typhoon wird als Ein- wie als Doppelsitzer angeboten. Die ersten der Tranche 1 zugehörigen Einheiten sind vorerst für Abfangaufgaben konfiguriert. Hierbei kann ohne Nachbrenner die sog. Supercruise-Geschwindigkeit von Mach 1,2 bis 1,3 erreicht werden. Derzeit werden die Maschinen der Tranche 2 gebaut, welche vorwiegend durch Upgrades der Avionik zusätzliche Waffensysteme für den Erdkampf mitführen können. Durch laufende Modifikationen wird der Eurofighter auf dem neuesten technologischen Stand gehalten. Die restlichen zu beschaffenden Eurofighters gehören der Tranche 3A bzw. 3B an. Sie erhalten ein neues AESA-Radar und ein überarbeitetes Cockpit mit Voice-Control (= sprachgesteuerte Flugzeugführung).
Hersteller: Eurofighter, München, Deutschland.

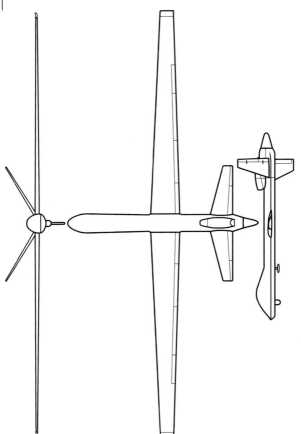

Abmessungen:
Spannweite 20,12 m
Länge 10,97 m
Höhe 3,56 m.

GENERAL ATOMICS MQ-9A REAPER ◄

Ursprungsland: USA.
Kategorie: Unbemannte Drone für Erdkampf, Aufklärungs- und ELINT-Aufgaben in großen Höhen.
Triebwerke: Eine Propellerturbine Honeywell TPE331-10T von 900 WPS (670 kW) Leistung.
Leistungen: Höchstgeschwindigkeit ca. 410 km/h; Dauergeschwindigkeit 370 km/h; Dienstgipfelhöhe über 15400 m; Reichweite 4000 km; max. Flugdauer mehr als 30 Std.
Gewichte: Leergewicht 2223 kg; max. Startgewicht 4763 kg, (Block 5) 5311 kg.
Zuladung/Bewaffnung: Aufklärungssysteme im Gesamtgewicht von intern 363 kg, extern 1361 kg. Es können aber auch beispielsweise bis zu zehn Hellfire-Panzerabwehrlenkwaffen oder sechs 225-kg-GPS-Bomben mitgeführt werden.
Entwicklungsstand: Im Februar 2001 startete ein Erprobungsträger zum Erstflug. 2002 bestellte die USAF zwei operationelle Prototypen (2005 abgeliefert). Bisher sind über 130 MQ-9A Reapers gebaut worden, die meisten davon für die USAF, welche derzeit 116 bestellt hat. 15 Maschinen erhält die RAF, Italien erwarb acht und die Türkei vier Reapers. Zwei als Predator B bezeichnete Reapers erhielt die US **C**ustoms and **B**order **P**rotection (CBP).
Bemerkungen: Das neue Triebwerk bietet gegenüber dem Ausgangsmuster RQ-1A Predator A (siehe Ausgabe 2006) in allen Bereichen wesentlich bessere Flugleistungen an. Zudem ist die Nutzlast deutlich höher, es können u.a. auch mehr Waffen mitgeführt werden. Der Flügel ist gegenüber dem Ausgangsmuster deutlich größer, der Rumpf dicker. Er kann dadurch mehr Treibstoff aufnehmen. Während die RQ-1 vorwiegend für Aufklärungsaufgaben vorgesehen ist, wird die MQ-9 vorab als Erdkämpfer/Aufklärer in besonderen Situationen eingesetzt. Dazu verfügt sie u.a. über ein synthetisches Breitband-Radar APY-8 Lynx mit hoher Auflösung. Unter der Bezeichnung Altair gibt es auch eine Ausführung für zivile Überwachungs- und Forschungsaufgaben. Die NASA setzt diese Weiterentwicklung der Reaper für Forschungsaufgaben in großen Höhen ein. Sie verfügt über einen verlängerten Flügel mit rund 26 m Spannweite und erreicht rund 15800 m Höhe. Das maximale Startgewicht beläuft sich auf 3266 kg. Seit Mai 2012 fliegt eine neue Block 5 mit erhöhtem Abfluggewicht, neuem Generator, aufdatierter Elektronik und überarbeitetem Fahrwerk.
Hersteller: General Atomics Aeronautical Systems Inc., San Diego, USA.

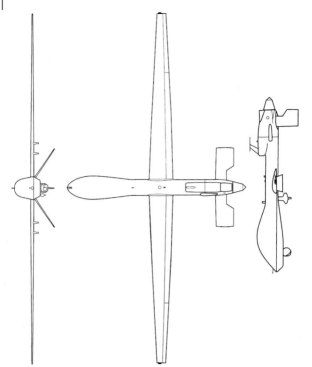

Abmessungen:
Spannweite 17,00 m
Länge 8,53 m
Höhe 2,10 m.

GENERAL ATOMICS MQ-1C GRAY EAGLE

Ursprungsland: USA.
Kategorie: Unbemannter Langstrecken-Aufklärer für mittlere Höhen.
Triebwerke: Ein Dieseltriebwerk Thielert Centurion mit Schubpropeller von 135 PS (100 kW) Leistung.
Leistungen: Patrouilliergeschwindigkeit 250 km/h; Dienstgipfelhöhe 8840 m; Aktionsradius 400 km; max. Flugdauer 36 Std.
Gewichte: Max. Startgewicht 1451 kg.
Zuladung: Aufklärungs- und Elektronikausrüstung bis zu einem Gewicht von 488 kg, davon 261 kg intern und 227 kg extern. Typischerweise umfasst die Ausrüstung ein Kamerasystem MTS-A EO/IR, ein SIGINT-Aufklärungsmodul sowie eine Kommunikationseinrichtung mit der Bodenstation.
Bewaffnung: Lenkwaffen AGM-114 Hellfire oder Viper Strike an vier Aufhängepunkten unter den Flügeln.
Entwicklungsstand: Der Prototyp nahm die Flugerprobung am 6. Juni 2007 auf. Hauptbestellerin ist die US Army, welche insgesamt bis 2022 164 Gray Eagles und fünf Bodenstationen beschaffen will. 44 Einheiten, verbunden mit den erforderlichen Bodenstationen, sind mittlerweile bestellt. Erste Einsätze erfolgten 2009, die eigentliche Indienststellung Ende 2012.
Bemerkungen: Die neue Gray Eagle (früher als Warrior bezeichnet) ist ein typischer Vertreter der sog. MALE-UAV's (**M**edium **A**ltitude **L**ong **E**ndurance). Sie basiert auf der MQ-1 Predator (siehe Ausgabe 2006), weist jedoch einen Flügel mit größerer Spannweite und einen verlängerten Vorderrumpf auf. Damit kann sie größere Nutzlasten mitführen. An der Rumpfspitze ist ein synthetisches Breitbandradar von Northrop Grumman eingebaut. Unter den Flügeln besteht die Möglichkeit, Waffen mitzuführen. Erstmals kommt ein Dieselmotor in einer größeren Drone zur Anwendung. Dieser lässt zu, sowohl Jet Fuel (Kerosen) wie auch Autodiesel zu verwenden. Das ganze System kann durch eine C-130 Hercules transportiert werden und ist zwei Stunden nach dem Ausladen einsatzbereit. Die Bodenstation hat in einem auf einem Normlastwagen beladbaren MTV S-280-Container Platz.
Hersteller: General Atomics Aeronautical Systems Inc., San Diego, USA.

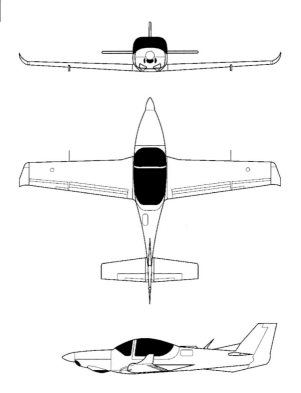

Abmessungen:
Spannweite 10,30 m
Länge 8,40 m
Höhe 2,70 m
Flügelfläche 13,30 m².

GROB G 120TP

Ursprungsland: Deutschland.
Kategorie: Basis-, Fortgeschrittenen- und Akrobatiktrainer.
Triebwerke: Eine Propellerturbine Rolls-Royce M250-B17F von 380 WPS (283 kW) Leistung.
Leistungen: Höchstgeschwindigkeit auf 3290 m 453 km/h; Reisegeschwindigkeit auf 3290 m 438 km/h; Anfangssteiggeschwindigkeit 14,1 m/Sek; Dienstgipfelhöhe 7620 m; Reichweite bei 75% Leistung 1074 km, bei 45% Leistung 1361 km; max. Flugdauer 6 Std.
Gewichte: Leergewicht 1095 kg; max. Startgewicht für Akrobatik 1550 kg, für Schulung 1590 kg.
Zuladung: Flugschüler und Instruktor; max. Nutzlast zwischen 320 und 410 kg.
Entwicklungsstand: Der Hersteller stellte diese neueste Ausführung der Grob G120-Familie Mitte 2010 vor. Bisher sind Aufträge von Argentinien (10 bis 12) und Indonesien (18) eingegangen. Mit den Auslieferungen an den Erstbesteller Indonesien begann man Ende 2012.
Bemerkungen: Mit dieser Weiterentwicklung der Grob G120TP will Grob den gesamten Bereich von der Anfängerschulung über das Fortgeschrittenentraining bis hin zur Akrobatik abdecken. Dank der umfassenden Avionik und einem EFIS-Cockpit Serie Cockpit 400 von Esterline CMC Electronics eignet sich die G120TP auch für die Ausbildung im Instrumentenflug. Wie alle Grob-Leichtflugzeuge ist die Konstruktion weitgehend aus Karbonfiber-Verbundwerkstoff. Dieses Prinzip ermöglicht hohe Festigkeit, lange Lebensdauer der Zelle, minimales Gewicht und günstige Verbrauchswerte. Wie die G120A ist auch die G120TP mit einem Einziehfahrwerk ausgerüstet. Dank der Propellerturbine mit Fünfblattrotor sind alle Leistungsparameter mit Ausnahme der Reichweite deutlich verbessert worden. Optional kann auch ein Schleudersitz Martin Baker Mk.17 eingebaut werden. Die G120TP ist voll kunstflugtauglich und kann Belastungen bis zu +6/-4g aushalten.
Hersteller: Grob Luft- und Raumfahrt GmbH & Co. KG., Tussenhausen-Mattsies, Deutschland.

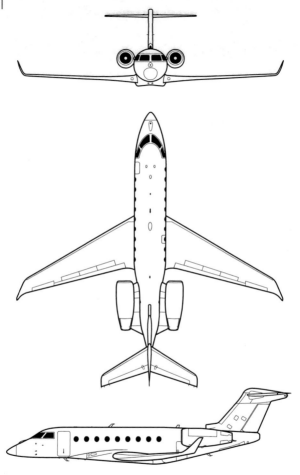

Abmessungen:
Spannweite 19,20 m
Länge 20,37 m
Höhe 6,53 m
Flügelfläche ca. 46,00 m².

GULFSTREAM G280

Ursprungsland: Israel/USA.
Kategorie: Firmenflugzeug.
Triebwerke: Zwei Mantelstromtriebwerke Honeywell HTF7250G von je 3376 kp (33,00 kN) Standschub.
Leistungen: Höchstgeschwindigkeit Mach 0,85; max. Reisegeschwindigkeit 893 km/h oder Mach 0,84; Langstrecken-Reisegeschwindigkeit 850 km/h oder Mach 0,80; Dienstgipfelhöhe 13716 m; Reichweite mit vier Passagieren und IFR-Reserven 6667 km.
Gewichte: Leergewicht 10954 kg; max. Startgewicht 17960 kg.
Zuladung: Zwei Piloten und normalerweise acht bis zehn Passagiere in Komfortausführung oder bis zu 18 Personen in enger Dreierbestuhlung mit Mittelgang; Nutzlast mit max. Treibstoffzuladung 454 kg; max. Nutzlast 1905 kg.
Entwicklungsstand: Die noch als G250 bezeichnete G280 nahm die Flugerprobung am 11. Dezember 2009 auf. Zurzeit fliegen drei Prototypen. Mit der ersten Auslieferung an Kunden wurde im November 2012 begonnen. Der aktuelle Bestellungsstand ist nicht bekannt.
Bemerkungen: Aus Marketinggründen hat der Hersteller dem ursprünglich G250 genannten Modell neu die Bezeichnung G280 gegeben. Die G280 basiert auf der Gulfstream G200. Der Rumpf bleibt gleich und gehört mit einer Länge von 7,87 m, einer Breite von 2,18 m und einer Höhe von 1,91 m zu den Klassenbesten. Durch Weglassen des Treibstofftanks im Heck erhöht sich das Innenvolumen. Gegenüber der G200 besitzt die G280 einen vollständig neuen Flügel größerer Spannweite mit Winglets, ein neues Cockpit PlaneView 250, überarbeitete Avionik von Rockwell Collins und stärkere Triebwerke. Als Option ist auch ein Collins HGS-6250 Head-Up-Display erhältlich. Bei größerer Wirtschaftlichkeit weist die G280 deutlich bessere Flugleistungen auf. Der Hersteller nennt derzeit einen Basispreis von US$ 24 Mio.
Hersteller: Gulfstream Aerospace Corp., Savannah, Georgia, USA, Werk Israel Aircraft Industries Ltd., Ben-Gurion International Airport, Israel.

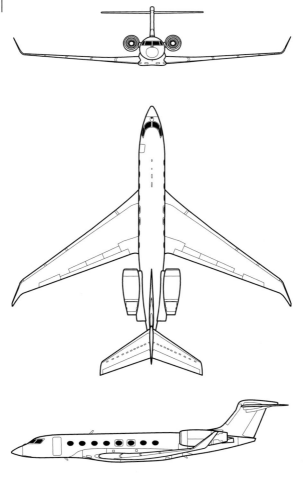

Abmessungen:
Spannweite 30,36 m
Länge 30,41 m
Höhe 7,82 m
Flügelfläche 119,20 m².

GULFSTREAM AEROSPACE GULFSTREAM G650 ◄

Ursprungsland: USA.
Kategorie: Langstrecken-Firmenflugzeug.
Triebwerke: Zwei Mantelstromtriebwerke BMW/Rolls Royce BR725 A1-12 von je 7300 kp (71,60 kN) Standschub.
Leistungen: Max. Reisegeschwindigkeit 956 km/h (Mach 0,925); normale Reisegeschwindigkeit 904 km/h (Mach 0,90), Langstrecken-Reisegeschwindigkeit Mach 0,85; Dienstgipfelhöhe 15550 m; max. Reichweite mit vier Besatzungsmitgliedern und acht Passagieren 12964 km.
Gewichte: Rüstgewicht 24494 kg; max. Startgewicht 45178 kg.
Zuladung: Zwei Piloten im Cockpit und normalerweise acht Passagiere. Maximal können 18 Personen mitfliegen. Nutzlast bei vollen Tanks 816 kg, max. Nutzlast 2948 kg.
Entwicklungsstand: Der Erstflug des Prototyps erfolgte am 25. November 2009, jener der ersten Serienmaschine am 6. Juni 2010. Mit den Auslieferungen begann man Ende 2012. Über 200 G650 sind bereits bestellt, die Jahresproduktion soll anfänglich rund 30 Maschinen betragen.
Bemerkungen: Obwohl den anderen Mustern der Gulfstream-Familie ähnlich, handelt es sich beim derzeitigen Gulfstream-Spitzenmodell G650 um eine vollständig neue Konstruktion. Am obersten Ende der Skala von Geschäftsflugzeugen angesiedelt, zeichnet sich dieses Modell vor allem durch eine sehr großzügige, 16,33 m lange Kabine mit einer Innenhöhe von 1,95 m und einer Breite von 2,59 m aus. Mit der Reisegeschwindigkeit von Mach 0,925 ist sie das aktuell schnellste Firmenflugzeug der Welt und hat in dieser Disziplin die bisherige Cessna Citation X (siehe Seiten 122/123) überholt. Bei einem Testflug erreichte ein Prototyp sogar die Höchstgeschwindigkeit von Mach 0,995. Die neueste BR725-Turbofan-Ausführung mit digitaler Steuerung (FADEC) und 24 Schaufeln in Sichelform verspricht einen geringen Verbrauch bei tiefen Emissionswerten. Erstmals bei einem Businessflugzeug erfolgt die Flugsteuerung durch ein Fly-By-Wire-System. Das Cockpit Planeview II umfasst u.a. Synthetic Vision-Displays, Head-Up-Display, 3-D-Wetterradar und das neueste Flight Control-System. Der Kaufpreis für die Basisausführung liegt bei US$ 64,5 Mio.
Hersteller: Gulfstream Aerospace Corp., Savannah, Georgia, USA.

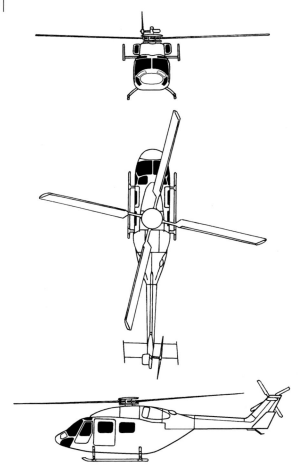

Abmessungen:
Rotordurchmesser 13,20 m
Rumpflänge 13,43 m
Höhe inkl. drehendem Heckrotor 4,98 m.

HAL DHRUV

Ursprungsland: Indien.
Kategorie: Militärischer und ziviler Mehrzweckhubschrauber.
Triebwerke: Zwei Gasturbinen Turboméca TM 333-2B von je 1000 WPS (746 kW) Leistung.
Leistungen (Basisausführung mit Kufenfahrwerk): Max. Reisegeschwindigkeit 255 km/h; max. Schrägsteiggeschwindigkeit 10,3 m/Sek; Dienstgipfelhöhe 4500 m; Schwebehöhe ohne Bodeneffekt 2600 m; max. Reichweite 640 km; max. Flugdauer 3,7 Std.
Gewichte (Luftwaffen-/Marineversion): Leer 2216/2352 kg; max. Startgewicht 4000/5000 kg.
Zuladung: Zwei Piloten und bis zu 14 Passagiere. Max. Nutzlast als Außenlast 1500 kg.
Entwicklungsstand: Der erste von vier Prototypen nahm die Flugerprobung im August 1992 auf. Neuesten Informationen zufolge erhält die Indische Armee 105 Dhruvs, die Luftwaffe 54 und die Marine 56. Weitere vier betreibt die Indische Küstenwache. Folgende Länder beschafften die Dhruv ebenfalls: Ecuador 7, Malediven 1, Mauretanien 1, Nepal 2, Peru 2. Weitere gehen an zivile Betreiber. Die INDMA (= indischer Zivilschutz) erhält zwölf SAR-Hubschrauber für den Katastrophenfall. Bis Ende 2012 waren über 100 Dhruvs abgeliefert. Der Prototyp ALH-WSI einer leicht bewaffneten Ausführung fliegt seit August 2007.
Bemerkungen: Die Dhruv gibt es in verschiedenen Varianten: (Armee) Truppentransporter/ Nachschubhubschrauber sowie Modelle für Antitank- und Minenlegemissionen, alle ausgerüstet mit einem Kufenfahrwerk; (Marine) Verbindungs- und Evakuationsaufgaben sowie SAR- und ASW-Aufträge, ausgerüstet mit einem einziehbaren Dreipunkt-Radfahrwerk, faltbarem Haupt- und Heckrotor und Sonar; (Luftwaffe) Rettungshubschrauber, Mehrzwecktransporter. Auch eine Zivilversion für normalerweise bis zu 12 Passagiere wird angeboten. Haupt- wie Heckrotor sind gelenklos aus Faserverbundwerkstoffen, der Rumpf besteht nebst Aluminium aus Karbon und Kevlar. Seit Mitte 2007 fliegt eine neue Version Dhruv Mk.III mit stärkeren Shakti-Triebwerken mit einer Startleistung von 1200 WPS (895 kW). Die neue Wellenturbine wurde zusammen mit Turboméca entwickelt. Diese Version weist insbesondere bessere Flugleistungen in großen Höhen auf. Diese Ausführung wurde Mitte 2012 bei der Indischen Luftwaffe eingeführt.
Hersteller: HAL Hindustan Aeronautics Ltd., Helicopter Division, Bangalore, Indien.

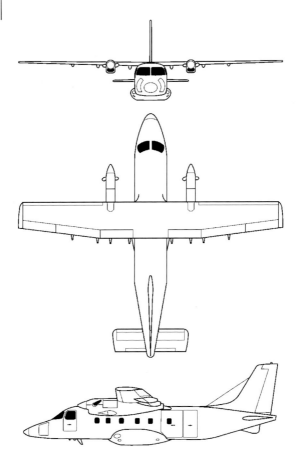

Abmessungen:
Spannweite 19,89 m
Länge 16,47 m
Höhe 6,04 m.

HARBIN Y12F AIRCAR ◀

Ursprungsland: Volksrepublik China.
Kategorie: Leichter Mehrzwecktransporter für Kurz- und Mittelstrecken.
Triebwerke: Zwei Propellerturbinen vermutlich des Typs Pratt & Whitney Canada PT6A-65B mit einer Startleistung von je rund 1100 WPS (820 kW).
Leistungen (nach Angaben des Herstellers): Höchstgeschwindigkeit 482 km/h; normale Reisegeschwindigkeit 430 km/h, auf längeren Strecken 375 km/h; Dienstgipfelhöhe 7000+ m; Reichweite mit 19 Passagieren 1540 km, max. Reichweite 1930 km; Frachtversion mit max. Nutzlast 930 km.
Gewichte: Leergewicht 4800 kg; max. Startgewicht 8400 kg.
Zuladung: Zwei Piloten und 19 Passagiere oder drei große Frachtcontainer. Eine Ausführung für militärische Einsätze soll bis zu 25 Soldaten mitführen können. Maximale Nutzlast 3000 kg.
Entwicklungsstand: Dieser an der Zhuhai Airshow 2012 erstmals vorgestellte Leichttransporter nahm die Flugerprobung im Februar 2012 auf. Über den Zeitpunkt der Indienststellung sowie über die Auftragslage ist im Moment noch nichts in Erfahrung zu bringen. Das Vorgängermuster Y-12 I startete am 16. August 1984 zum Erstflug (über 100 gebaut).
Bemerkungen: Harbin ist seit vielen Jahren bekannt für den Bau eines robusten Hochdeckertyps mit Festfahrwerk der Reihe Y-12. Zahlreiche Varianten wurden seither lanciert, letztmals 1995 mit der Ausführung Y-12 IV Twin Panda (siehe Ausgabe 2000). Ausgehend vom gleichen Grundkonzept entstand nun die Y12F mit etwas größeren Dimensionen. Auffallend sind die bessere Aerodynamik sowie das Einziehfahrwerk. Gegenüber dem Ausgangsmuster wurde der Rumpf deutlich breiter ausgelegt. Er soll ganz aus Aluminium bestehen. Rumpfnase und Fahrwerkverkleidungen sind dagegen aus Verbundwerkstoffen. Es werden auch leistungsstärkere Triebwerke verwendet. Die Y12F vertritt somit die nächste Generation von leichten robusten Kleintransportern für vielfältige Aufgaben, ähnlich wie die Viking Air Twin Otter (siehe Seiten 310/311). Bisher sind leider noch sehr wenige Angaben über dieses Flugzeugmuster bekannt.
Hersteller: Harbin Aircraft Industry Group Co. Ltd. (HAIG), Tochtergesellschaft der AVIC, Beijing, VR China.

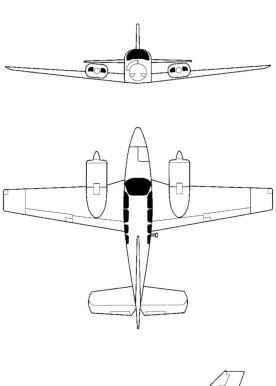

Abmessungen:
Spannweite 11,53 m
Länge 9,09 m
Höhe 2,97 m
Flügelfläche 18,52 m².

HAWKER BEECHCRAFT G.58 BARON

Ursprungsland: USA.
Kategorie: Sport- und Reiseflugzeug.
Triebwerke: Zwei luftgekühlte Sechszylinder-Boxermotoren Teledyne Continental IO-550-C von je 300 PS (224 kW) Leistung.
Leistungen: Höchstgeschwindigkeit 374 km/h; max. Reisegeschwindigkeit bei 55% Leistung 333 km/h; Anfangssteiggeschwindigkeit 8,6 m/Sek; Dienstgipfelhöhe 6306 m; max. Reichweite mit vier Passagieren 1919 km, mit maximaler Treibstoffzuladung 2741 km.
Gewichte: Leergewicht 1468 kg; max. Startgewicht 2495 kg.
Zuladung: Pilot und bis zu fünf Passagiere, max. Nutzlast 597 kg.
Entwicklungsstand: Die Ursprungsausführung wurde von der damaligen Beechcraft Corp. bereits 1961 eingeführt und seitdem kontinuierlich weiterentwickelt. Heute ist nur noch die Version Baron 58 erhältlich, welche seit 1969 ununterbrochen produziert wird. Die aktuelle Version fliegt seit 2005.
Bemerkungen: Die Beechcraft Baron G58 ist derzeit weltweit eines der wenigen mit zwei Kolbenmotoren ausgerüstete Privat- und Reiseflugzeug, welches noch produziert wird. Dank der hohen Triebwerkleistungen ist sie recht schnell. Obwohl in der Grundkonstruktion weitgehend unverändert, wurde die Baron mit den Jahren laufend weiter entwickelt. So verfügt die aktuell hergestellte Variante über ein Glascockpit Garmin G1000. Die klimatisierte, aber nicht druckbelüftete Kabine ist 3,84 m lang, 1,27 m hoch und 1,07 m breit. Dank der großen Fenster genießen alle Passagiere eine gute Sicht nach außen. Hinter der Kabine ist ein geräumiger Gepäckraum angeordnet. Der Kaufpreis für die Basisausführung beläuft sich auf etwa US$ 1 Mio. Seit Mitte 2012 bietet der Hersteller eine Überwachungs- und Aufklärungsvariante IRS Baron an. In einem Drehturm unter dem Rumpf befinden sich Infrarot- und elektro-optische Kameras. Die Ausrüstung vervollständigen hoch auflösliche Aufnahmegeräte, ein Monitor-Arbeitsplatz, Satelliten-Datalink usw.
Hersteller: Hawker Beechcraft Corp., Beechcraft Division, Werk Wichita, Kansas, USA.

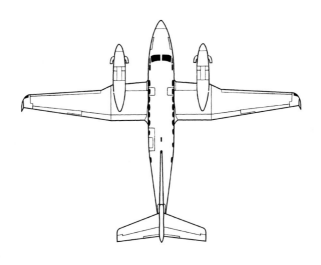

Abmessungen:
Spannweite (C90GTx/250+350i) 16,36/17,65 m
Länge (C90GTx/250/350i) 10,82/13,36/14,22 m
Höhe (C90GTx/250/350i) 4,34/4,52/4,37 m
Flügelfläche (C90GTx/350i) 27,30/28,80 m².

HAWKER BEECHCRAFT KING AIR C90GTX/250/350I ◀

Ursprungsland: USA.
Kategorie: Arbeits-, Firmen- und Mehrzweckflugzeug.
Triebwerke (C90GTx/250/350i): Zwei Propellerturbinen Pratt & Whitney Canada PT6A-135A von je 550 WPS (410 kW), PT6A-52 von je 850 WPS (634 kW) bzw. PT6A-60A von je 1050 WPS (783 kW) Leistung.
Leistungen (C90GTx/350i): Höchstgeschwindigkeit 500/583 km/h; Reisegeschwindigkeit 385/570 km/h; Anfangssteiggeschwindigkeit 9,0/13,8 m/Sek; Dienstgipfelhöhe 9144/10700 m; Reichweite mit vier Passagieren und mit 45 Min Reserven 2213/3268 km; (350ER) 4770 km.
Gewichte (C90GTx/250/350i): Leergewicht 3282/3982/4320 kg; max. Startgewicht 4581/5670/6804 kg, (350ER) 7490 kg.
Zuladung (C90GTx/250/350i): Ein bis zwei Mann Cockpitbesatzung und in der Kabine normalerweise sieben/neun Einzelsitze in vis-à-vis-Anordnung, max. jedoch bis zu 9/15 Passagiere; max. Nutzlast 1501/1728/2528 kg, bei vollen Treibstofftanks (C90GTx) 335 kg.
Entwicklungsstand: Seit 1964 befindet sich dieses Muster ununterbrochen in Produktion. Über 7000 King Airs (davon mehr als 2000 King Air C90) in mehr als 20 Varianten wurden bisher gebaut. Derzeit werden die Versionen C90GT, B200, 250 und 350 angeboten. Die C90GTx ist seit 2010 erhältlich, die 350i (siehe Dreiseitenriss und Foto) seit 2009. Die neueste Ausführung King Air 250 wird seit Mitte 2011 ausgeliefert. Aktuell werden jährlich nur noch rund 50 Einheiten produziert.
Bemerkungen: Die C90GTx King Air wurde 2009 vorgestellt. Gegenüber der Vorversion C90GTi verfügt sie über Winglets aus Verbundwerkstoff. Damit konnten einige Leistungsdaten verbessert werden wie Nutzlast, Reichweite und spezifischer Kraftstoffverbrauch. Die 350i schließt die lange Reihe von Versionen nach oben ab. Sie stellt derzeit die größte und am besten ausgerüstete Ausführung dar. Neu ist vor allem die Inneneinrichtung. Für längere Strecken ausgelegt ist die King Air 350ER, welche seit 2008 angeboten wird. 2010 lancierte der Hersteller die King Air 250. Dank Winglets, leichteren Propellern aus Verbundwerkstoff und überarbeiteten Triebwerken bietet sie bessere Start- und Landeeigenschaften.
Hersteller: Hawker Beechcraft Corp., Beechcraft Division, Werk Wichita, Kansas, USA.

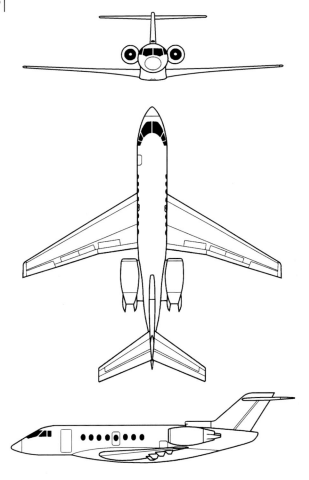

Abmessungen:
Spannweite 18,82 m
Länge 21,18 m
Höhe 6,02 m
Flügelfläche 49,33 m².

HAWKER BEECHCRAFT HAWKER 4000 ◄

Ursprungsland: USA.
Kategorie: Firmenflugzeug.
Triebwerke: Zwei Mantelstromtriebwerke Pratt & Whitney PW308A von je 3129 kp (30,7 kN) Standschub.
Leistungen: Max. Reisegeschwindigkeit 896 km/h (Mach 0,84); Langstreckenreisegeschwindigkeit 796 km/h; Dienstgipfelhöhe 13716 m; Reichweite mit max. Nutzlast unter IFR-Bedingungen 5287 km, maximal 6038 km.
Gewichte: Rüstgewicht 10750 kg; max. Startgewicht 17917 kg.
Zuladung: Zwei Piloten und normalerweise acht Passagiere in Klubbestuhlung, max. jedoch 12 Personen; Nutzlast mit max. Treibstoffzuladung 726 kg, max. 1134 kg.
Entwicklungsstand: Mit der Erprobung konnte am 11. August 2001 begonnen werden. Derzeit sind rund 130 Einheiten bestellt, darunter 70 von NetJets. Die Zulassung dieses Musters erfolgte nach langen Verzögerungen im Juni 2008, worauf die Ablieferung der ersten Exemplare stattfand. Bis Ende 2012 waren rund 65 Einheiten abgeliefert. Nachdem Hawker Beechcraft in Konkursverwaltung steht, ist die Weiterführung der Produktion der Hawker 4000 in Frage gestellt.
Bemerkungen: Obwohl gewisse Ähnlichkeiten zur Hawker 750/850XP/900XP-Reihe bestehen (siehe Ausgabe 2012), handelt es sich bei der 4000 um eine völlige Neukonstruktion. Mit diesem Muster wollte der Hersteller einen neuen Komfortstandard im Mittelsegment der Firmenflugzeuge setzen. So ist die Kabine für diese Klasse ausgesprochen großräumig (Länge 7,62 m, Breite 1,92 m, Höhe 1,83 m). Das Flügelmittelstück verläuft vollständig unter dem Rumpf, so dass der Passagierraum in keinem Bereich dadurch eingeschränkt ist. Wie bei der Premier I/Hawker 200 (siehe Ausgabe 2011) ist auch bei der 4000 der Rumpf völlig aus Verbundwerkstoffen hergestellt, während der Flügel aus Aluminium besteht und zum größten Teil aus einem Werkstück herausgefräst wird. Im Cockpit sind fünf große LCD-Flachbildschirme vorhanden, das Flugmanagementsystem Honeywell Primus Epic wird erstmals in einem Flugzeug eingebaut. Die gesamte Avionik ist hinter dem Cockpit platziert und entsprechend gut zugänglich. Der Basispreis beträgt US$ 19,5 Mio.
Hersteller: Hawker Beechcraft Corp., Beechcraft Division, Werk Wichita, Kansas, USA.

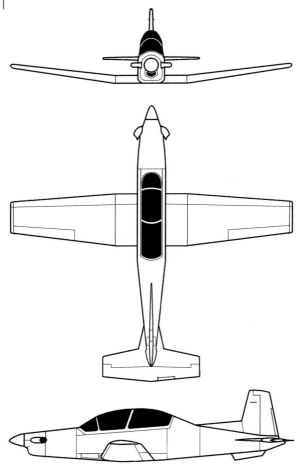

Abmessungen:
Spannweite 10,15 m
Länge 10,14 m,
Höhe 3,26 m
Flügelfläche 16,29 m².

HAWKER BEECHCRAFT T-6A/B/C TEXAN II ◄

Ursprungsland: USA/Schweiz.
Kategorie: Zweisitziger Basis- und Fortgeschrittenentrainer.
Triebwerke: Eine Propellerturbine Pratt & Whitney Canada PT6A-68 von 1708 WPS (1275 kW) Leistung, reduziert auf 1100 WPS (820 kW).
Leistungen: Höchstgeschwindigkeit in großen Höhen 575 km/h, auf Meereshöhe 500 km/h, Reisegeschwindigkeit auf 2285 m 426 km/h; Anfangssteiggeschwindigkeit 20,3 m/Sek; Dienstgipfelhöhe 10670 m; Reichweite 1574 km; max. Flugdauer 3 Std.
Gewichte: Leergewicht 2087 kg; max. Startgewicht 2955 kg.
Entwicklungsstand: Der erste Erprobungsträger (eine umgebaute Pilatus PC-9) flog erstmals im September 1992. Darauf stellte Beech zwei weitere Produktionsprototypen her (Erstflug 23. Dezember 1993), gefolgt vom ersten Serienflugzeug am 15. Juli 1998. Vorgesehen ist, für die amerikanischen Streitkräfte insgesamt 769 Maschinen zu beschaffen: USAF 454 (alle mittlerweile abgeliefert), USN 315. Bisher sind über 700 T-6 gebaut worden. Weitere T-6A/B erhielten oder erhalten Griechenland 45, NATO Flying Training (NFTC) 26 T-6A, Irak 15 T-6A, Israel 25 T-6A, Marokko 24 T-6C, Mexiko 6 T-6C.
Bemerkungen: Obwohl der PC-9 (siehe Ausgabe 2008) sehr ähnlich, wurde rund 70 % der Konstruktion neu definiert. Die wesentlichen Unterschiede sind: Verstärkte Rumpfstruktur und Cockpithaube, Druckkabine, Null-Null-Schleudersitze, neue digitale Elektronik (GPS, MLS, Antikollisionsanzeige, HUD) und Einpunktbetankung. Die T-6A ist Bestandteil eines integrierten Trainingssystems, welches auch Simulatoren und übrige Logistik umfasst. 272 der von der USN geplanten Texan II sind T-6B mit einem integralen Glas-Cockpit, HUD und weiterentwickelter Avionik. Von ihr abgeleitet ist neu die T-6C für den Export im Angebot. Hawker testet derzeit für die USAF eine leichte Erdkampfversion AT-6 Coyote; Erstflug 5. April 2010 (siehe Foto). Die Zelle weist punktuelle Strukturverstärkungen auf, die Triebwerkleistung ist auf 1600 WPS (1193 kW) erhöht. Unter den Flügeln können Waffen mitgeführt werden.
Hersteller: Hawker Beechcraft Corp.,/Pilatus, Werk Wichita, Kansas, USA.

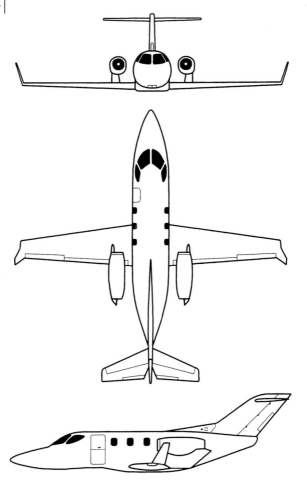

Abmessungen:
Spannweite 12,12 m
Länge 12,99 m
Höhe 4,54 m
Flügelfläche ca. 17,50 m².

HONDA AIRCRAFT HA-420 HONDAJET ◄

Ursprungsland: Japan.
Kategorie: Leichtes Firmenflugzeug.
Triebwerke: Zwei Mantelstromtriebwerke (Prototyp) GE Honda HF118 von je 757 kp (7,42 kN) bzw. (Serienmaschinen) HF120 von je 930 kp (9,11 kN) Standschub.
Leistungen (nach Angaben des Herstellers): Max. Reisegeschwindigkeit 780 km/h auf 9150 m; max. Steiggeschwindigkeit 20,3 m/Sek; Dienstgipfelhöhe 13100 m; Reichweite mit maximaler Nutzlast 2185 km, max. Reichweite unter VFR-Bedingungen 2590 km.
Gewichte: Max. Startgewicht 4173 kg.
Zuladung: Zwei Piloten bzw. ein Pilot/Passagier im Cockpit und vier Personen im Passagierraum.
Entwicklungsstand: Am 16. Dezember 2003 startete ein Erprobungsträger zum Erstflug. Der erste eigentliche Prototyp fliegt nach längerer Verzögerung seit November 2011. Derzeit fliegen drei Prototypen. Rund 100 HondaJets sollen bereits bestellt sein, welche ab der zweiten Hälfte 2013 ausgeliefert werden.
Bemerkungen: Mit der Vorstellung eines leichten Businessjets gelang Honda eine große Überraschung. Die als Auto- und Motorradhersteller bekannte Firma macht mit diesem Typ den ersten Schritt in die Luftfahrt. Einzigartig ist, dass Flugzeug wie Triebwerk vom gleichen Hersteller stammen. Der Rumpf ist eine kompakte und leichte Konstruktion aus Verbundwerkstoffen und soll die größten Platzverhältnisse seiner Klasse aufweisen. Die Flügelstruktur wurde aus einem einzigen Aluminumblock gefräst und weist dank eines Laminarprofils beste aerodynamische Werte auf. Ungewöhnlich ist die Anordnung der Triebwerke über den Flügeln. So erspart man sich teure und schwere Aufhängevorrichtungen am Rumpf. Alle diese Maßnahmen und das innovative Triebwerk lassen gegenüber einem konventionellen Muster Verbrauchsreduktionen von 40 % erzielen. Das Cockpit ist neu mit einem Avionik-Set Garmin G3000 ausgerüstet. Der Verkaufspreis beläuft sich auf US$ 4,5 Mio.
Hersteller: Honda Motor Co. Ltd., Honda Aircraft Corp., Werk Greensboro, North Carolina, USA, Tokyo, Japan.

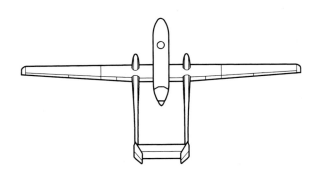

Abmessungen:
Spannweite 16,60 m
Länge (Heron) 8,50 m, (Harfang) 9,30 m
Höhe 2,30 m.

IAI HERON/HARFANG/HERON TP

Ursprungsland: : Israel.
Kategorie: Unbemanntes Langstrecken-Aufklärungsflugzeug für mittlere Höhen.
Triebwerke (Heron/Harfang): Ein Kolbenmotor mit Schubpropeller Rotax 914/914F von 100/115 PS (75/86 kW) Leistung.
Leistungen (Heron/Harfang/TP): Höchstgeschwindigkeit 220/207 km/h; Patrouilliengeschwindigkeit rund 130 km/h; Dienstgipfelhöhe 9140/7620 m; Reichweite (Harfang) 1000 km; Einsatzdauer (Heron) bis zu 40 Std.
Gewichte (Heron/Harfang): Leergewicht ?/657 kg; max. Startgewicht ca. 1100/1250 kg.
Zuladung: Aufklärungssysteme bis zu 250 kg.
Entwicklungsstand: Die Flugerprobung der Heron (siehe Dreiseitenriss der Heron 1) begann am 20. Januar 2005. Israel erhielt acht als Machatz 1 bezeichnete Dronen. Insgesamt beschafften rund 15 Luftwaffen und Agenturen die Heron. In den verschiedenen Ausführungen ist die Heron bei rund einem Dutzend Luftwaffen bzw. Polizeibehörden im Einsatz, darunter auch bei der Deutschen Luftwaffe. Derzeit prüft die Schweizer Luftwaffe die Beschaffung einer Variante der Heron 1. IAI stellt die Dronen her, Elbit die dazugehörigen Bodenkontrollsysteme. Die Weiterentwicklung Heron TP, Erstflug 2004, wird nebst Israel von Frankreich beschafft. Sieben Dronen sollen ab 2014 zum Einsatz gelangen.
Bemerkungen: Die Heron kann je nach Einsatzspektrum in kurzer Zeit mit einer Mehrzahl von verschiedenen Nutzlasten ausgerüstet werden, z.B. mit einem SAR-Radar, einem Seeüberwachungsradar, Aufklärungssystemen oder Instrumenten zur Zielerfassung und Leitung von Artilleriefeuer. Sie gehört der sog. vierten Generation von Drohnen an, welche einen hohen Automatisationsgrad aufweist. So ist sie in der Lage, ohne fremde Hilfe zu starten und zu landen. Sämtliche erfassten Daten können mit einem Real-Time-System via Satellit an eine Bodenstation überspielt werden. Die französische Weiterentwicklung Harfang (Erstflug 6. September 2006) ist etwas leistungsfähiger und verfügt über eine Nutzlast französischer Provenienz. Eine wesentlich größere Weiterentwicklung stellt die Heron TP (in Israel Eitan genannt) dar. Bei einer Spannweite von rund 26 m und einer Länge von etwa 13 m hat sie ein Abfluggewicht von 4500 kg und kann eine Nutzlast von 1800 kg mitführen. Ihre Einsatzdauer beträgt bis zu 36 Std. Angetrieben wird die Heron TP von einer Propellerturbine Pratt & Whitney Canada PT6A mit einer Leistung von 1200 WPS (895 kW). 2007 wurde sie erstmals der Öffentlichkeit vorgestellt.
Hersteller: Israel Aircraft Industries (IAI) Ltd., MALAT Division, Ben Gurion IAP, Lod, Israel.

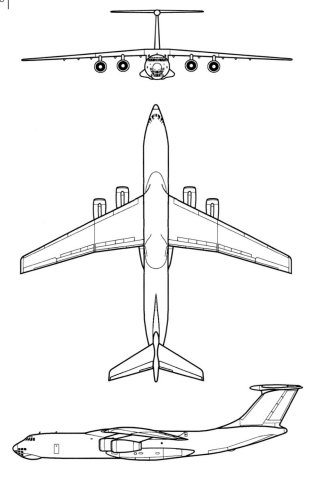

Abmessungen:
Spannweite 50,50 m
Länge (Il-76MF) 53,19 m, (Il-476) 46,59 m
Höhe 14,76 m
Flügelfläche 300 m².

ILJUSCHIN IL-476

Ursprungsland: Russland.
Kategorie: Schwerer militärischer und ziviler Mittel- und Langstreckentransporter.
Triebwerke: Vier Mantelstromtriebwerke Aviadvigatel/Perm PS-90A-76 von je rund 16000 kp (157,8 kN) Standschub.
Leistungen (Il-76TD-90VD/Il-76MF): Höchstgeschwindigkeit 850 km/h auf 10000 m; max. Reisegeschwindigkeit 825 km/h; Anfangssteiggeschwindigkeit 9,0 m/Sek; Dienstgipfelhöhe 15500 m; Reichweite mit einer Nutzlast von (Il-476) 48000 kg 5300 km, mit max. Nutzlast (Il-76MF) 4000 km.
Gewichte: Max. Startgewicht 210000 kg.
Zuladung: Zwei Mann Cockpitbesatzung, zusätzlich ein bis zwei Lademeister. Max. Nutzlast je nach Einsatzzweck zwischen 50000 und 60000 kg.
Entwicklungsstand: Der Prototyp der neuesten Version Il-476 hat den Erstflug am 22. September 2012 absolviert, der Prototyp der Il-76MF fliegt seit 1995. Die Luftwaffe Russlands hat bei einem Gesamtbedarf von 100 Einheiten bisher 39 Il-476 bestellt, die zwischen 2014 und 2020 abzuliefern sind. Offenbar soll auch die Luftwaffe der Volksrepublik China diesen Typ beschaffen. Ab 2015 können auch zivile Nutzer diesen Typ bestellen.
Bemerkungen: Mit der Il-476 (gelegentlich auch als Il-76MD-90A bezeichnet) wird bereits die »vierte Generation« dieses bewährten Transporters lanciert. Sie wurde in wesentlichen Teilen überarbeitet. So weist die Il-476 einen neuen Flügel mit besseren aerodynamischen Eigenschaften auf. Sie verfügt über die gleichen PS90A-Triebwerke wie die Il-76D-90VD bzw. Il-76MF (siehe Dreiseitenriss und Foto). Zudem sind Avionik und weitere Bordsysteme durch neue, voll digitalisierte Versionen ersetzt worden. Das Fahrwerk ist wegen dem erhöhten Abfluggewicht verstärkt. Die Il-476 soll eine Treibstoffersparnis von zwischen 13 und 17 % und damit eine Erhöhung der Reichweite um 27% erzielen. Auch die Nutzlast ist deutlich erhöht. Geplant ist, von der Il-476 eine AEW&C-Version A-100 »Premier« abzuleiten. Die Il-76MF wird weiterhin in kleinen Stückzahlen für die Luftwaffe Russlands gebaut. Außer den Triebwerken ist sie technisch näher bei der ursprünglichen Il-76T (siehe u.a. Ausgabe 2012). Der Rumpf ist aber um rund 6,60 m länger.
Hersteller: Iljuschin Design Bureau, Moskau, Werk Aviastar, Ulyanovsk, Russland.

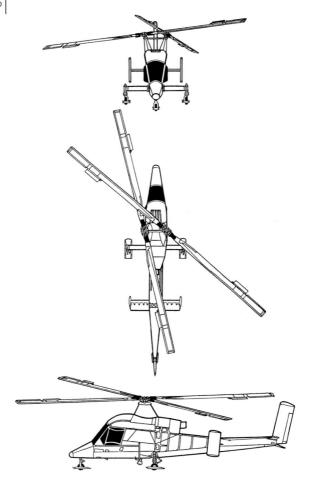

Abmessungen:
Rotordurchmesser je 14,70 m
Rumpflänge 15,80 m
Höhe inkl. Rotorkopf 4,14 m.

KAMAN K-MAX

Ursprungsland: USA.
Kategorie: Einsitziger Lasten- und Feuerlöschhubschrauber.
Triebwerke: Eine Gasturbine Textron Lycoming T5317A-1 mit einer reduzierten Leistung von 1500 WPS (1119 kW).
Leistungen: Höchstgeschwindigkeit ohne Außenlasten 185 km/h, mit Außenlasten 148 km/h; Dienstgipfelhöhe 7620 m; Schwebehöhe mit Bodeneffekt und einer Nutzlast von 2268 kg und Treibstoff für 1,5 Std. 2440 m.
Gewichte: Leer 2300 kg; max. Startgewicht 5443 kg.
Zuladung: Ein Pilot und Außenlasten ohne Bodeneffekt bis zu 2300 kg, mit Bodeneffekt 2720 kg.
Entwicklungsstand: Der erste von zwei Prototypen startete am 23. Dezember 1991 zum Erstflug. Die Auslieferungen begannen unmittelbar nach der Zulassung vom 30. August 1994. Der aktuelle Produktionsstand ist unbekannt, dürfte aber bei etwa 40 Hubschraubern liegen. Seit 2011 fliegen zwei K-Max als unbemannte Hubschrauber.
Bemerkungen: Die K-Max ist ein außergewöhnlicher, speziell für den Lastentransport ausgelegter Hubschrauber, insbesondere für den Transport von Baumstämmen in unwirtlichen Gegenden. Dazu ist sie sehr einfach und robust konstruiert und die Kabine besonders crash-resistent ausgelegt. Wie bei fast allen bisherigen Kaman-Konstruktionen, gelangt auch hier das Rotorsystem mit zwei gegenläufig ineinandergreifenden gelenklosen Zweiblattrotoren zur Anwendung. Damit kann auf einen Heckrotor verzichtet werden. Dank der ungewöhnlichen Kabinenauslegung genießt der Pilot eine ausgezeichnete Aussicht nach unten. Die K-Max kann auch als Feuerwehr- bzw. Landwirtschaftshubschrauber mit einem 2650-l-Tank ausgerüstet werden. Als Option wird für einen Flugbegleiter ein zweiter Sitz außerhalb! des Hubschraubers angeboten. In Zusammenarbeit mit Lockheed Martin entwickelte Kaman eine unbemannte Ausführung (siehe Foto), welche zur Erprobung beim USMC im Einsatz ist. Eine Serienbeschaffung wird derzeit geprüft.
Hersteller: Kaman Aerospace Corp., Bloomfield, Connecticut, USA.

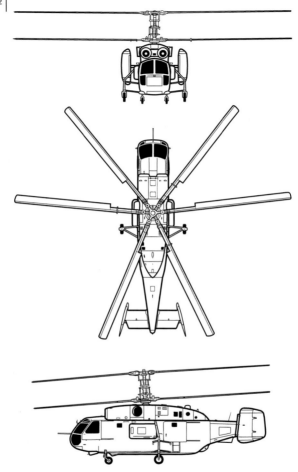

Abmessungen:
Rotordurchmesser (jeder einzelne) 15,90 m
Rumpflänge 11,30 m
Höhe über Rotor 5,40 m.

KAMOW KA-31/-32

Ursprungsland: Russland.
Kategorie: (Ka-31) Bordgestützter AEW-Hubschrauber, (Ka-32) mittelschwerer Mehrzweckhubschrauber.
Triebwerke (Ka-32A-11BC): Zwei Gasturbinen Klimow TV3-117VMA von je 2225 WPS (1658 kW) Leistung.
Leistungen (Ka-32 bei 11000 kg): Höchstgeschwindigkeit 250 km/h auf Meereshöhe; max. Reisegeschwindigkeit 230 km/h; Dienstgipfelhöhe 6000 m; Schwebehöhe mit Bodeneffekt 3500 m, ohne Bodeneffekt 1705 m; Reichweite max. 800 km; max. Flugdauer 4,5 Std.
Gewichte (Ka-32): Leergewicht 6250 kg; normal beladen 11000 kg; max. Startgewicht 12600 kg.
Zuladung (Ka-31): Zwei Piloten und zwei Systemoperateure; (Ka-32): Zwei Piloten und 16 Passagiere oder eine max. Nutzlast von 5000 kg.
Entwicklungsstand: Die Weiterentwicklung Ka-32A-11BC erhielt die Zulassung 2002. Rund 180 Hubschrauber befinden sich weltweit vorab für den Transport von Schwerlasten, aber auch als Lösch- und Rettungshubschrauber in vielen Ländern im zivilen und paramilitärischen Einsatz. Der größte Besteller ist Südkorea mit rund 50 Einheiten. Die Ka-31 fliegt seit 1988, aber erst 2007 begann die Produktion. Die AEW-Ausführung der Ka-31 ist von folgenden Marinen beschafft worden: Indien (9), Russland (1+), VR China (9). Ganz neu befindet sich die ASW-Ausführung Ka-27M in Erprobung, welche von der Russischen Marine bestellt wurde.
Bemerkungen: Beide Muster Ka-31 und Ka-32, sowie deren Vorgängerinnen Ka-27, -28, -29 fallen durch einen gedrungenen Rumpf und den Kamow-typischen koaxialen, gegenläufigen Doppelrotor auf. Die Ka-32 wird in mehreren Subvarianten primär zur Versorgung von Ölplattformen, abgelegenen Außenstationen, zum Transport von schweren externen Lasten sowie als Such- und Rettungshubschrauber eingesetzt. Sie ist besonders robust ausgelegt und kann unter sehr schwierigen Wetterbedingungen operieren. Derzeit läuft ein Programm der Russischen Marine, frühere Ka-27PL zu modernisieren. Nebst neuer ASW-Elektronik soll auch das leistungsfähigere Klimow VK-2500-Triebwerk eingebaut werden. Die AEW-Ausführung Ka-31 verfügt an der Rumpfunterseite über ein zweidimensionales 360°-Überwachungsradar E-801 Oko, welches in der Luft ausgeklappt werden kann.
Hersteller: Kamow Kompaniya, Werk Lyubertsy, Moskau, Russland.

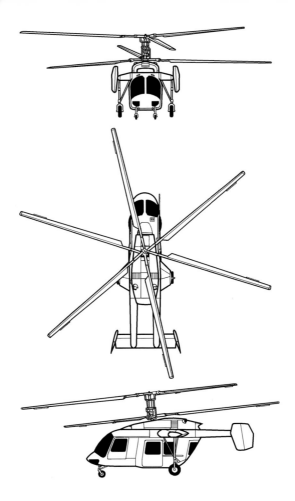

Abmessungen:
Rotordurchmesser (jeder einzelne) 13,00 m
Rumpflänge 8,10 m
Höhe inkl. Rotorkopf 4,25 m.

KAMOW KA-226

Ursprungsland: Russland.
Kategorie: Leichter Mehrzweckhubschrauber.
Triebwerke: Zwei Gasturbinen (Ka-226) Rolls Royce 250-C20B von je 420 WPS (313 kW) oder (Ka-226T) Turboméca Arrius 2G von je 670 WPS (500 kW) Leistung.
Leistungen (Ka-226): Höchstgeschwindigkeit 210 km/h (Ka-226T 250 km/h); ökonom. Reisegeschwindigkeit 185 km/h; max. Schrägsteiggeschwindigkeit 10,1 m/Sek; Dienstgipfelhöhe 3500 m (Ka-226T 5000 m); Reichweite mit max. Nutzlast 40 km, mit max. Treibstoffzuladung 600 km.
Gewichte (Ka-226/Ka-226T): Leergewicht 1952 kg; max. Startgewicht 3400/3600 kg.
Zuladung (Ka-226): Ein bis zwei Piloten und bis zu acht Passagiere; max. Nutzlast intern 1046 kg, extern 1300 kg.
Entwicklungsstand: Erstflug dieser Variante am 4. September 1997. Zwei weitere Prototypen folgten. Der russische Gasproduzent Gazprom bestellte 22 Exemplare, die ab 2004 zur Ablieferung gelangten. Sie werden hauptsächlich für Patrouillieneinsätze entlang der Gaspipelines eingesetzt. Weitere sind an verschiedene russische Behörden gegangen. Zehn Ka-226 hat die Russische Luftwaffe erhalten; Gesamtbedarf 30. Ein Prototyp der Ka-226T fliegt seit 2010 mit Erstauslieferungen ab 2012. Neueste Bestellungen: Gazprom Avia weitere 18 Ka-226TG. Eine schiffsgestützte Ausführung 226K ist in Planung.
Bemerkungen: Die Ka-226 ist eine zweimotorige stark verbesserte Ausführung der früheren Ka-26/126-Modelle. Wie bei den meisten russischen Weiterentwicklungen, wurde in wichtigen Komponenten auf westliche Produkte zurückgegriffen. In diesem Fall sind es die Triebwerke von Rolls Royce bzw. von Turboméca sowie die gesamte Avionik. Das Besondere an der Ka-226 ist, dass die gesamte Passagierkabine als separater »Behälter« an den Hubschrauber befestigt und bei anderer Verwendung des Hubschraubers durch mehrere andere angebotene Module ausgewechselt werden kann. Dadurch ist die Ka-226 ausgesprochen flexibel einsetzbar, wie als Passagiertransporter, Frachter, für Ambulanz- und Sprüheinsätze mit Behältern mit bis zu 1000 l Inhalt usw. Wie der Vorgänger ist auch die Ka-226 sehr einfach und robust ausgelegt und verfügt über den für Kamow typischen Koaxial-Rotor. Die Ka-226T besitzt leistungsstärkere Triebwerke Turboméca Arrius 2G2 von je 670 WPS (500 kW) Leistung und die neueste Variante Ka-226TG über eine verbesserte Avionik.
Hersteller: OKB Nikolai I. Kamow, ab 2012: Werk Ulan-Ude, Buryatia, Russland.

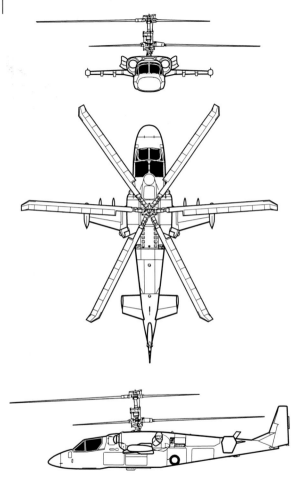

Abmessungen:
Rotordurchmesser 14,50 m
Rumpflänge bei drehenden Rotoren 15,96 m
Höhe über Rotorkopf 4,93 m.

KAMOW KA-52 ALLIGATOR

Ursprungsland: Russland.
Kategorie: Zweisitziger Kampfhubschrauber mit Sitzen nebeneinander.
Triebwerke: Zwei Gasturbinen TV3-117VMA-SB3 von je 2500 WPS (1864 kW) Leistung.
Leistungen: Höchstgeschwindigkeit in einem Bahnneigungsflug 350 km/h; max. Dauergeschwindigkeit 310 km/h; max. Schrägsteiggeschwindigkeit 8 m/Sek; Dienstgipfelhöhe 5500 m; Schwebehöhe ohne Bodeneffekt 3600 m; Einsatzradius 250 km; Reichweite 460 km; Überführungsreichweite 1160 km.
Gewichte: Leergewicht 7800 kg; max. Startgewicht 10400 kg.
Bewaffnung: Eine einläufige 30-mm-Kanone Shipunow 2A42 an der rechten Rumpfseite und beispielsweise bis zu 16 Panzerabwehrlenkwaffen oder ungelenkte 80 x 80-mm- bzw. 20 x 130-mm-Raketen an vier Pylonen unter den beiden Stummelflügeln; max. Nutzlast 2300 kg.
Entwicklungsstand: Die Ka-52 fliegt seit 25. Juli 1997. Nach dem Bau von einigen Prototypen und Vorserienhubschraubern ist die Serienproduktion 2010 angelaufen. Die Einsatzbereitschaft bei den Streitkräften Russlands wurde im Mai 2011 erklärt. Bis 2020 sollen insgesamt 140 Ka-52 beschafft werden. 2013 folgt die Marineausführung Ka-52K. Sie erhält ein überarbeitetes Kampfradar Zhuk-A, faltbare Rotoren und die Ausrüstung, um Antischiffs-Lenkwaffen mitführen zu können. Die Russische Marine wird die Ka-52K ab 2014 auf den vier neuen Hubschrauberträgern stationieren.
Bemerkungen: Die Ka-52 dient primär für Luftnahunterstützungs-Aufgaben, in zweiter Linie auch für Luftkampfeinsätze. Übernommen wurde die Grundkonzeption aller Kamow-Hubschrauber, der koaxiale, gegenläufige Doppelrotor. Cockpit, Triebwerke, Rotoren und Getriebe sind so gepanzert, dass sie einer Beschießung mit 20-mm-Geschossen standhalten können. Sehr ungewöhnlich ist die Ausrüstung der Ka-52 mit Schleudersitzen KA-37-800. Vor dem Ausstieg werden die Koaxialrotoren abgesprengt. Beide Besatzungsmitglieder können gleichzeitig herausgeschleudert werden. Die Ka-52 ist für Nacht- und Allwettereinsätze konzipiert und verfügt über eine entsprechende Avionik Argument-52. Im Cockpit sind vier Multifunktionsscreens eingebaut. Einige Funktionen kann der Pilot via Helmsteuerungssystem bedienen.
Hersteller: OKB Nikolai I. Kamow, Werk Arsenyew, Moskau, Russland.

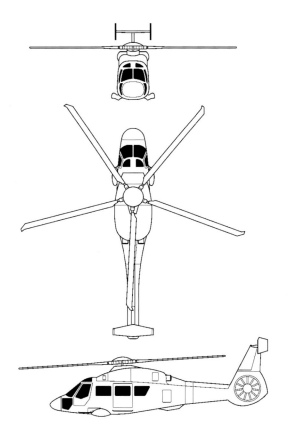

Abmessungen:
Rotordurchmesser 13,80 m
Rumpflänge bei drehendem Rotor 15,70 m, Rumpflänge allein 12,80 m
Höhe inkl. Rotorkopf 3,70 m.

KAMOW KA-60/62

Ursprungsland: Russland.
Kategorie: Ziviler Mehrzweckhubschrauber.
Triebwerke: Zwei Gasturbinen Turboméca Ardiden 3G von je 1680 WPS (1252 kW) Leistung.
Leistungen (nach Angaben des Herstellers): Höchstgeschwindigkeit bei normaler Zuladung 310 km/h; max. Reisegeschwindigkeit 290 km/h; Dienstgipfelhöhe 6060 m; Schwebehöhe mit Bodeneffekt 3150 m; Reichweite mit 12 Passagieren 600 km, mit max. interner Treibstoffzuladung 750 km, Überführungsreichweite mit Zusatztank 1145 km.
Gewichte: Max. Startgewicht 6500 kg.
Zuladung: Ein bis zwei Piloten und bis zu 16 Passagiere in vier Reihen. Max. Nutzlast intern 2000 kg, extern 2500 kg.
Entwicklungsstand: Der erste Prototyp Ka-60 begann mit der Flugerprobung am 24. Dezember 1998, ein zweiter folgte kurz danach. Ein Serienbau blieb jedoch aus. Die 2012 neu vorgestellte Weiterentwicklung Ka-62 soll im zweiten Semester 2013 erstmals fliegen. Die Luftwaffe Russlands will vorerst 16 Einheiten, die Marine ab 2014 eine Spezialausführung der Ka-62 beschaffen. Erste zivile Aufträge sind ebenfalls eingegangen.
Bemerkungen: Ausgehend von der Ka-60, welche in der Folge nicht weiter entwickelt wurde, lancierte der Hersteller 2012 eine wesentlich überarbeitete Weiterentwicklung Ka-62. Von den Dimensionen und vom Aussehen her sind keine wesentlichen Unterschiede zur Ka-60 vorhanden. Rund 50% der Struktur einschließlich des Fünfblattrotors bestehen aus Verbundwerkstoffen. Es sind neue, sehr leistungsfähige Triebwerke mit FADEC-Managementsystem vorgesehen. Das digitale Cockpit wird von Transas geliefert. Der Heckrotor entspricht etwa dem Fenestron-Modell von Eurocopter und weist elf Blätter auf. Das Fahrwerk ist einziehbar. Nebst dem Transport von Passagieren wurde die Ka-62 auch für Sanitäts- und Frachteinsätze ausgelegt. Die beiden großen Gleittüren erleichtern das Ein- und Ausladen. Mit der Ka-62 will der Hersteller einen besonders zuverlässigen und leicht zu bedienenden Hubschrauber anbieten. Von Konzept und Größe her stellt sie ein Konkurrenzmuster beispielsweise zum Eurocopter EC 175 (siehe Seiten 176/177) dar. Es sind sowohl zivile wie auch militärische Varianten geplant.
Hersteller: OKB Nikolai I. Kamow, Werk Progress Arsenyev Aviation Company, Arsenyev, Russland.

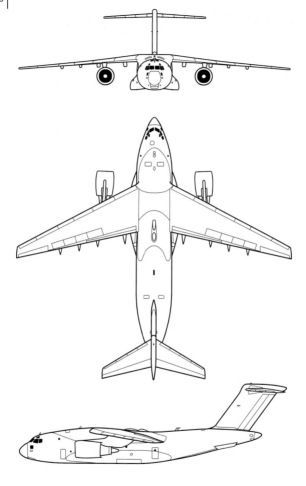

Abmessungen:
Spannweite 44,40 m
Länge 43,90 m
Höhe 14,20 m.

KAWASAKI C-2

Ursprungsland: Japan.
Kategorie: Mittelschwerer militärischer Transporter.
Triebwerke: Zwei Mantelstromtriebwerke General Electric CF6-80C2K1F von je 27150 kp (266,20 kN) Standschub.
Leistungen (nach Angaben des Herstellers): Max. Reisegeschwindigkeit 980 km/h, normale Reisegeschwindigkeit 890 km/h (Mach 0,80); Dienstgipfelhöhe 12200 m; Reichweite bei einer Nutzlast von 12000 kg 6500 km, mit max. Nutzlast 5600 km, max. Reichweite 10000 km.
Gewichte: Leergewicht 60800 kg; max. Startgewicht 141570 kg.
Zuladung: Zwei Mann Cockpitbesatzung und normal 30000 kg Fracht, max. bis zu 37000 kg.
Entwicklungsstand: Technische Probleme waren verantwortlich, dass der Prototyp C-X die Flugerprobung erst mit zweijähriger Verspätung am 26. Januar 2010 aufnahm, gefolgt vom zweiten und letzten Prototypen XC-2 am 27. Januar 2011. Bei den japanischen Streitkräften soll die C-2 die Kawasaki C-1 ersetzen. Vorläufig 40 Einheiten sind geplant, welche gemäß heutiger Planung ab 2013 abgeliefert werden.
Bemerkungen: Um Synergieeffekte zu erzielen und Kosten zu sparen, wurde die C-2 parallel mit der XP-1 (siehe Seiten 222/223) entwickelt. Wenn auch äußerlich wenige Gemeinsamkeiten zu erkennen sind, weisen beide Muster doch viele gleiche Komponenten auf. Dazu gehören die Grundkonstruktion des Flügels, viele Systeme und die Cockpits. Mit diesem Typ bekommen die japanischen Selbstverteidigungsstreitkräfte einen Transporter, welcher ausreichende Nutzlasten auch über strategische Distanzen verlegen kann. Der Frachtraum ist 16,00 m lang sowie je 4,00 m hoch und breit. Die C-2 kann auf unvorbereiteten und relativ kurzen Pisten starten und landen. Bei maximaler Nutzlast benötigt sie jedoch eine Startbahn von mindestens 2300 m Länge. Wie heute üblich, ist das Cockpit mit Multifunktionsbildschirmen ausgerüstet. Die Besatzung wird durch ein taktisches Flight Management System unterstützt. Die C-2 kann im Fluge betankt werden. Von der C-2 soll ein ziviles Frachtflugzeug YCX abgeleitet werden.
Hersteller: Kawasaki Heavy Industries, Werk Gifu, Japan.

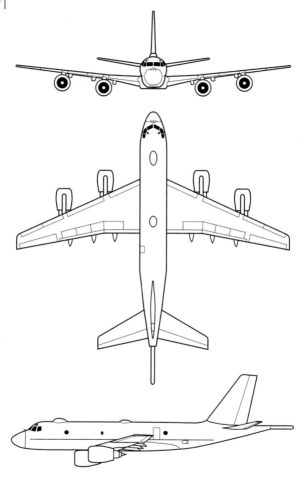

Abmessungen:
Spannweite 35,40 m
Länge 38,00 m
Höhe 12,10 m.

KAWASAKI XP-1

Ursprungsland: Japan.
Kategorie: Seeaufklärungs- und Mehrzweckkampfflugzeug.
Triebwerke: Vier Mantelstromtriebwerke Ishikawajima-Harima XF7-10 von je rund 5900 kp (58,0 kN) Standschub.
Leistungen (nach Angaben des Herstellers): Höchstgeschwindigkeit 966 km/h; Reisegeschwindigkeit 833 km/h; Dienstgipfelhöhe 13500 m; max. Reichweite 8000 km.
Gewichte: Max. Startgewicht 80000 kg.
Zuladung: Zwei Mann Cockpitbesatzung und in der Regel elf Systemoperateure.
Bewaffnung: Antischiffslenkwaffen, Tiefwasserbomben, Torpedos, Minen, Sonarbojen usw. bis zu einem Gesamtgewicht von 9000 kg im internen Waffenschacht sowie an bis zu acht Außenlaststationen.
Entwicklungsstand: Zwei Prototypen absolvieren die Erprobung, der erste fliegt seit 28. September 2007, der zweite seit 19. Juni 2008. Die Japanische Marine will neu nur noch etwa 65 Einheiten P-1 beschaffen, welche ab 2013 die Lockheed P-3 Orion ersetzen sollen. Zehn davon sind bereits bestellt.
Bemerkungen: Obwohl äußerlich sehr unterschiedlich, ist die XP-1 der C-2 (siehe Seiten 220/221) konstruktiv sehr ähnlich. Als große Innovation ist die XP-1 mit einem Flight-By-Light-System ausgerüstet. Dieses soll wesentlich schnellere Befehle ausführen und gegen elektromagnetische Felder weniger störanfällig sein. Zur Ortung von Unterseebooten wird die XP-1 mit diversen Sensoren, einem Phased Array Radar von Toshiba, magnetischen Detektoren, Infrarot-Scheinwerfersystem usw. ausgerüstet sein. Weiter sind verschiedene Systeme zum Ergreifen von elektronischen Gegenmaßnahmen vorgesehen.
Hersteller: Kawasaki Heavy Industries, Werk Gifu, Japan.

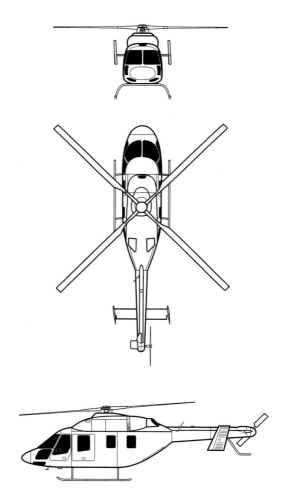

Abmessungen:
Rotordurchmesser 11,80 m
Rumpflänge einschließlich drehendem Heckrotor 11,54 m
Höhe inkl. Rotor 3,56 m.

KAZAN ANSAT

Ursprungsland: Russland.
Kategorie: Leichter ziviler und militärischer Mehrzweckhubschrauber.
Triebwerke: Zwei Gasturbinen Pratt & Whitney Canada (Serie) PW207K (Lizenzbau Klimow) von je 630 WPS (561 kW) Leistung.
Leistungen: Max. Reisegeschwindigkeit 250 km/h, normal 238 km/h; Schwebehöhe ohne Bodeneffekt 2700 m; Dienstgipfelhöhe 5700 m; Reichweite mit einer Nutzlast von 1300 kg 520 km, max. ohne Zusatztanks 635 km; max. Flugdauer 3 Std.
Gewichte: Leergewicht unter 2000 kg; max. Startgewicht 3300 kg.
Zuladung: Pilot und neun Personen; als Ambulanzhubschrauber bis zu zwei liegende Patienten und zwei Sanitäter; als Frachter normale Zuladung 1300 kg, maximal aber 1650 kg.
Entwicklungsstand: Der erste von drei Prototypen flog erstmals am 17. August 1999. Die Zulassung erfolgte Anfang 2005. Südkorea hat sechs Einheiten beschafft, die Regierung von Tatarstan eine. Die Russische Grenzwacht will offenbar bis zu 100 Ansat bestellen, während die Russische Luftwaffe diesen Typ als zukünftigen Trainingshubschrauber ausgewählt hat und rund 40 als Ansat-U bezeichnete Hubschrauber beschaffen wird. Die ersten wurden im Oktober 2010 ausgeliefert. Bisher sind über 30 Maschinen gebaut worden.
Bemerkungen: Mit der Ansat will die aus der ehemaligen Mil entstandene Kazan Helicopter einen Hubschrauber anbieten, welcher sämtliche internationalen Vorschriften erfüllt und sich somit in alle Länder verkaufen lässt. Er ist für die verschiedensten Einsatzzwecke geeignet und kann dafür eine Vielfalt von Zusatzgeräten mitführen. Dabei wurde auf kostengünstige Konstruktion und wirtschaftlichen Betrieb besonders geachtet. Je nach Kundenwunsch kann westliche oder russische Avionik bestellt werden. Der Hubschrauber ist mit einem Fly-By-Wire-System ausgerüstet, weite Teile der Struktur bestehen aus Verbundwerkstoffen. Die Ansat ist sowohl mit Kufen wie auch mit einem Radfahrwerk erhältlich. Nachdem mit dem Fly-By-Wire-System Schwierigkeiten aufgetreten sind, offeriert der Hersteller nun auch eine Ausführung Ansat-1M mit konventioneller Steuerung. Zwei Prototypen dieser Version fliegen derzeit.
Hersteller: Kazan Helicopter Plant, Kazan, Russland.

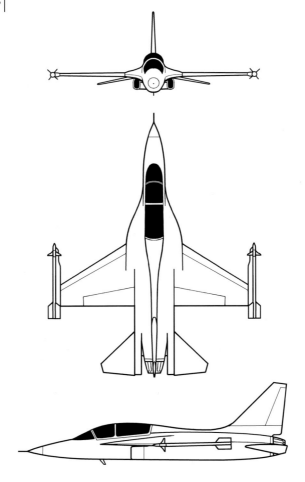

Abmessungen:
Spannweite 9,45 m
Länge 13,14 m
Höhe 4,82 m
Flügelfläche 26,60 m².

KOREAN AEROSPACE INDUSTRIES T-50/FA-50 GOLDEN EAGLE ◄

Ursprungsland: Südkorea.
Kategorie: Zweisitziger Trainer T-50 und leichtes Mehrzweckkampfflugzeug FA-50.
Triebwerke: Ein Mantelstromtriebwerk General Electric F404-GE-102 von 5400 kp (53,1 kN) Standschub ohne und 8000 kp (78,7 kN) mit Nachverbrennung.
Leistungen: Höchstgeschwindigkeit Mach 1,5; Anfangssteiggeschwindigkeit 137 m/Sek; Dienstgipfelhöhe 14630 m; Reichweite 1850 km.
Gewichte: Leergewicht 6470 kg; max. Startgewicht ohne Außenlasten 8890 kg, mit Außenlasten 12500 kg.
Bewaffnung (TA-50A): Eine dreiläufige 20-mm-Kanone M61A2 im Vorderrumpf mit Austrittsöffnung unter der linken Flügelvorderkante. An sieben Aufhängepunkten, einem unter dem Rumpf, vier unter den Flügeln und zwei an den Flügelenden Luft-Luft- bzw. Luft-Boden-Lenkwaffen sowie Bomben aller Art.
Entwicklungsstand: Der erste von vier Prototypen hatte am 20. August 2002 seinen Erstflug. Die Luftwaffe Südkoreas beschaffte 50 T-50A als Fortgeschrittenentrainer und 10 T-50B für ihre Kunstflugstaffel. Weitere 22 Jagdflugzeugtrainer TA-50A (Erstflug des Prototypen am 29. August 2003, des ersten Serienflugzeuges Anfang 2011) werden derzeit gebaut. Die neueste Variante ist das leichte Kampfflugzeug FA-50. Der Prototyp flog erstmals 2011, Beginn der Ablieferung ab 2013. Bei einem Gesamtbedarf von bis zu 150 FA-50 sind bisher 20 FA-50 von der Korean Air Force in Auftrag gegeben worden. Neu erwerben die Luftwaffen von Indonesien und Philippinen 16 bzw. 12 TA-50.
Bemerkungen: Korean Aerospace wurde bei der Entwicklung dieses Musters von Lockheed Martin unterstützt. Das amerikanische Werk zeichnete sich für die Entwicklung des Flügels, der Flugkontrollsysteme sowie für die Avionik verantwortlich. Vier Ausführungen sind derzeit vorgesehen: Der Fortgeschrittenentrainer T-50A, die für Kunstflugeinsätze optimierte T-50B, einen Waffentrainer TA-50A mit einem Bordradar EL-2032. Freigegeben wurde 2009 die Entwicklung des leichten Mehrzweckjägers FA-50, versehen mit einem leistungsfähigeren Bordradar voraussichtlich des Typs APG-67, Kampfelektronik und größerer Treibstoffkapazität. Konstruktiv unterscheiden sich die verschiedenen Ausführungen kaum voneinander, sondern nur durch ihre Ausrüstung. Alle verfügen über ein Fly-By-Wire-Steuerungssystem und eine Cockpitausrüstung mit HUD.
Hersteller: Korean Aerospace Industries (KAI), Inchon, Werk Sachon, Republik Südkorea.

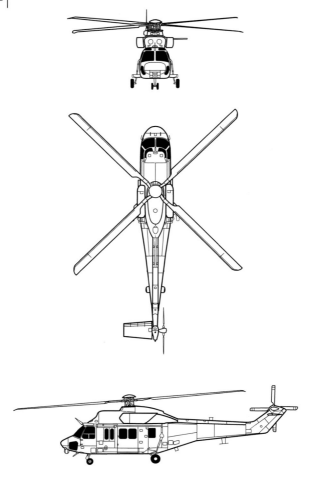

Abmessungen:
Rotordurchmesser 15,80 m
Rumpflänge inkl. Rotor 19,02 m, ohne Rotor 15,09 m
Höhe über Hauptrotor 4,50 m, über Heckrotor 5,01 m.

KOREA AEROSPACE KUH SURION ◄

Ursprungsland: Südkorea.
Kategorie: Mittelschwerer Mehrzweckhubschrauber für militärische Aufgaben.
Triebwerke: Zwei Gasturbinen General Electric TE700-GE-701 von je 1777 WPS (1383 kW) Leistung.
Leistungen: Höchstgeschwindigkeit 298 km/h; max. Reisegeschwindigkeit 274 km/h; max. Schwebehöhe 2820 m; Reichweite mit max. interner Treibstoffzuladung rund 525 km; Flugdauer 2,77 Std.
Gewichte: Leergewicht 4973 kg; max. Startgewicht 8709 kg.
Zuladung: Zwei Piloten und 16 Passagiere bzw. 10 vollausgerüstete Soldaten oder sechs Verletzte auf Bahren; Nutzlast intern 3700 kg, extern 2722 kg.
Bewaffnung: Zwei 7,62-mm-Maschinengewehre an den Seitentüren sowie an Stummelflügeln 20-mm-Kanonenbehälter oder Werfer für ungelenkte Raketen.
Entwicklungsstand: Der erste Prototyp absolvierte seinen Erstflug am 10. März 2010. Mittlerweile fliegen alle vier Erprobungsmuster. Die südkoreanischen Streitkräfte wollen rund 245 KUH's als neuen Standardhubschrauber beschaffen. Bis Ende 2013 sollen bereits 24 Surions abgeliefert sein. Ein Export ist ebenfalls vorgesehen.
Bemerkungen: Mit der KUH lanciert der koreanische Hersteller seinen ersten, weitgehend in Eigenregie entwickelten Hubschrauber. Technisch arbeitet man mit Eurocopter zusammen. Von diesem Hersteller stammt das Getriebe, der Rotormast und der Autopilot. Angesiedelt in der Klasse von EC 175 bzw. S-70/UH-60 (siehe Seiten 176/177 bzw. 284/285) oder AW 139 (siehe Seiten 16/17) weist sie alle konstruktiven Merkmale von modernen Hubschraubern auf. Die Surion ist mit einem Festfahrwerk ausgerüstet. Details der Ausrüstungselektronik sind noch nicht bekannt. Später sollen von diesem Muster weitere Versionen abgeleitet werden, allenfalls sogar eine Kampfhubschrauber-Ausführung mit Tandem-Sitzen. Zusammen mit Eurocopter wurde 2011 die Entwicklung einer Marineversion beschlossen.
Hersteller: Korea Aerospace Industries Ltd. (KAI), Inchon, Werk Sachon, Republik Südkorea.

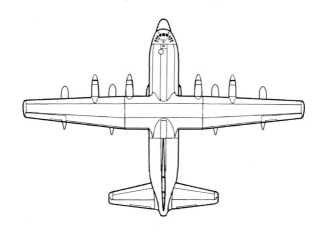

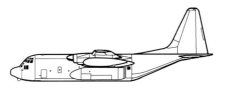

Abmessungen:
Spannweite 40,41 m
Länge (C-130J) 29,79 m, (C-130J-30) 34,36 m
Höhe 11,71 m
Flügelfläche 162,12 m².

LOCKHEED MARTIN HC-130J/MC-130J

Ursprungsland: USA.
Kategorie: Transporter für Such- und Rettungseinsätze in Kampfzonen (HC-130J) bzw. für Spezialeinsätze (MC-130J).
Triebwerke: Vier Propellerturbinen Rolls Royce AE2100 von je 6000 WPS (4500 kW) reduziert auf 4640 WPS (3460 kW) Leistung.
Leistungen (C-130J): Max. Reisegeschwindigkeit 645 km/h, norm. Reisegeschwindigkeit 556 km/h; Anfangssteiggeschwindigkeit 10,7 m/Sek; Dienstgipfelhöhe 9315 m; Reichweite mit einer Nutzlast von 21625 kg über 2600 km, mit 18144 kg 5250 km.
Gewichte (C-130J): Rüstgewicht (J) 34274 kg, (J-30) 35965 kg; max. Abfluggewicht 79380 kg.
Zuladung: Normalerweise eine Besatzung von fünf Personen und je nach Einsatzzweck verschiedene Nutzlasten bis zu einem Gewicht von 22000 kg.
Entwicklungsstand: Das erste Muster der Spezialversionen HC-130J fliegt seit 29. Juli 2010 bzw. die erste MC-130J seit 22. April 2011. Die USAF will von der HC-130J insgesamt 78, von der MC-130J 37 erwerben, bisher sind 15 bzw. 27 bestellt. Mit der Auslieferung wurde im dritten Quartal 2011 begonnen. Von der Basisausführung C-130J sind für 16 Luftwaffen bisher über 260 Einheiten gebaut worden, von allen Hercules-Varianten zusammen über 2400. Neueste Bestellungen: Israel 3, Mexico 2. Derzeit werden jährlich 24 Einheiten hergestellt.
Bemerkungen: Ausgehend von der C-130J (siehe Ausgabe 2011) hat Lockheed im Auftrag der USAF zwei Untervarianten entwickelt: Die HC-130J Combat King II für Such- und Rettungseinsätze in Kampfzonen, sowie die MC-130J Commando II für Spezialmissionen. Sie basieren auf der Tankerversion KC-130J des USMC, wurden jedoch für ihre anspruchsvollen Einsätze in einigen Teilen modifiziert und mit einer Spezialausrüstung versehen. So sind bei der MC-130J die Flügel verstärkt. Sie verfügt zudem im Frachtraum über ein verbessertes Handlingsystem z.B. zum Abwurf von Ausrüstung. Hier kann auch ein Zusatztank für Langstreckeneinsätze eingebaut werden. Die elektronische Ausrüstung ist dem Einsatzspektrum entsprechend umfangreicher. Beide Varianten besitzen eine Flugbetankungsausrüstung für Flugzeuge und Hubschrauber. Derzeit prüft Lockheed eine preisgünstigere Variante C-130XJ, welche auf verschiedene Systeme der C-130J verzichten würde.
Hersteller: Lockheed Martin Marietta Corp., Marietta, Georgia, USA.

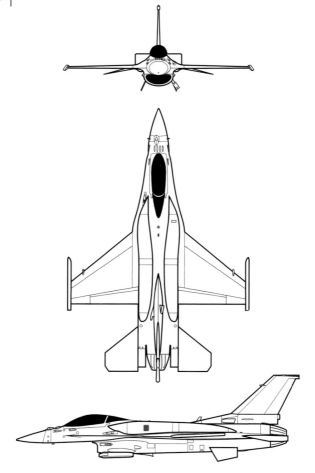

Abmessungen:
Spannweite 9,45 m
Länge 15,03 m
Höhe 5,09 m
Flügelfläche 27,87 m².

LOCKHEED MARTIN F-16C/D FIGHTING FALCON ◄

Ursprungsland: USA.
Kategorie: Einsitziger Mehrzweckjäger (F-16C) und zweisitziger operationeller Trainer (F-16D).
Triebwerke: Ein Mantelstromtriebwerk Pratt & Whitney F100-PW-229 von 8075 kp (79,20 kN) Standschub ohne und 13420 kp (131,60 kN) mit Nachbrenner bzw. General Electric F110-GE-129 von 8043 kp (78,90 kN) Standschub ohne und 13420 kp (131,60 kN) mit Nachbrenner.
Leistungen: Kurzzeitig erreichbare Höchstgeschwindigkeit 2145 km/h auf 12190 m (Mach 2,02), andauernde Höchstgeschwindigkeit 2007 km/h (Mach 1,89); Dienstgipfelhöhe 15240 m; (Block 50/52) taktischer Einsatzradius mit sechs 227-kg-Bomben 580 km; Überführungsreichweite mit Zusatztanks 3943 km.
Gewichte: Leergewicht 9207 kg; max. Startgewicht 19187 kg.
Bewaffnung: Eine sechsläufige 20-mm-Revolverkanone M61A-1 und, als Abfangjäger, bis zu sechs Luft-Luft-Lenkwaffen AIM-9L/M oder AIM-120, als Erdkämpfer bis zu 5638 kg Außenlasten.
Entwicklungsstand: Die F-16C/D Block 50/52 befindet sich seit 1991 im Einsatz. Die als F-16E/F (siehe Ausgabe 2008 und Dreiseitenriss) bezeichneten Modelle des Blocks 60 sind an den einzigen Besteller UAE alle abgeliefert worden. Die 4500. F-16 wurde im April 2012 hergestellt. 26 Luftwaffen haben bisher diesen Typ in verschiedenen Varianten beschafft.
Bemerkungen: Gegenwärtig werden die Blöcke 50/52 abgeliefert. Neu beschaffte F-16 C/D können mit einer Mehrzahl optionaler Zusatzsysteme ausgerüstet werden. Beispiele sind: Vektorsteuerung des Triebwerks, Cockpit mit Helmdisplay, Mitführen von allwettertauglichen Standoff-Waffen wie die AGM-84E Standoff-Land-Attack-Lenkwaffe oder der AGM-142 Popeye II-Bombe. Neu wird auch ein Mikrowellen-Landesystem angeboten, welches den Endanflug wesentlich erleichtert. Eine F-16 hat kürzlich damit sogar eine automatische Landung ohne Einwirken des Piloten absolviert. Ältere Modelle können mit einem Active Combat Radar von Raytheon nachgerüstet werden. Lockheed lancierte 2012 eine neue Version F-16V mit AESA-Radar, neuem Missionscomputer sowie Verbesserungen im Cockpit. Bestellungen für diese Variante stehen noch aus.
Hersteller: Lockheed Martin Marietta Corp., Fort Worth Division, Fort Worth, Texas, USA.

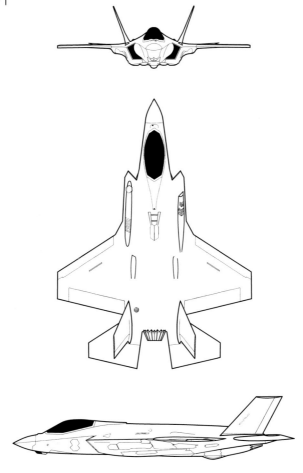

Abmessungen:
Spannweite 10,70 m
Länge 15,70 m
Höhe 4,38 m
Flügelfläche 42,70 m².

LOCKHEED MARTIN F-35A Lightning II

Ursprungsland: USA.
Kategorie: Landgestütztes Mehrzweckkampfflugzeug.
Triebwerke: Ein Mantelstromtriebwerk Pratt & Whitney F135 von 11340 kp (111,10 kN) ohne und 18140 kp (177,89 kN) mit Nachbrenner.
Leistungen (nach Angaben des Herstellers): Höchstgeschwindigkeit mit interner Waffenladung 1700 km/h (etwa Mach 1,6); Dienstgipfelhöhe 15240 m+; Aktionsradius 1093 km, max. Reichweite 2222 km.
Gewichte: Leergewicht 13290 kg; normales Startgewicht 22280 kg, max. ca. 31750 kg.
Bewaffnung: Eine fünfläufige 25-mm-Kanone GAU-12 und 8160 kg Waffen in zwei internen Waffenschächten und unter den Flügeln.
Entwicklungsstand: Das erste weitgehend der Serienausführung entsprechende Muster F-35AA-1 nahm die Flugerprobung am 15. Dezember 2006 auf. Am 14. November 2009 folgte das erste eigentliche Serienflugzeug AF-1. Mittlerweile fliegen rund 20 F-35A, die ersten wurden dem 33rd FW der USAF in Eglin/Florida am 14. Juli 2011 übergeben. Die USAF will heutigen Plänen zufolge 1763 F-35A Lightning II beschaffen. Angesichts der massiven Kostenüberschreitungen, weiterhin technischen Mängeln und Verspätungen bei allen Versionen sind jedoch Kürzungen zu erwarten. Bisher sind nur 60 F-35A in Auftrag gegeben worden. Folgende Länder haben die F-35A ebenfalls bestellt (Anzahl bestellt bzw. Gesamtbedarf): Australien (14/75), Israel (25 + 50 Optionen), Italien (2/75?), Japan (4/42), Kanada (-/65), Niederlande (3/75?), Norwegen (2/52), Türkei (2/116). 2012 wurden insgesamt 30 F-35 aller Versionen gebaut. 2013 sollen es 35 Maschinen sein.
Bemerkungen: Die F-35A ist für Landeinsätze ab normalen Flugpisten vorgesehen und hat als erste Variante die Einsatzreife erlangt. Allen drei Ausführungen F-35A, F-35B (siehe Seiten 236/237) und F-35C (siehe Seiten 238/239) gemeinsam sind der Rumpf, die Seitenleitwerke und das Höhenleitwerk. Dies trifft auch für die Systeme weitgehend zu. Das Cockpit neuester Technologie weist hoch auflösende Bildschirme auf. Viele Funktionen lassen sich durch Sprachbefehle oder via Pilotenhelm-Display steuern. Ab den Modellen des sog. Blocks 3 wird anstelle des synthetischen Normalband-Bordradars ein Breitband-Bordradar eingebaut.
Hersteller: Lockheed Martin Marietta Corp., Marietta, Georgia, Werk Fort Worth, Texas, USA.

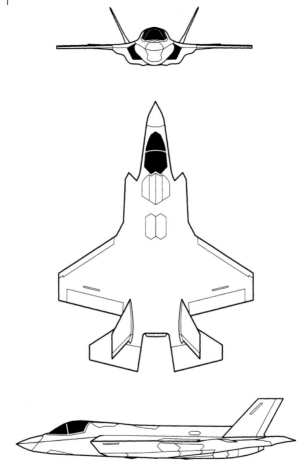

Abmessungen:
Spannweite 10,70 m
Länge 15,60 m
Höhe 4,48 m
Flügelfläche 42,70 m².

LOCKHEED MARTIN F-35B Lightning II ◄

Ursprungsland: USA.
Kategorie: Bordgestütztes STOVL-Mehrzweckkampfflugzeug.
Triebwerke: Ein Mantelstromtriebwerk Pratt & Whitney F135 von 11793 kp (115,64 kN) ohne und 18370 kp (180,14 kN) mit Nachbrenner.
Leistungen (nach Angaben des Herstellers): Höchstgeschwindigkeit mit maximal interner Waffenladung 1700 km/h (Mach 1,6); Dienstgipfelhöhe 15240 m+; Aktionsradius etwa 830 km; max. Reichweite 1667 km.
Gewichte: Leergewicht 14650 kg; normales Startgewicht 22280 kg, maximal ca. 27200 kg.
Bewaffnung: Eine fünfläufige 25-mm-Kanone GAU-12 extern und 6800 kg Waffen.
Entwicklungsstand: Die X-35B entstand aus dem Umbau der X-35C und flog in dieser Konfiguration erstmals am 24. Juni 2001. Der erste eigentliche Prototyp F-35B nahm die Flugerprobung am 11. Juni 2008 auf, gefolgt vom zweiten am 25. Februar 2009. Bis Ende 2012 waren fünf Prototypen und fünf Serienmaschinen gebaut. Bei einem Bedarf von 340 Maschinen, hat das USMC bisher deren 15 bestellt. Die erste Ausbildungsstaffel soll Anfang 2013 in Yuma, Arizona, einsatzbereit sein. Großbritannien beschafft nun doch statt der F-35C 48 F-35B, Italien deren 15.
Bemerkungen: Bei der STOVL-Version F-35B ist das Triebwerk mit einem durch eine Gelenkwelle verbundenen Lift-Fan ausgerüstet, mit Einlassöffnung und Austrittsdüse unten am vorderen Teil des Rumpfs. Zudem lässt sich der Heckteil des Triebwerks um bis zu 90° nach unten schwenken. Damit werden vollständige VTOL-Eigenschaften erreicht. Im Übrigen ist die F-35B mit den F-35A/C zu rund 90% baugleich. Die Entwicklung des Alternativtriebwerks General Electric/Rolls-Royce F136 für alle F-35-Versionen wurde 2011 aus Budgetgründen endgültig abgebrochen.
Hersteller: Lockheed Martin Marietta Corp., Marietta, Georgia, Werk Fort Worth, Texas, USA.

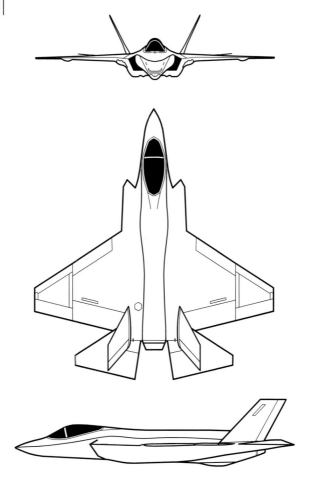

Abmessungen:
Spannweite 13,10 m
Länge 15,70 m
Höhe 4,72 m
Flügelfläche 58,34 m².

LOCKHEED MARTIN F-35C Lightning II ◄

Ursprungsland: USA.
Kategorie: Bordgestütztes CTOL-Mehrzweckkampfflugzeug.
Triebwerke: Ein Mantelstromtriebwerk Pratt & Whitney F135 von 11339 kp (111,20 kN) ohne und 18143 kp (177,92 kN) mit Nachbrenner.
Leistungen (nach Angaben des Herstellers): Höchstgeschwindigkeit mit maximaler interner Waffenlast 1700 km/h (etwa Mach 1,6); Dienstgipfelhöhe 15240 m+; Aktionsradius etwa 1100 km; max. Reichweite 2200 km.
Gewichte: Leergewicht 15784 kg; normales Startgewicht 22280 kg, maximal 31750 kg.
Bewaffnung: Eine fünfläufige 25-mm-Kanone GAU-12 extern und 8160 kg Waffen, ein Teil davon im internen Schacht an der Rumpfunterseite.
Entwicklungsstand: Die erste F-35C hat die Flugerprobung am 6. Juni 2010 aufgenommen. Mittlerweile fliegen alle drei Prototypen und die ersten Serienflugzeuge. Auch dieses Programm leidet unter massiven Verspätungen und Kostenüberschreitungen. Noch ist nicht klar, wie viele F-35C die USN schließlich beschafft. Es werden Zahlen zwischen 220 und 340 genannt. Bestellt sind bisher nur deren 18. Eine erste Schulungsstaffel soll 2013 in Einsatz gelangen. Großbritannien wollte ebenfalls diese Variante beschaffen, hat aber Mitte 2012 zugunsten der F-35B darauf verzichtet.
Bemerkungen: Als letzte der drei Versionen folgte die F-35C für die USN. Die konventionell startende und landende F-35C verzichtet auf Schwenkmechanismus und Lift-Fan der F-35B, erhält aber für den Einsatz ab Flugzeugträgern einen optimierten Flügel, der sich zum besseren Verstau an den Enden einklappen lässt. Die Spannweite ist um ganze 2,44 m größer und die Fläche nimmt um rund 50 % zu. Auch der Klappenmechanismus wurde verändert. Damit erzielt die F-35C deutlich bessere Start- und Landeeigenschaften. Dank eines auf 8960 kg erhöhten Treibstoffvorrats erreicht die F-35C größere Reichweiten. Zu 90% weist sie aber mit der F-35A und der F-35B Teilegleichheit auf. Insbesondere die Avionik ist bei allen genau gleich. Gegenwärtig prüft die USN, ob aus der F-35C später noch eine Ausführung als Elektronikkampfflugzeug abgeleitet werden kann.
Hersteller: Lockheed Martin Marietta Corp., Marietta, Georgia, Werk Fort Worth, Texas, USA.

Abmessungen:
Spannweite (MiG-29SMT/MiG-29M) 11,41 m, (MiG-29K) 11,99 m
Länge 17,16 m
Höhe 4,36 m
Flügelfläche (MiG-29SMT/MiG-29M) 38,00 m², (MiG-29K) 42,00 m².

MIKOJAN MIG-29SMT/MIG-29K/MIG-29M

Ursprungsland: Russland.
Kategorie: Ein- oder zweisitziges Mehrzweckkampfflugzeug.
Triebwerke: Zwei Mantelstromtriebwerke (MiG-29SMT) Klimow/Sarkisow RD-33 Serie 3/RD-33MK von je 5035 kp (49,40 kN) Standschub ohne und 9300 kp (91,00 kN) mit Nachbrenner.
Leistungen (MiG-29SMT): Höchstgeschwindigkeit mit vier Luft-Luft-Lenkwaffen 2445 km/h auf 11000 m (Mach 2,3) oder 1500 km/h auf Meereshöhe (Mach 1,3); max. Anfangssteiggeschwindigkeit 330 m/Sek; Dienstgipfelhöhe 17700 m; Einsatzradius (Abfangmission mit 1500-l-Zusatztanks und vier Luft-Luft-Lenkwaffen) 1015 km; max. Reichweite mit drei Zusatztanks 3500 km.
Gewichte (-29SMT): Norm. Startgewicht 17500 kg; max. Startgewicht 23500 kg.
Bewaffnung: Eine 30-mm-Revolverkanone GSh-301 und eine maximale Waffenlast von 4500 kg an zehn Außenstationen.
Entwicklungsstand: Die Umbauversion MiG-29SMT fliegt seit 20. April 1998. Bis zu 200 ältere Versionen der Russischen Luftwaffe werden entsprechend modifiziert. Rund 1600 MiG-29 aller Versionen sind für etwa 30 Luftwaffen hergestellt worden. Die Indische Marine hat ihren Auftrag für die MiG-29K/KUB von 16 auf 45 erhöht. Neu hat auch die Marine Russlands 20 Einsitzer MiG-29K und vier Doppelsitzer MiG-29KUB bestellt. Die Jahresproduktion beläuft sich gegenwärtig auf rund 24 Einheiten.
Bemerkungen: Merkmale der MiG-29SMT sind u.a.: Neues Kampfradar N-019, Head-Up-Display, MIL-STD-1553 Databus sowie Cockpit mit multifunktionalen Flachbildschirmen. Ein Satteltank hinter dem Cockpit ermöglicht zudem bessere Reichweitenleistungen. Die einsitzige Trägerversion MiG-29K (siehe Dreiseitenriss) bzw. der Doppelsitzer MiG-29KUB A (siehe Foto) basieren auf der MiG-29SMT, sind aber u.a. mit vergrößerten Faltflügeln und verstärktem Fahrwerk ausgerüstet. Die Steuerung erfolgt via digitalem Dreifach-Fly-By-Wire-System. Die neuesten Varianten sind die MiG-29M und ihre zweisitzige Version, die MiG-29M2, bei welchen insbesondere die Feuerleit-, Ortungs- und Bediensysteme verbessert wurden. Neben den stärkeren RD-33K-Triebwerken verfügt sie über ein vierfach redundantes digitales Flugmanagementsystem. Außerdem ist ein Doppler-Bordradar Fasotron No10 sowie ein Infrarot-/TV-/Laser-System OLS-M eingebaut.
Hersteller: Russian Aircraft Corporation MiG und MAPO, Moskau, Russland.

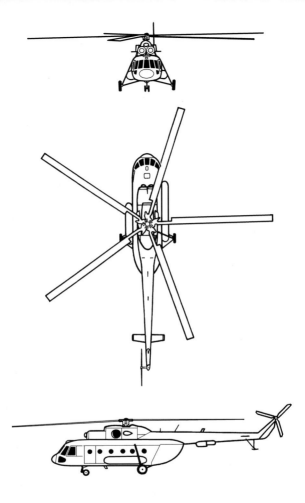

Abmessungen:
Rotordurchmesser 21,29 m
Rumpflänge ohne rotierenden Heckrotor 18,50 m
Höhe inkl. Rotorkopf 4,75 m.

MIL/KAZAN MI-17V5/171/172

Ursprungsland: Russland.
Kategorie: Mittelschwerer militärischer und ziviler Mehrzweckhubschrauber.
Triebwerke: Zwei Gasturbinen Klimow TV3-117VM von je 2200 WPS (1620 kW) Leistung.
Leistungen: Höchstgeschwindigkeit in 1000 m 250 km/h; bei max. Startgewicht 230 km/h; Reisegeschwindigkeit 220 km/h; Dienstgipfelhöhe 6000 m; Schwebehöhe mit Bodeneffekt 4000 m, ohne Bodeneffekt 1760 m; Reichweite mit normaler Zuladung 500 km, mit vier externen Zusatztanks bis zu 1600 km.
Gewichte: Rüstgewicht 7100 kg; normales Startgewicht 11000 kg, maximal 13000 kg.
Zuladung: Zwei Piloten im Cockpit und bis zu 36 Soldaten bzw. 40 Passagiere; max. Nutzlast intern 4000 kg, extern 5000 kg.
Entwicklungsstand: Ein Prototyp der Version MD fliegt seit 1995. Die Mi-17 in ihren verschiedenen Ausführungen erfreut sich weiterhin großer Nachfrage, sowohl von militärischen Stellen als auch von zivilen Nutzern. Deshalb wurde die Jahresproduktion auf rund 90 Einheiten erhöht. Neueste Aufträge u.a.: Ägypten weitere 20 Mi-17V5, Indien weitere 71 Mi-17V5, VR China weitere 52 Mi-171E. Von den fast unzähligen Varianten der Mi-8/-17-Familie sind mittlerweile über 13000 Exemplare gebaut worden.
Bemerkungen: Dieses Erfolgsmodell wird über die derzeit produzierten Varianten Mi-8AMTSh, Mi-17V5 bzw. Mi-171/172 hinaus weiter entwickelt. Unter den Bezeichnungen Mi-171M (Militärversion) und Mi-171A2 (Zivilversion) baut Mil eine Version, welche mit der Mi-38 (siehe Seiten 250/251) Triebwerke, Getriebe und Rotor gemeinsam hat und weitere Verbesserungen aufweist. Darüber hinaus steht eine weitere Version der Mi-8M in Entwicklung. Nebst dank leistungsstärkeren Triebwerken besseren Leistungsdaten, verfügt sie über ein Zweimanncockpit, Rotorblätter aus Verbundwerkstoff, leiseren Heckrotor in X-Form usw. Die jeweils von den beiden Herstellerwerken Kazan und Ulan-Ude gebauten Hubschrauber unterscheiden sich in vielen kleinen Details. Die indischen Mi-17V5 erhalten ein digitales Cockpit, ein neues Radar und ein neues Navigationssystem und sind allwettertauglich.
Hersteller: Mil/Kazan Helicopters, Moskau/Kazan, Werke Ulan-Ude/Buryatia und Kazan/Tatarstan, Russland.

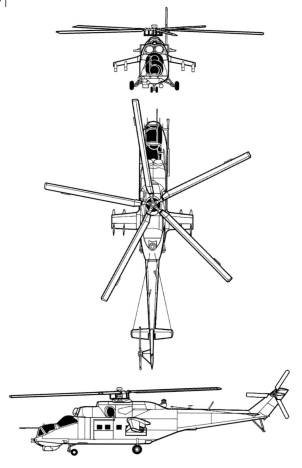

Abmessungen (Mi-35M):
Rotordurchmesser 17,20 m
Rumpflänge 18,57 m
Höhe inkl. Rotor 5,00 m.

MIL MI-24/35M

Ursprungsland: Russland.
Kategorie: Schwerer Kampf- und Mehrzweckhubschrauber.
Triebwerke (Mi-35M): Zwei Gasturbinen Klimow TM3-117VMA von je 2225 WPS (1659 kW) Leistung.
Leistungen (Mi-35M): Höchstgeschwindigkeit über Grund 310 km/h; Marschgeschwindigkeit 260 km/h; max. Steigrate 12,4 m/Sek; Dienstgipfelhöhe 5750 m; Schwebehöhe ohne Bodeneffekt 3100 m; Reichweite 500 km, Überführungsreichweite mit Zusatztanks 1000 km.
Gewichte (Mi-35M): Leergewicht 8050 kg; max. Startgewicht 11500 kg.
Zuladung: Pilot und Waffenoperator im Cockpit und bis zu acht Personen in der Kabine.
Bewaffnung (Mi-35M): Wahlweise eine doppelläufige 23- oder einläufige 30-mm-Kanone GSh-23V unten am Vorderrumpf und Waffen bis zu 1000 kg an acht Aufhängepunkten unter den Stummelflügeln.
Entwicklungsstand: Die verbesserte Ausführung Mi-24 Mk. V Superhind nahm die Flugerprobung 2006 auf. Nebst laufenden Umbauprogrammen werden weiterhin jährlich rund zehn neue Mi-35M hergestellt, beispielsweise für Azerbaijan 24, Brasilien 12, Peru zusätzliche 2, Russische Armee weitere 27, Venezuela 10.
Bemerkungen: Die in großer Zahl verfügbaren Mi-24/Mi-35 sind technisch überholt. Deshalb wurden mehrere Verbesserungsprogramme für verschiedene Betreiber durchgeführt. Eine der aktuellsten ist die als Mi-24 Super Hind bezeichnete Lösung von Advanced Technologies and Engineering (ATE) aus Südafrika. Dabei wird das Rumpfvorderstück weitgehend neu gebaut und um ca. 1200 kg Strukturgewicht erleichtert. So besteht die Panzerung nun aus Kevlar. Neu gestaltet wird das Cockpit mit Digitalanzeigen und NVG's. Die Kampfelektronik wird zur Verbesserung der Nachtkampftauglichkeit ersetzt/ergänzt u.a. durch TV-Beobachtungs- und Zieleinrichtung sowie FLIR. Noch weitergehend sind die Modifikationen an der Mi-35M durch Mil selber. Nebst neuer Elektronik übernimmt sie auch den leichteren und wirkungsvolleren Haupt- und Heckrotor aus Verbundwerkstoffen der Mi-28. Das Fahrwerk ist neu und nicht mehr einziehbar, die Stummelflügel sind leicht gekürzt.
Hersteller: OKB Michail L. Mil./Rostvertol, Werk Rostow, Moskau, Russland.

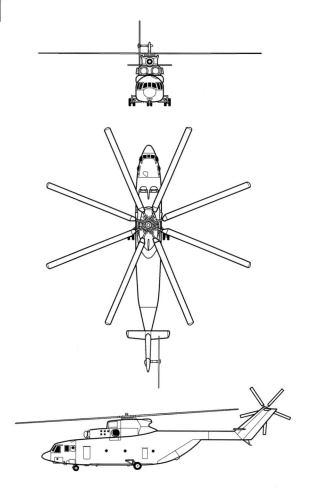

Abmessungen:
Rotordurchmesser 32,00 m
Rumpflänge ohne rotierenden Heckrotor 33,73 m
Höhe inkl. Rotorkopf 8,15 m.

MIL/ROSTVERTOL MI-26T/T2

Ursprungsland: Russland.
Kategorie: Schwerer militärischer und ziviler Transporthubschrauber.
Triebwerke (Mi-26T): Zwei Gasturbinen ZMKB Progress (Lotarew) D-136 von je 11240 WPS (8383 kW) Leistung.
Leistungen (Mi-26T): Höchstgeschwindigkeit 295 km/h; norm. Reisegeschwindigkeit 255 km/h; Dienstgipfelhöhe 4600 m; Schwebehöhe mit Bodeneffekt 4500 m, ohne Bodeneffekt 1800 m; Reichweite 800 km, mit vier Zusatztanks 1920 km.
Gewichte (Mi-26T): Leergewicht 28200 kg; max. Startgewicht 56000 kg.
Zuladung: Fünf Mann Besatzung und als Militärtransporter bis zu 100 Soldaten oder 20000 kg Fracht bzw. bei Ambulanzeinsätzen bis zu 32 liegende Patienten.
Entwicklungsstand: Der immer noch schwerste und stärkste Serienhubschrauber der Welt fliegt seit dem 14. September 1977. Nach diversen Unterbrüchen werden immer wieder einige Exemplare gebaut. Derzeit führt man Aufträge der Luftwaffe Russlands für 22 neue Mi-26T aus. Weitere sind kürzlich für die VR China abgeliefert worden. Unbestätigten Quellen zufolge hat Mil bis heute insgesamt rund 550 Mi-26 der verschiedenen Ausführungen gebaut. Hauptnutzer sind die Luftwaffen Russlands und Indiens. Etwa zehn weitere Luftwaffen sowie eine Vielzahl von zivilen Betreibern setzen diesen Schwerlasthubschrauber ein.
Bemerkungen: Verschiedene Ausführungen sind gebaut worden: Der Frachter Mi-26T, die Passagierausführung Mi-26P sowie die Ambulanzvariante Mi-26MS. Die Mi-26TM stellt eine Weiterentwicklung dar, mit stärkeren Triebwerken und Rotorblättern aus Kunststoff. Dadurch steigt die max. Nutzlast auf 22000 kg. Allen gemeinsam ist der achtblättrige Rotor. Seit 2011 steht die Weiterentwicklung Mi-26T2 (siehe Foto) in Erprobung. Sie verfügt über leistungsstärkere Triebwerke D-136-2 von je 12000 WPS (8952 kW) Leistung sowie dank einer neuen russischen BREO-26-Avionik neuester Technologie Allwetterfähigkeit. Das neue Cockpit mit fünf Multifunktions-Anzeigen ermöglicht die Flugbesatzung von fünf auf zwei Personen zu reduzieren.
Hersteller: Mil/Rostvertol, Werk Rostov-on-Don, Moskau, Russland.

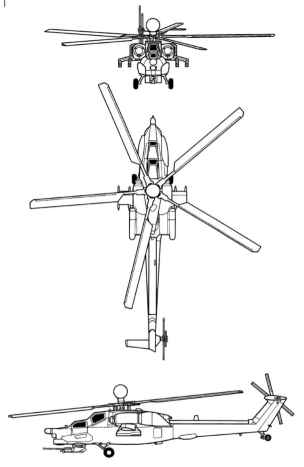

Abmessungen:
Rotordurchmesser 17,30 m
Rumpflänge 16,85 m
Höhe inkl. Rotorkopf 4,86 m.

MIL/ROSTVERTOL MI-28N

Ursprungsland: Russland.
Kategorie: Zweisitziger Kampfhubschrauber.
Triebwerke: Zwei Gasturbinen Klimow VK-2500 von je 2400 WPS (1790 kW) Leistung.
Leistungen: Höchstgeschwindigkeit 305 km/h; max. Reisegeschwindigkeit 270 km/h; max. Schrägsteiggeschwindigkeit 13,6 m/Sek; Dienstgipfelhöhe 5800 m; Schwebehöhe ohne Bodeneffekt 3600 m; Reichweite mit max. Treibstoffzuladung 990 km.
Gewichte: Leergewicht 8590 kg; norm. Startgewicht 11000 kg; max. Startgewicht 12100 kg.
Bewaffnung: Eine 30-mm-2A42-Kanone in einem Turm unter der Rumpfnase und je zwei Waffenstationen mit einer Tragkraft von 480 kg an beiden Stummelflügeln. Typische Bewaffnung: Panzerabwehrlenkwaffen 9M114 Shturm und Luft-Luft-Lenkwaffen 9M39 Igla; max. Nutzlast 2000 kg.
Entwicklungsstand: Der Prototyp der Weiterentwicklung Mi-28N nahm am 14. November 1996 die Flugerprobung auf. Eine erste Serienmaschine flog erstmals im Dezember 2005. Neuesten Informationen zufolge erhält die Russische Luftwaffe neuerdings bis 100 Einheiten. Die ersten Maschinen wurden Mitte 2008 übergeben. Derzeit sind rund 50 Maschinen im Einsatz, die erste Kampfstaffel nahm Mitte 2009 den Betrieb auf. Venezuela bestellte 10 Einheiten, Irak neu 30 und Kenya neu 16. Algerien ist ebenfalls an der Beschaffung der Mi-28N interessiert. Inskünftig sollen jährlich etwa 20 Einheiten gebaut werden.
Bemerkungen: Die Mi-28N ist der zurzeit kampfstärkste Hubschrauber dieser Klasse. Sie verfügt über Panzerung aus Titan und Verbundwerkstoffen, um die Piloten, die Rumpftanks sowie weitere lebenswichtige Systeme zu schützen. Ähnlich wie die AH-64D (siehe Seiten 94/95) ist die Mi-28N mit einem im Mastvisier eingebauten 360°-Millimeter-Wellenradar ausgerüstet. Dank der hoch entwickelten elektronischen Kampfausrüstung ist sie allwetter- und nachtkampftauglich. Die Serienausführung besitzt neue Kunststoff-Rotorblätter mit nach hinten gepfeilten Spitzen.
Hersteller: Mil/Rostvertol, Werk Rostow, Moskau, Russland.

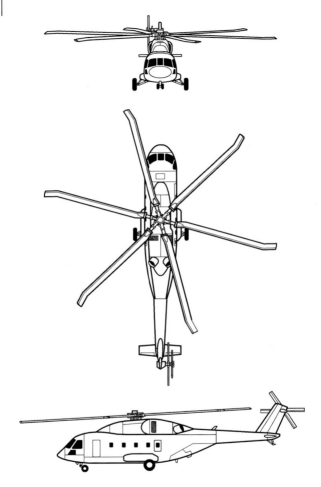

Abmessungen:
Rotordurchmesser 21,10 m
Rumpflänge 19,70 m
Höhe inkl. Rotor 5,13 m.

Mil/KAZAN Mi-38 ◄

Ursprungsland: Russland.
Kategorie: Mittelschwerer militärischer und ziviler Mehrzweckhubschrauber.
Triebwerke: Zwei Gasturbinen Pratt & Whitney Canada PW127T/S von je 3300 WPS (2461 kW) oder Klimow TV7-117V von je auf 2465 WPS (1838 kW) reduzierter Leistung.
Leistungen (nach Angaben des Herstellers): Höchstgeschwindigkeit 320 km/h; Reisegeschwindigkeit 295 km/h; Dienstgipfelhöhe 6000 m; Schwebehöhe ohne Bodeneffekt 3100 m; Reichweite mit einer Nutzlast von 4000 kg 800 km, mit Zusatztanks maximal 1550 km.
Gewichte: Leergewicht 8620 kg; max. Startgewicht 16200 kg.
Zuladung: Zwei Piloten und 30 bis zu 44 Passagiere. Max. Nutzlast intern 5000 bis 6000 kg, extern 8000 kg.
Entwicklungsstand: Der erste Prototyp Mi-38 nahm die Flugerprobung am 22. Dezember 2003 auf, gefolgt vom zweiten am 2. Dezember 2010. Zwei weitere Erprobungsmuster sollen 2013 erstmals fliegen. Die Indienststellung verzögert sich laufend und soll erst 2015 erfolgen. Von russischen Firmen seien Letters of Intent für über 100 Maschinen eingegangen. Auch die Luftwaffe Russlands will die militärische Variante beschaffen.
Bemerkungen: Die Mi-38 soll die große Zahl von Mi-8-Helikoptern ersetzen. Zwei Versionen sind geplant: Die militärische Mi-383 sowie die zivile Mi-382 in Passagierkonfiguration. In Konzeption und Auslegung gleicht die Mi-38 sehr der AW101 (siehe Seiten 10/11). Sie hat den gleichen sechsblättrigen Hauptrotor aus Verbundwerkstoffen und elastomeren Gelenken der Mi-28N (siehe Seiten 248/249). Der Heckrotor besteht aus zwei unabhängigen zweiblättrigen Rotoren in einer X-Anordnung. Das Fahrwerk ist einziehbar. Der Rumpf ist ebenfalls aus Verbundwerkstoffen. Die Kabine weist folgende Innenmaße auf: Länge 8,90 m, Breite 2,36 m, Höhe 1,84 m. Zur Erleichterung des Ladevorganges ist eine große Heckladeklappe vorhanden. Die gesamte Flugsteuerung erfolgt durch ein Fly-By-Wire-System. Im Cockpit ist eine Avionik Tranzas IBKV-38 eingebaut. Die Serienmuster sind wahlweise mit dem PWC-Triebwerk als auch mit dem russischen TV7-117V erhältlich, welches eine Leistung von 2465 WPS (1835 kW) erbringt.
Hersteller: Mil/Kazan (Euromil) Helicopters, Moskau, Werk Kazan, Tartastan, Russland.

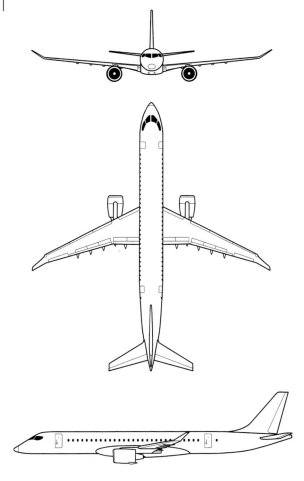

Abmessungen:
Spannweite 29,20 m
Länge (MRJ70) 33,40 m, (MRJ90) 35,80 m
Höhe 10,50 m.

MITSUBISHI REGIONAL JET MRJ

Ursprungsland: Japan.
Kategorie: Regionalverkehrsflugzeug.
Triebwerke: Zwei Mantelstromtriebwerke Pratt & Whitney (MRJ70) PW1215G von je 7060 kp (69,30 kN) bzw. (MRJ90) PW1217G von je 7975 kp (78,20 kN) Standschub.
Leistungen (nach Angaben des Herstellers): Max. Reisegeschwindigkeit Mach 0,78 km/h; Dienstgipfelhöhe 11880 m; max. Reichweite (MRJ70/ER/LR) 1530/2730/3380 km, (MRJ90/ER/LR) 1670/2400/3310 km.
Gewichte: Rüstgewicht (MRJ70/90) 21730/22640 kg; max. Startgewicht (MRJ70/ER/LR) 36850/38995/40200 kg; (MRJ90/ER/LR) 39600/40995/42800 kg.
Zuladung: Zwei Mann Cockpitbesatzung und je nach Innenausstattung normalerweise (MRJ70) 78 bzw. (MRJ90) 92 Passagiere in Viererreihen.
Entwicklungsstand: Der für Mitte 2012 geplant gewesene Erstflug verzögert sich aus technischen Gründen. Gemäß heutigen Plänen soll mit der Auslieferung an Kunden Ende 2014 begonnen werden. Bisher sind folgende Aufträge bekannt gegeben worden: All Nippon Airways (ANA) 15 + 10 Optionen, SkyWest 100 + 100 Optionen, Trans States Holding 50 + 50 Optionen, ANI 5 Optionen.
Bemerkungen: Mit diesem Muster betritt Mitsubishi Neuland und will im wachsenden Markt der Regionalflugzeuge eine Alternative zu den etablierten Mustern anbieten. Gemäß dem Hersteller soll die MRJ dank neuester Technologie und insbesondere wegen der Triebwerke gegenüber den Konkurrenzmodellen einen bis zu 30% geringeren Treibstoffverbrauch aufweisen. Auch sollen bei Lärm und Abgasen Bestwerte erzielt werden. Die MRJ ist derzeit das erste Muster, welches ein Triebwerk mit neuester Getriebetechnologie einsetzt. Besondere Aufmerksamkeit wurde der Aerodynamik der Flügel, bestehend aus Aluminium, geschenkt. Das Cockpit ist mit dem Pro-Line-Fusion System von Rockwell Collins und großen Bildschirmen ausgerüstet. Die Steuerung des Flugzeuges erfolgt durch ein Fly-By-Wire System. Zwei Ausführungen werden angeboten, welche sich primär durch die Rumpflänge und die Triebwerke unterscheiden: MRJ70 und die um 2,40 m längere MRJ90. Von beiden wird es eine Basis- und zwei Versionen mit größerer Reichweite geben (ER und LR). Später soll die 100-plätzige MRJ100X dazu stoßen.
Hersteller: Mitsubishi Aircraft Corporation, Nagoja, Japan.

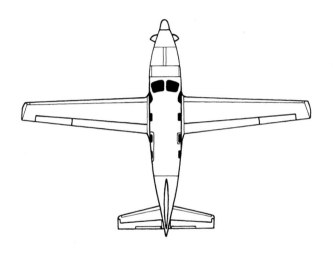
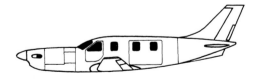

Abmessungen:
Spannweite 13,00 m
Länge 9,98 m
Höhe 3,72 m
Flügelfläche 25,70 m².

MYASISHCHEW/SOKOL M-101T GZHEL

Ursprungsland: Russland.
Kategorie: Leichtes Mehrzweckflugzeug.
Triebwerke: Eine Propellerturbine Walter M-601F-22 von 751 WPS (559 kW) Leistung.
Leistungen: Max. Reisegeschwindigkeit 430 km/h; Dienstgipfelhöhe 7600 m; Reichweite mit max. Nutzlast 800 km, mit vollen Treibstofftanks inkl. 45 Min. Reserve 1400 km.
Gewichte: Leergewicht 2270 kg; normales Startgewicht 2900 kg, max. 3270 kg.
Zuladung: Ein oder zwei Mann Cockpitbesatzung und normal vier, max. sechs bis sieben Passagiere; max. Nutzlast 630 kg.
Entwicklungsstand: Die Flugerprobung begann bereits am 31. März 1995. Aber erst anfangs 2003 erhielt das Muster die Zulassung. Bis 2009 wurden nur 15 Einheiten gebaut. Der Hersteller will die Produktion 2013 wieder aufnehmen. Im gleichen Jahr soll eine zweimotorige Weiterentwicklung erstmals fliegen.
Bemerkungen: Die Gzhel fällt in die stark aufkommende Kategorie von großen einmotorigen Mehrzweckflugzeugen mit Turbinenantrieb, welche sehr wirtschaftlich zu betreiben sind. So sind Einsätze als Passagier-, Passagier-/Fracht-, Ambulanzflugzeug oder als reiner Frachter vorgesehen. Eine große Frachttüre an der linken Rumpfseite erleichtert das Be- und Entladen von sperrigen Gütern. In der ganzen Konstruktion wurde Wert auf Einfachheit und Robustheit gelegt. Die Kabine ist aber druckbelüftet. Die M-101T kann von kurzen und unvorbereiteten Pisten operieren. Nachdem der M-101T kein kommerzieller Erfolg beschieden war, versucht es der Hersteller mit einer neuen zweimotorigen Version. Sie soll deutlich größer ausfallen, mehr Passagiere mitführen können und bessere Reichweitenleistungen ermöglichen.
Hersteller: Myasishchew Design Bureau, Schukowskij, Moskau und Sokol Aircraft (NASO), Werk Nizhy Novgorod, Russland.

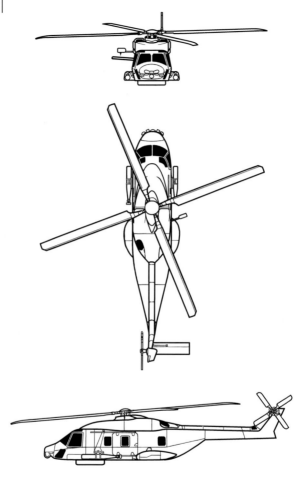

Abmessungen:
Rotordurchmesser 16,30 m
Rumpflänge 16,23 m
Höhe über Heckrotor 5,44 m.

NH INDUSTRIES NH90 CAIMAN

Ursprungsland: Deutschland, Frankreich, Italien, Niederlande.
Kategorie: Mittelschwerer militärischer (TTH) Mehrzweck- bzw. (NFH) bordgestützter U-Bootjagdhubschrauber.
Triebwerke: Zwei Gasturbinen Rolls-Royce-Turboméca RTM322-01/9 bzw. General Electric T700-T6E von je 1680 WPS (1253 kW) Leistung.
Leistungen: Höchstgeschwindigkeit (TTH) 305 km/h, (NFH) 290 km/h; normale Reisegeschwindigkeit (TTH) 260 km/h, (NFH) 245 km/h; Schrägsteiggeschwindigkeit 11 m/Sek; Dienstgipfelhöhe 6000 m; Schwebehöhe mit Bodeneffekt 2960 m, ohne Bodeneffekt 2355 m; Einsatzradius mit 2000 kg Nutzlast 300 km; Überführungsreichweite 1200 km; Einsatzdauer 4 Std 35 Min.
Gewichte (TTH/NFH): Leer 5945/6288 kg; normales Startgewicht 10600 kg, max. 11400 kg.
Zuladung: Zwei Piloten und (TTH) 20 Soldaten bzw. 12 Verwundete, (NFH) bis zu vier Systemoperateure; Nutzlast 2500 kg.
Bewaffnung: (TTH) Kanonenbehälter und zwei schwenkbare Maschinengewehre bei den Seitentüren; (NFH) je zwei Torpedos oder Antischiffs-Lenkwaffen an Trägern seitlich am Rumpf.
Entwicklungsstand: Die erste NH90 TTH fliegt seit dem 18. Dezember 1995, der einzige Prototyp der NH90 NFH seit 1997. Mitte 2004 wurde das erste Serienmuster der TTH in Dienst gestellt, die Marineversion folgte 2010. Folgende Bestellungen sind bisher für die neu als Caiman bezeichneten NH90-Varianten eingegangen: Australien 46 MRH 90, Belgien 6 TTH + 4 NFH, Deutschland (neu nur Heer) 80 TTH + (Marine) 30 NFH, Finnland 20 TTH, Frankreich (Armee) 34 + (Marine) 27 NFH, Griechenland 20 TTH, Italien (Armee) 60 TTH + (Marine) 10 TTH + 46 NFH, Neuseeland 8 TTH, Niederlande 20 NFH, Norwegen 14 NFH, Oman 20 TTH, Portugal 10 TTH, Saudi Arabien 54 TTH + 10 NFH, Schweden 13 TTH + 5 NFH, Spanien 76 TTH + 28 NFH. Im Februar 2012 wurde die 100. NH90 abgeliefert.
Bemerkungen: In der Grundkonzeption sind die NH90 TTH sowie die NH90 NFH (siehe Dreiseitenriss) weitgehend gleich. Die vorwiegend für taktische Aufgaben konzipierte TTH besitzt eine Heckladerampe. Recht umfangreiche Lasten können in der Kabine transportiert werden. Von der TTH unterscheidet sich die Marineversion wie folgt: Weglassen der Heckladerampe, Faltrotoren, beiklappbares Rumpfheck, Spezialausrüstung für Einsatzspektrum wie FLIR, taktisches Radar, Sonar sowie zahlreiche Sensorsysteme. Die NH90 verfügt über eine weitgehend aus Verbundstoff bestehende Zelle und über eine Fly-By-Wire-Steuerung.
Hersteller: NH Industries, Aix-en-Provence, Frankreich.

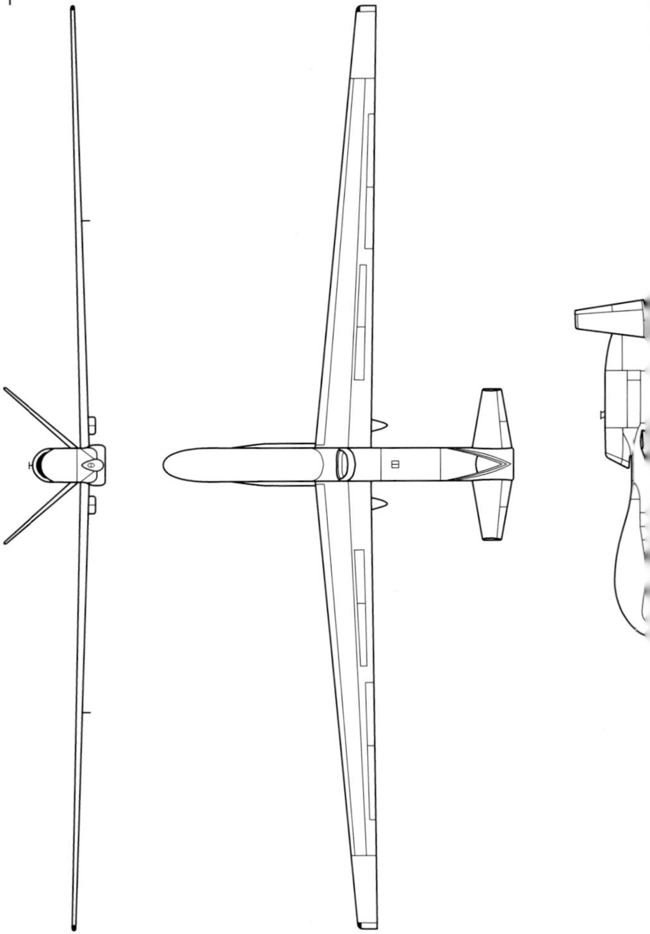

Abmessungen:
Spannweite 39,89 m
Länge 14,50 m
Höhe 4,60 m
Flügelfläche (RQ-4A) 50,10 m².

NORTHROP GRUMMAN MQ-4C TRITON

Ursprungsland: USA.
Kategorie: Hochfliegende Drone für Seeüberwachungs- und Aufklärungsaufgaben.
Triebwerke: Ein Mantelstromtriebwerk Rolls-Royce Allison AE3007H von 3760 kp (36,8 kN) Standschub.
Leistungen: Höchstgeschwindigkeit 615 km/h (ca. Mach 0,60); Dienstgipfelhöhe 17220 m; max. Flugdauer 28 Std; Reichweite bis zu 15186 km.
Gewichte: Leergewicht ca. 6800 kg; max. Startgewicht 14628 kg.
Zuladung: Aufklärungs- und Überwachungssysteme im Gesamtgewicht von 1452 kg intern bzw. 1089 kg extern.
Entwicklungsstand: Die erste Triton wurde im Oktober 2012 fertig gestellt und sollte anfangs 2013 die Flugerprobung aufnehmen. Insgesamt will die US Navy 68 MQ-4C beschaffen. Die Einsatzfähigkeit soll 2015 erreicht werden. Ausgangsmuster für die Triton ist die RQ-4-Familie von Dronen, von denen bisher rund 40 abgeliefert wurden.
Bemerkungen: Die Triton ist eine für die spezifischen Bedürfnisse der US Navy angepasste Ausführung der RQ-4B Global Hawk (siehe Ausgabe 2010). Während der Rumpf konventionell aus Aluminium besteht, sind die Flügel vollständig aus Kohlefasern hergestellt und trotz großer Spannweite äußerst steif ausgelegt. Für die MQ-4C wurden die Tragflächen weiter verstärkt, da sie in deutlich tieferen Höhe operieren soll. Auch das gesamte Leitwerk ist aus Verbundwerkstoffen. Die MQ-4C kann sowohl autonom oder aber auch zusammen mit der Boeing P-8 (siehe Seiten 70/71) operieren. Ihr Auftrag ist, weit vom Ausgangsort weg während langen Perioden eine ununterbrochene Überwachung des Zielgebiets sicherzustellen. Für diese sog. ISR-Aufgaben (persistent martime **i**ntelligence, **s**urveillance and **r**econnaissance operations) verfügt sie u.a. über folgende Ausrüstung: 360°-Multifunktionsradar vom Typ AESA 2-D, weitreichendes Aufklärungsmodul u.a. mit elektro-optischen und Infrarot-Kameras, automatisch operierendes multi-spektrales Zielsystem, digitale Aufnahmegeräte usw. Während eines einzigen Einsatzes kann die Triton eine Meeresfläche von 7 Mio. km² überwachen.
Hersteller: Northrop Grumman Corp., Werk San Diego, Kalifornien, USA.

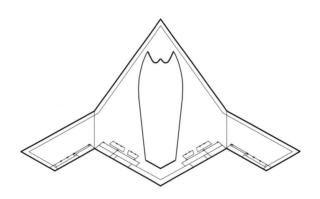

Abmessungen:
Spannweite 18,93 m, gefaltet 9,40 m
Länge 11,63 m
Höhe 3,10 m.

NORTHROP GRUMMAN X-47B PEGASUS

Ursprungsland: USA.
Kategorie: Unbemanntes land- und bordgestütztes Kampfflugzeug.
Triebwerke: Ein Mantelstromtriebwerk Pratt & Whitney F100-220U von 6630 kp (65,00 kN) Standschub.
Leistungen (sehr provisorische Angaben): Einsatzgeschwindigkeit im hohen Unterschallbereich; Dienstgipfelhöhe 12190 m; Einsatzradius 2770 km; Überführungsreichweite 6500 km.
Gewichte: Leergewicht 6350 kg; max. Startgewicht bis zu 20190 kg.
Bewaffnung (Serienausführung): Eine Waffenlast von rund 2040 kg.
Entwicklungsstand: Der erste X-47B-Prototyp hatte seinen Roll-Out am 16. Dezember 2008. Vorerst werden zwei Prototypen für die USN hergestellt. Der erste nahm die Flugerprobung am 4. Februar 2011 auf, gefolgt vom zweiten am 22. November 2011. Ein erster Katapult-Start, allerdings von einer Installation auf einem Flugfeld aus, fand Ende 2012 statt. Erste Versuche mit Trägerlandungen sind für 2013 vorgesehen.
Bemerkungen: Von der X-47A (siehe Ausgabe 2004) abgeleitet, wurde ein wesentlich vergrößertes Muster X-47B gebaut. Diese Ausführung ist für Aufklärungs- und Kampfeinsätze »der ersten Stunde« gedacht, d.h. für besonders gefährliche Missionen, wie sie oft bei Beginn von Konflikten vorkommen. Sie soll Waffeneinsätze von bis zu 12 Std. fliegen können. Ein integriertes Waffensystem mit einem »Synthetic Aperture Radar« (= Radar mit synthetischer Blendenöffnung) ist dafür vorgesehen. Weitgehend aus Verbundwerkstoffen gebaut, verfügt die X-47B über ausgezeichnete »Stealth«-Eigenschaften. Die als offenes System konzipierte Elektronik von BAE Systems erlaubt u.a. sehr präzise Landungen auf Flugzeugträgern. Obwohl ein Waffenschacht vorhanden ist, sollen die Prototypen noch über keine Bewaffnung verfügen. Der zweite Prototyp besitzt eine Flugbetankungseinrichtung.
Hersteller: Northrop Grumman Corporation, Werk Palmdale und Scaled Composites Corp., Mojave, Kalifornien, USA.

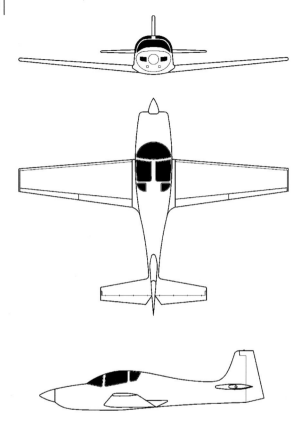

Abmessungen (T-Xc/U-Xc):
Spannweite 9,14 m
Länge 7,97 m
Höhe 2,76 m
Flügelfläche 12,46 m².

NOVAERCRAFT T-XC / U-XC

Ursprungsland: Brasilien.
Kategorie: (T-Xc) Zweisitziger Basis- und Akrobatiktrainer, (U-Xc) Viersitziges Reise- und Verbindungsflugzeug.
Triebwerke: Ein luftgekühlter Sechszylinder-Boxermotor Lycoming AEIO-580-BIA von 315 PS (235 kW) Leistung.
Leistungen (nach Angaben des Herstellers, T-Xc/U-Xc): Max. Reisegeschwindigkeit auf Meereshöhe 385/380 km/h, auf 2430 m 370/355 km/h; Anfangssteiggeschwindigkeit 11,5/6,8 m/Sek; Dienstgipfelhöhe 6580/4870 m.
Gewichte (T-Xc/U-Xc): Leergewicht 790/887 kg; max. Startgewicht 1140/1555 kg.
Zuladung (T-Xc): Flugschüler und Fluglehrer nebeneinander; (U-Xc) Pilot und drei Passagiere, max. Nutzlast 350/668 kg.
Entwicklungsstand: Ein erster Prototyp der T-Xc soll im Laufe von 2013 mit der Flugerprobung beginnen. Die Trainer-Ausführung ist u.a. für die Brasilianische Luftwaffe, die Reiseversion für den privaten Markt gedacht. Wie viele Maschinen bereits bestellt sind ist unbekannt.
Bemerkungen: Der Hersteller plant vorläufig folgende zwei Ausführungen: Einen zweisitzigen Basis- und Akrobatiktrainer T-Xc (siehe Dreiseitenriss) für militärische wie auch zivile Verwendung sowie ein viersitziges Reiseflugzeug U-Xc (siehe Fotomontage). Obwohl von den Aufgaben her sehr unterschiedlich, ist die Grundkonstruktion beider Varianten weitgehend gleich. Die gesamte Struktur besteht aus Verbundwerkstoff. Beide verfügen auch über ein einziehbares Dreibeinfahrwerk. Dieses ermöglicht Starts und Landungen von Naturpisten aus. Das Cockpit ist weitgehend konventionell ausgelegt. Gesteuert wird mit zwei Sidesticks. Wie auch die Cirrus SR20/22 (siehe Seiten 130/131) wird die Novaer mit einem Rettungsschirm ausgerüstet sein. Die T-Xc kann für Akrobatikeinsätze Belastungen bis zu +6 G bzw. -3G aushalten. Der Innenraum weist die Ausführungen weist folgende Abmessungen auf: Länge 2,98 m, Breite 1,25 m, Höhe 1,26 m. Hinter der Passagierkabine ist ein Fracht- und Gepäckraum angeordnet.
Hersteller: NOVAER Craft Empreendimentos Aeronáuticos S.A., São José dos Campos/SP, Brasilien.

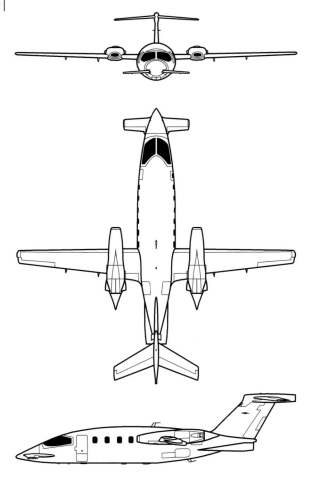

Abmessungen:
Spannweite 14,03 m
Länge 14,41 m
Höhe 3,98 m
Flügelfläche 16,00 m².

PIAGGIO P180 AVANTI II

Ursprungsland: Italien.
Kategorie: Firmenflugzeug und militärisches Mehrzweckflugzeug.
Triebwerke: Zwei Propellerturbinen Pratt & Whitney Canada PT6A-66B von je auf 850 WPS (634 kW) reduzierter Leistung.
Leistungen: Höchstgeschwindigkeit 737 km/h auf 8538 m; max. Dauergeschwindigkeit 644 km/h auf 11885 m; Anfangssteiggeschwindigkeit 15,0 m/Sek; Dienstgipfelhöhe 12500 m, Reichweite mit einer Nutzlast von sechs Personen und IFR-Reserven 2637 km; max. Reichweite mit VFR-Reserven 3148 km.
Gewichte: Rüstgewicht 3538 kg; max. Startgewicht 5489 kg.
Zuladung: Ein oder zwei Piloten und sieben bis acht Passagiere bei Standard-Innenausstattung. Für EMS-Einsätze zwei liegende Verwundete, als Frachter max. 1860 kg.
Entwicklungsstand: Erstflug des ersten von zwei Prototypen am 23. September 1986, das erste Serienflugzeug folgte am 29. Januar 1990. Ab dem 105. Exemplar wurde die Produktion auf die Avanti II umgestellt. Bisher fliegen von beiden Ausführungen rund 250 Maschinen, davon 140 der Version Avanti II. Jährlich werden rund 25 Maschinen gebaut.
Bemerkungen: Die Avanti basiert mit ihrem futuristischen Aussehen auf dem sog. »Drei-Flächen-Konzept«, wobei der vorn platzierte kleine Stützflügel das Flugzeug in allen Flugphasen ausbalanciert und das Höhenleitwerk nur für die Richtungsänderungen benötigt wird. Der Flügel besitzt ein Laminarprofil und eine hohe Streckung bei vergleichsweise geringer Fläche. Die Avanti besteht zum großen Teil aus Leichtmetall, doch sind Kunststoffteile am Leitwerk, den Triebwerkverkleidungen, an der Rumpfspitze, dem Stützflügel und dem Hauptflügel eingesetzt. Dank der unkonventionellen Form verfügt die Avanti über eine der größten Kabinen ihrer Klasse (Länge 4,55 m, Breite 1,85 m, Höhe 1,75 m). Die 2012 lancierte Variante für Spezialeinsätze, primär Überwachungs- und Aufklärungsaufgaben, kann je nach Aufgabengebiet eine entsprechende Ausrüstung mitnehmen. Dafür wird die Flügelspannweite von Vor- und Hauptflügel sowie das Seitenleitwerks vergrößert und ein Zusatztank im hinteren Teil der Kabine eingebaut. Damit lassen sich deutlich bessere Reichweiten erzielen. Erste Ablieferungen sind für 2015 vorgesehen. Fünf davon sind bereits durch die ENAV, Russland, bestellt.
Hersteller: PIAGGIO AERO INDUSTRIES S.p.A., Genua-Sestri, Italien.

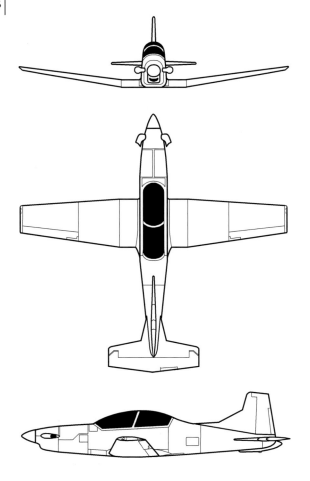

Abmessungen:
Spannweite 10,19 m
Länge 10,18 m
Höhe 3,26 m
Flügelfläche 16,29 m².

PILATUS PC-7 MkII Astra

Ursprungsland: Schweiz.
Kategorie: Zweisitziger Basis- und Fortgeschrittenentrainer.
Triebwerke: Eine Propellerturbine Pratt & Whitney Canada PT6A-25C von 700 WPS (522 kW) Leistung.
Leistungen: Max. zulässige Geschwindigkeit 556 km/h auf 6100 m; Reisegeschwindigkeit 448 km/h auf Meereshöhe bzw. 472 km/h auf 3050 m; max. Anfangssteiggeschwindigkeit 14,79 m/Sek; max. Reichweite 1530 km.
Gewichte: Leergewicht 1710 kg; Startgewicht 2250 kg.
Entwicklungsstand: Die PC-7 MkII stellt eine Weiterentwicklung der PC-7 dar. Ein Prototyp flog erstmals 1993. 60 Exemplare beschaffte Südafrika, weitere 4 Brunei. Danach wurde die Serienproduktion eingestellt. Nachdem Indien einen Auftrag über 75 Einheiten platzierte, hat der Hersteller 2012 die Produktion wieder aufgenommen. Voraussichtlich werden die ersten 12 PC-7 MkII bei Pilatus gebaut, anschließend die Produktion nach Indien in Lizenz verlagert. Der Gesamtbedarf beläuft sich auf 181 Einheiten. Ein weiterer Besteller ist die Botswana Defence Force (5).
Bemerkungen: Wenn auch äußerlich die PC-7 MkII und die PC-9 (siehe Ausgabe 2008) große Ähnlichkeiten aufweisen, so sind sie in der Konstruktion und in der Leistungsausbeute recht unterschiedlich. Als eigentliche Zwischenstufe zwischen PC-7 (siehe Ausgabe 1983) und PC-9 verfügt die PC-7 MkII gegenüber der erstgenannten über ein erhöhtes hinteres Cockpit, vergrößerte Leitwerksflächen, PC-9-Flügelspitzen, Sturzflugbremse, Schleudersitze und robusteres Fahrwerk. Auch Rumpf und Avionik stammen von der PC-9, dagegen übernimmt sie die Propellerturbine der PC-7. Deren Nennleistung von 850 WPS ist auf 700 WPS reduziert, was eine längere Lebensdauer des Triebwerks und tiefere Betriebskosten ermöglicht. Das Einsatzspektrum der PC-7 MkII umfasst die Anfänger- bis hin zur Fortgeschrittenenschulung.
Hersteller: Pilatus Flugzeugwerke AG, Stans, Schweiz.

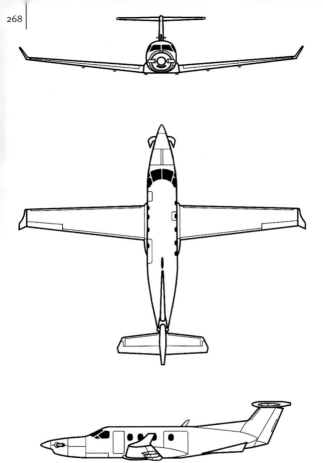

Abmessungen:
Spannweite 16,28 m
Länge 14,40 m
Höhe 4,26 m
Flügelfläche 25,81 m².

PILATUS PC-12NG

Ursprungsland: Schweiz.
Kategorie: Leichtes Mehrzweck- und Firmenflugzeug.
Triebwerke: Eine Propellerturbine Pratt & Whitney Canada PT6A-67P mit einer von 1845 WPS auf 1200 WPS (895 kW) reduzierten Leistung.
Leistungen: Max. Reisegeschwindigkeit 519 km/h auf 7620 m; Anfangssteiggeschwindigkeit 9,75 m/Sek; Dienstgipfelhöhe 9144 m; Reichweite mit drei Passagieren und IFR-Bedingungen 2900 km.
Gewichte: Leergewicht Frachter 2484 kg, mit Passagiereinrichtung 3076 kg; max. Startgewicht 4740 kg.
Zuladung: Pilot und Copilot/Passagier im Cockpit und bis zu neun Passagiere in Einzelsitzen; als Firmenflugzeug sechs bis acht Passagiere. Zuladung mit vollen Treibstofftanks 458 kg, max. Zuladung 1036 kg.
Entwicklungsstand: Der erste von zwei Prototypen startete am 31. Mai 1991 zum Erstflug. Im Mai 1994 begannen die Kundenauslieferungen. Die Ausführung PC-12NG ist seit 2008 erhältlich. Im Dezember 2011 konnte bereits die 1100. PC-12 abgeliefert werden. Unter der Bezeichnung U-28 setzt die USAF mehrere PC-12 bzw. 12/47 ein. Jährlich werden rund 60 PC-12 gebaut.
Bemerkungen: Das Mehrzweckflugzeug ist für den Einsatz in der Geschäftsfliegerei bis hin zum Transporter für Fracht geeignet. Die Zelle vermag Fracht bis zu 9,34 m³ zu laden. Eine kombinierte Variante für vier Passagiere und 5,95 m³ Fracht wird ebenfalls angeboten. Dank einer Passagiertüre vorn und einer großen Frachttüre hinten wird der Ladevorgang erleichtert. Die PC-12 ist mit einer umfangreichen Avionik von AlliedSignal Bendix/King ausgerüstet. Die 2006 vorgestellte Ausführung PC-12/47 bietet bei einem höheren Startgewicht entweder eine um 240 kg größere Nutzlast oder eine Reichweitenverbesserung von rund 550 km an. Zudem sind die Winglets überarbeitet. Die weiter entwickelte Variante PC-12NG ist seit 2006 erhältlich, ausgerüstet u.a. mit Primus Apex Avionik, neuem Cockpit-Design und Verbesserungen in der Ergonomie. Dank Einbau der mit einer thermodynamischen Leistung von 1845 PS um 15% stärkeren PT6A-67P-Turbine verbessern sich diverse Leistungsparameter, u.a. die Hot-and-High-Eigenschaften. Weiterhin angeboten werden Spezialvarianten, z.B. für Überwachungseinsätze.
Hersteller: Pilatus Flugzeugwerke AG, Stans, Schweiz.

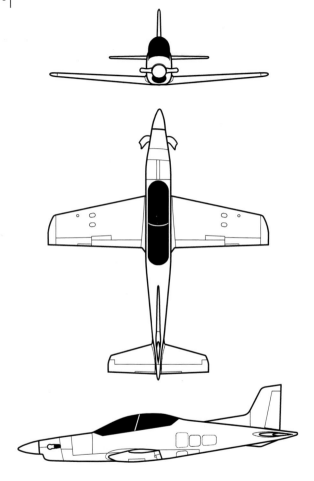

Abmessungen:
Spannweite 9,10 m
Länge 11,23 m
Höhe 3,75 m
Flügelfläche 15,22 m².

PILATUS PC-21

Ursprungsland: Schweiz.
Kategorie: Zweisitziges Trainingsflugzeug für Basic-, Advanced- und Fighter-Lead-In-Training.
Triebwerke: Eine Propellerturbine Pratt & Whitney Canada PT6A-68B mit einer von 1927 WPS (1427 kW) auf 1609 WPS (1200 kW) reduzierten Leistung.
Leistungen: Höchstgeschwindigkeit 625 km/h auf 3050 m, 600 km/h auf Meereshöhe; Anfangssteiggeschwindigkeit 22 m/Sek; Dienstgipfelhöhe 11400 m; Reichweite 1200 km.
Gewichte: Leergewicht 2270 kg; Startgewicht für Akrobatik-Einsätze 3100 kg; max. Startgewicht 4250 kg.
Entwicklungsstand: Ein Erprobungsträger fliegt seit Mai 2001, der eigentliche Prototyp nahm die Flugerprobung am 1. Juli 2002 auf. Ein zweiter folgte am 7. Juni 2004. Das Vorserienflugzeug fliegt seit 29. August 2005. Folgende Luftwaffen haben die PC-21 bisher beschafft: Schweiz 8, Singapur 19, UAE 25. 2012 konnten zwei namhafte neue Aufträge verzeichnet werden, und zwar von Qatar 24 und Saudi Arabien 55.
Bemerkungen: Unter der Bezeichnung PC-21 entwickelte Pilatus ein vollständig neues Flugzeug als Nachfolge des PC-7/9 (siehe Ausgabe 2008). Die Besonderheit des integrierten, flexiblen PC-21-Trainingssystems besteht darin, dass man das ganze Spektrum vom Anfangstraining bis hin zur Fortgeschrittenenschulung mit einem einzigen Muster abdeckt. Die Einsatz-Software wird so programmiert, dass verschiedene Kategorien von Flugzeugtypen realistisch dargestellt und geübt werden können. Jedes Cockpit mit drei EFIS-Hauptbildschirmen ist voll digitalisiert und NVG-kompatibel. Im vorderen Cockpit ist ein HUD installiert. Die Systemeingaben erfolgen u.a. über den HOTAS. Gegenüber der PC-9 unterscheidet sich die PC-21 nebst neuer Flugzeugstruktur durch ein leistungsstärkeres Triebwerk mit elektronischer Leistungsregelung, Fünfblattpropeller, Hochleistungs-Pfeilflügel mit Spoilern, Druckkabine mit automatischer Klimaanlage und Anti-g-System. Eingebaut ist auch das neueste Modell des Mk.16L-Schleudersitzes von Martin Baker mit Zero-Zero-Ausschussleistung.
Hersteller: Pilatus Flugzeugwerke AG, Stans, Schweiz.

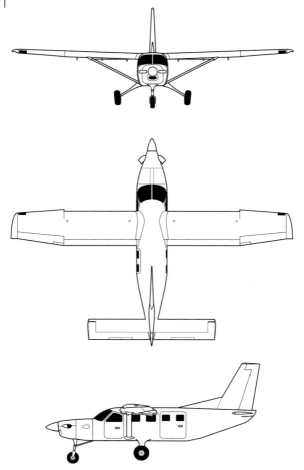

Abmessungen:
Spannweite 13,72 m
Länge 10,16 m
Höhe 4,65 m
Flügelfläche 22,29 m².

QUEST AIRCRAFT KODIAK

Ursprungsland: USA.
Kategorie: Einmotoriges STOL-Mehrzweckflugzeug.
Triebwerke: Eine Propellerturbine Pratt & Whitney Canada PT6A-34 von 750 WPS (559,30 kW) Leistung.
Leistungen: Max. Reisegeschwindigkeit auf 3657 m 322 km/h; Anfangssteiggeschwindigkeit 6,9 m/Sek; Dienstgipfelhöhe 7620 m; max. Reichweite 2096 km, max. Flugdauer 8,4 Std.
Gewichte: Leergewicht 1710 kg; max. Startgewicht 3290 kg.
Zuladung: Pilot und zehn Passagiere, max. Nutzlast 1400 kg.
Entwicklungsstand: Der Prototyp fliegt seit Oktober 2004. Nach Erhalt der Zulassung im Juli 2007 begannen die Auslieferungen an Kunden im Dezember 2007. Rund 100 Maschinen sind bisher gebaut worden. Mittlerweile werden jährlich rund 30 Maschinen hergestellt.
Bemerkungen: Die Kodiak wurde primär als sehr robustes und kostengünstiges Arbeitsflugzeug für Entwicklungsländer konzipiert. Sie ist in der Lage, auf kurzen und unvorbereiteten Flächen zu starten und zu landen. Bei der Entwicklung wirkten diverse karitative US-Organisationen mit, welche dieses Muster für Missionseinsätze verwenden wollen und sich an den Entwicklungskosten beteiligten. Bisher sind diese Organisationen Hauptabnehmer der Kodiak. Drei Ausführungen sind erhältlich: Die Tundra mit einer hochdichten Bestuhlung für zehn Passagiere, die Timberline mit größerer Reichweite hauptsächlich für Business- und Freizeiteinsätze und die Summit mit einer achtplätzigen VIP-Inneneinrichtung. Auch eine Variante mit Schwimmern wird angeboten. Ausgerüstet mit einer Garmin G1000-Avionik ist der Kaufpreis einer Kodiak mittlerweile auf US$ 1,75 Mio. angestiegen. Modelle ab 2013 sind mit einer überarbeiteten Inneneinrichtung versehen, welche mehr Komfort bietet und geringeres Gewicht aufweist.
Hersteller: Quest Aircraft Company, Sandpoint, Idaho, USA.

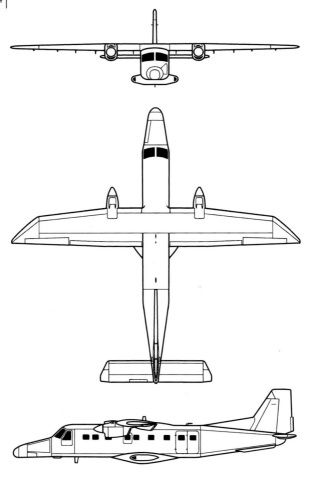

Abmessungen:
Spannweite 16,97 m
Länge 16,55 m
Höhe 4,86 m
Flügelfläche 32,00 m².

RUAG (DORNIER) DO-228 NEW GENERATION

Ursprungsland: Deutschland, Indien und Schweiz.
Kategorie: Regionalverkehrsflugzeug, Mehrzwecktransporter und Marine-Patrouillenflugzeug.
Triebwerke: Zwei Propellerturbinen Garrett (Honeywell) TPE 331-10 mit von je 940 WPS auf 775 WPS (580 kW) reduzierter Leistung.
Leistungen: Max. Reisegeschwindigkeit 435 km/h, Dauer-Reisegeschwindigkeit 333 km/h; max. Steiggeschwindigkeit 9,1 m/Sek; Dienstgipfelhöhe 9000 m; Reichweite mit 19 Passagieren inkl. Reserven 845 km.
Gewichte: Leergewicht 3742 kg; max. Startgewicht 6400 kg, mit Überlast 6600 kg.
Zuladung: Zwei Mann Cockpitbesatzung und je nach Innenausstattung bis zu 19 Passagiere, als Frachter max. Nutzlast 2200 kg.
Entwicklungsstand: Der Prototyp der Do 228-100 flog erstmals am 29. März 1981. Bis zur Produktionseinstellung 1998 wurden über 200 Einheiten der verschiedenen Ausführungen gebaut. In Indien produziert HAL diesen Typ weiterhin in geringen jährlichen Stückzahlen. Das Erprobungsmuster der Neuauflage Do 228NG (New Generation) fliegt seit September 2008, das erste der Serie entsprechende Muster folgte am 5. November 2009. Vorerst liegen Bestellungen für nur acht Einheiten vor, u.a. für die Marine von Bangladesh. Mit den Ablieferungen wurde 2010 begonnen.
Bemerkungen: Die ursprünglich von Dornier entwickelte Do 228 war als robustes, einfaches und kostengünstiges Arbeitsflugzeug bekannt. Der rechteckige Rumpfquerschnitt ließ sich sehr gut beladen. Dafür musste auf die Druckkabine verzichtet werden. Bekannt wurde dieser Typ auch durch den für damalige Verhältnisse sehr aerodynamischen Flügel mit superkritischer Auslegung. Unter der Verantwortung der schweizerischen RUAG wurde eine überarbeitete Fassung neu aufgelegt. In wesentlichen Teilen gleich wie das Ursprungsmuster, fällt die neue Ausführung u.a. durch leistungsfähigere Fünfblatt-Propeller und aerodynamisch leicht verbesserte Flügel auf. Dies führt zu gewissen Leistungssteigerungen und zu geringerer Lärmentwicklung. Weiter wird ein neues Cockpit heutiger Technologie eingebaut. Wesentliche Teile des neuen Musters werden in Indien durch HAL hergestellt, die Endmontage erfolgt in Deutschland. Der Preis für die Passagierausführung beläuft sich auf US$ 8,3 Mio. Für die deutsche Marine wurde eine Do 228NG mit entsprechender Ausrüstung zur Umweltschutzüberwachung beschafft.
Hersteller: RUAG Aerospace Ltd., Emmen, Schweiz; Werk Oberpfaffenhofen/Wessling, Bayern, Deutschland.

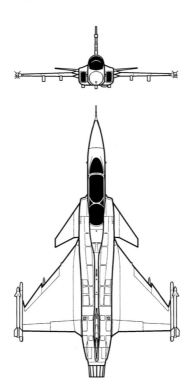

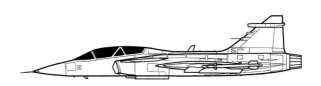

Abmessungen:
Spannweite 8,60 m
Länge (Einsitzer) 14,10 m, (Doppelsitzer) 14,80 m
Höhe 4,50 m
Flügelfläche 30 m².

SAAB GRIPEN E/F

Ursprungsland: Schweden.
Kategorie: Ein-(Gripen E) oder zweisitziger (Gripen F) Mehrzweckjäger.
Triebwerke: Ein Mantelstromtriebwerk General Electric F414G von 6470 kp (63,40 kN) ohne und 9978 kp (98,00 kN) mit Nachbrenner.
Leistungen (nach Angaben des Herstellers): Höchstgeschwindigkeit auf Meereshöhe 1400 km/h (Mach 1,2) bzw. Mach 2,0 auf 11000 m; Anfangssteiggeschwindigkeit >200 m/Sek, Dienstgipfelhöhe >16000 m.
Gewichte: Leergewicht 7600 kg; max. Startgewicht 16500 kg.
Bewaffnung: Eine 27-mm-Kanone Mauser BK27. An acht Flügelstationen (inkl. zwei an den Flügelspitzen) sowie zwei weiteren Stationen unter dem Rumpf kann eine Vielzahl von Waffen mitgeführt werden; max. Waffenlast 6000 kg.
Entwicklungsstand: Ein Erprobungsmuster der neuesten Ausführung New Gripen nahm die Flugerprobung am 27. Mai 2008 auf. Ob diese nun neu als Gripen E/F bezeichnete Version in Serie geht, hängt von den Bestellungen ab. Schweden plant 60 (Umbauten aus C/D-Version), die Schweiz 22 Maschinen zu beschaffen. Die Ursprungsausführung JAS 39 flog erstmals am 9. Dezember 1988. Von den Varianten A, B, C und D wurden bisher bestellt und weitgehend bereits gebaut: Schwedische Luftwaffe 146 (alle Versionen), Südafrika 19 JAS39C, 9 JAS 39D, Ungarn 12 JAS 39C, 2 JAS 39D, Tschechien 12 JAS 39C, 2 JAS 39D und Thailand 12 JAS 39C/D.
Bemerkungen: Mit der Gripen E/F lancierte Saab eine deutlich verbesserte Variante. Das stärkere Triebwerk erlaubt die Verbesserung der meisten Leistungsparameter. So besitzt diese Version Supercruise-Fähigkeiten. Die erhöhte Nutzlast erlaubt das Mitführen von 1000 kg mehr Waffen. Zwei zusätzliche Aufhängepunkte unter dem Rumpf sind vorhanden. Erhöht wurde auch die Tankkapazität um 1400 l. Das verstärkte Hauptfahrwerk wurde neu unter den Flügeln positioniert und weist eine breitere Spur auf. Schließlich besitzt die New Gripen eine AESA-Radarantenne von Thales und die ganze Avionik ist nun modular aufgebaut.
Hersteller: Saab-Scania Aktiebolag, Linköping, Schweden.

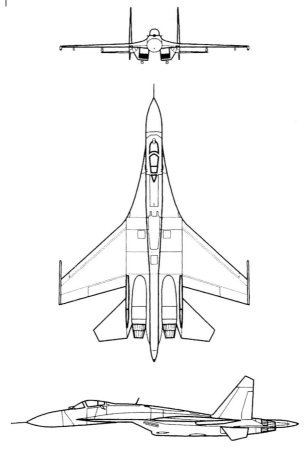

Abmessungen:
Spannweite 14,70 m, mit beigeklappten Flügeln 7,40 m
Länge 21,90 m
Höhe 5,93 m
Flügelfläche 62,04 m².

SHENYANG J-15 FLYING SHARK

Ursprungsland: Volksrepublik China (Russland).
Kategorie: Ein- und zweisitziges bordgestütztes Mehrzweckkampfflugzeug.
Triebwerke (Prototypen): Zwei Mantelstromtriebwerke voraussichtlich des Typs Saturn (Lyulka) AL-31F oder WS-10A von je rund 12500 kp (122,60 kN) Standschub mit Nachbrenner.
Leistungen (Schätzungen): Höchstgeschwindigkeit 2100 km/h (Mach 2,0) in großer Höhe; 1350 km/h auf Meereshöhe (Mach 1,1); Anfangssteiggeschwindigkeit 325 m/Sek; Dienstgipfelhöhe 20000 m; Reichweite in großen Höhen 3500 km.
Gewichte: Leergewicht 17500 kg; normales Startgewicht 27000 kg, max. 32000 kg.
Bewaffnung: Eine sechsläufige 30-mm-Revolverkanone und Waffen aller Art bis zu 8000 kg an zwölf Aufhängepunkten.
Entwicklungsstand: Ein erster Prototyp fliegt seit 31. August 2009. Diese Version ist für den Einsatz auf dem bisher einzigen neuen Flugzeugträger der Chinesischen Volksmarine vorgesehen. Erste Probeeinsätze auf dem Schiff fanden im Herbst 2012 statt. Am 4. November 2012 flog erstmals auch die zweisitzige J-15S.
Bemerkungen: Die J-15, Flying Shark genannt, ist eine trägergestützte Weiterentwicklung der Shenyang J-11 (siehe Ausgabe 2012). Sie basiert vermutlich auf der russischen Suchoj Su-33 (siehe Ausgabe 1997), welche auf dem russischen Flugzeugträger im Einsatz ist. Ob es sich bei der J-15 um eine Neuentwicklung oder nur um eine Kopie des Ausgangsmusters handelt, kann noch nicht beurteilt werden. Man kann davon ausgehen, dass Radar und Avionik sowie die meisten Systeme der J-11B entsprechen und somit chinesischer Provenienz sind. Für den Einsatz auf Flugzeugträgern ist die Struktur sicherlich verstärkt. Die J-15 verfügt zudem über beiklappbare Flügel. Die dunkle Radarnase lässt vermuten, dass darin ein neues AESA-Radar eingebaut ist. Eventuell kann die J-15 auch mit Vektorsteuerung ausgerüstet werden.
Hersteller: Shenyang Aircraft Corporation, Shenyang, Volksrepublik China.

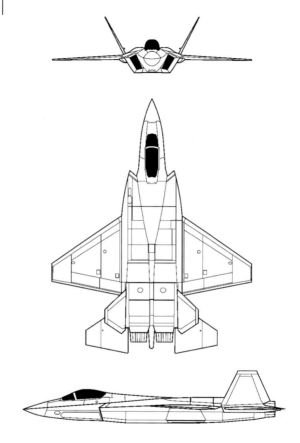

Abmessungen (noch sehr provisorische Angaben):
Spannweite 11,50 m
Länge 16,90 m
Höhe 4,80 m
Flügelfläche ca. 40 m².

SHENYNAG J-21 ODER J-31

Ursprungsland: Volksrepublik China.
Kategorie: Einsitziges Mehrzweckkampfflugzeug.
Triebwerke (Prototyp): Zwei Mantelstromtriebwerke Klimow RD-93 oder alternativ zwei Guizhou WS-13 Taishan.
Leistungen (noch sehr provisorische Angaben): Höchstgeschwindigkeit Mach 1,8; Aktionsradius 1250 km ohne bzw. 2000 km mit Zusatztanks; Überführungsreichweite 4000 km.
Gewichte (noch sehr provisorische Angaben): Normales Startgewicht 17500 kg.
Bewaffnung: Waffen können sowohl in zwei internen Waffenschächten sowie unter den Flügeln mitgeführt werden.
Entwicklungsstand: Ein erster Prototyp nahm die Flugerprobung am 31. Oktober 2012 auf. Erste Spekulationen gehen dahin, dass es sich um ein Mehrzweckkampfflugzeug der 5. Generation, vorwiegend für Einsätze ab Flugzeugträgern handeln könnte, aber auch allenfalls ein Konkurrenz- bzw. Ergänzungsprodukt zur Chengdu J-20 (siehe Seiten 128/129). Chinesische Offizielle ließen aber verlauten, dass dieser Typ auch für den Exportmarkt vorgesehen ist.
Bemerkungen: Von der Auslegung her scheint dieses Muster eine gewisse Ähnlichkeit zur Lockheed Martin F-22 Raptor (siehe Ausgabe 2011) aufzuweisen, in den Abmessungen jedoch kleiner zu sein. Beobachter spekulieren über das eingesetzte Triebwerk: Denkbar ist das bekannte russische Klimow RD-93, aber auch eine neue chinesische Eigenentwicklung ist möglich. Mindestens der entdeckte Prototyp wies aber keine Vektor-Steuerung der Triebwerke auf. Die Flügelanordnung soll jener der F-35 nahe kommen, zusätzlich sind aber noch Canards am Vorderrumpf angebracht. Die beiden Seitenleitwerke gleichen jenen der F-22. Die ganze Formgebung deutet auf Stealth-Eigenschaften hin. Beim Fahrwerk fällt auf, dass das Bugfahrwerk Doppelbereifung aufweist, welches darauf hindeuten könnte, dass dieser Typ auch für Einsätze auf Flugzeugträgern sowie auf unbetonierten Pisten vorgesehen ist.
Hersteller: Shenyang Aircraft Corporation, Shenyang, Volksrepublik China.

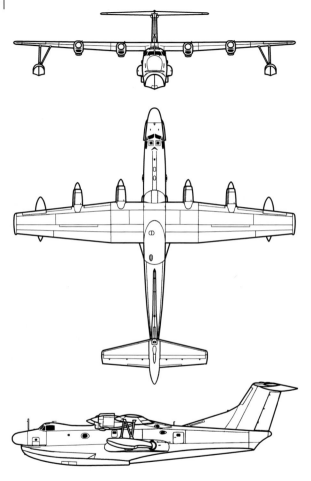

Abmessungen:
Spannweite 33,15 m
Länge 33,46 m
Höhe 9,80 m
Flügelfläche 135,82 m².

SHINMAYWA US-2 KAI

Ursprungsland: Japan.
Kategorie: Amphibisches SAR-Flugzeug für Langstrecken.
Triebwerke: Vier Propellerturbinen Rolls-Royce AE2100J von je 4500 WPS (3356 kW) Leistung.
Leistungen: Höchstgeschwindigkeit 555 km/h; Reisegeschwindigkeit 425 km/h; Dienstgipfelhöhe 7195 m; Reichweite ab Landflughafen 4700 km.
Gewichte: Rüstgewicht 25630 kg; max. Startgewicht ab Wasser 43000 kg, ab Land 45000 kg.
Zuladung: Zwei Piloten und 20 Passagiere oder 12 Tragen.
Entwicklungsstand: Der erste von zwei Prototypen dieser Weiterentwicklung der ursprünglichen US-1 nahm am 18. Dezember 2003 die Flugerprobung auf, der zweite folgte Mitte 2004. Die Japanische Marine sieht vor, 14 US-2 zu beschaffen. Sieben Serienmaschinen sind mittlerweile bestellt, fünf davon im Einsatz. Die erste wurde im Februar 2009 abgeliefert. Offenbar interessiert sich Indien für die Beschaffung von bis zu 18 US-2 der Such- und Rettungsversion.
Bemerkungen: Nachdem die US-1 seit vielen Jahren im Dienst ist, soll die verbesserte Ausführung US-2 (früher als US-1A bezeichnet) die Nachfolge antreten. In wesentlichen Teilen handelt es sich dabei um eine Neukonstruktion. So werden die T64-Triebwerke von General Electric durch die leistungsfähigeren von Rolls-Royce mit sechsblättrigen Propellern aus Verbundwerkstoffen ersetzt. Damit erzielt die US-2 KAI deutlich bessere Flugleistungen im gesamten Spektrum. Die Startstrecke ab dem Wasser soll sich beispielsweise um 50 % verkürzen lassen. Um diese Werte zu erreichen, ist zusätzlich ein Triebwerk Rolls Royce Honeywell CTS800-4K eingebaut, welches für die Reduktion von Luftwirbeln Teile der Flügel anbläst. Das Triebwerk-Management übernimmt ein FADEC-System. Die Flügel werden durch solche weitgehend aus Verbundwerkstoffen ersetzt, der Rumpf ist in einzelnen Teilen druckbelüftet. Neu sind ebenfalls das Cockpit mit Flachbildschirmen und die gesamte Avionik. Die US-2 erhält auch ein neues Suchradar Ocean Master von Thales. Shinmaywa versucht, eine zivile Version als Lösch- oder Passagierflugzeug zu vermarkten. Erstere hätte eine Wasserkapazität von 12000 l.
Hersteller: Shinmaywa Industries Ltd., Werk Konan, Chiyoda-ku, Tokyo, Japan.

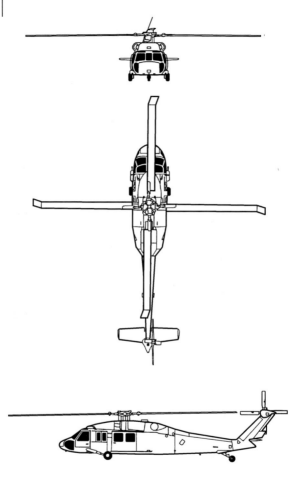

Abmessungen:
Rotordurchmesser 16,36 m
Rumpflänge 15,26 m
Höhe inkl. Rotormast 3,76 m.

SIKORSKY UH-60M BLACKHAWK

Ursprungsland: USA.
Kategorie: Taktischer Transporthubschrauber.
Triebwerke: Zwei Gasturbinen General Electric T700-GE-701D von je 2215 WPS (1651 kW) Leistung.
Leistungen: Max. Reisegeschwindigkeit 280 km/h; vertikale Steiggeschwindigkeit 5,04 m/Sek; Dienstgipfelhöhe 5837 m; Schwebehöhe mit Bodeneffekt 3206 m, ohne 1831 m; Reichweite 511 km, mit zwei 870-l-Zusatztanks 1667 km.
Gewichte: Leer 5670 kg; max. Startgewicht mit Außenlasten 10433 kg.
Zuladung: Drei Mann Besatzung und elf voll ausgerüstete Soldaten. Als Transporter bis zu 4100 kg Außenlasten am Frachthaken.
Entwicklungsstand: Die neueste Variante der umfangreichen S-70/H-70-Familie, die UH-60M, flog erstmals am 17. September 2003. 1375 (956 UH-60M/419 HH-60M) neue Hubschrauber werden für die US Army in jährlichen Tranchen von etwa 80 Maschinen bis 2026 beschafft. Bisher sind Aufträge über 400/400 UH/HH-60M eingegangen. Die 500. wurde am 19. Juli 2012 an die US Army abgeliefert. Weitere Bestellungen für diese Version u.a.: Bahrain 9, Mexiko 9, Schweden 15, Taiwan 60, Türkei 109, UAE 40. Bis auf weiteres bleibt auch die UH-60L (siehe Ausgabe 2001) in Produktion. Rund 3200 Blackhawks aller Versionen sind bisher an fast 30 militärische oder paramilitärische Organisationen, aber auch vereinzelt an Private geliefert worden. Neueste (Nach)bestellungen: Chile 5 bis 6, Version noch offen. Kolumbien weitere 10 UH-60L, Thailand weitere 4 UH-60M, UAE weitere 10.
Bemerkungen: Die UH-60M stellt eine wesentlich weiter entwickelte Ausführung der UH-60L dar. Durch verschiedene Verbesserungen steigt die Lebensdauer der Triebwerke an. Ihre Leistung konnte zudem um 4 % erhöht werden. Weitere Merkmale der UH-60M sind die größere Treibstoffkapazität, breitere Rotorblätter und ein neues Glascockpit. Die Avionik umfasst auch ein GPS sowie einen neuen Autopiloten. Zudem musste die Struktur verstärkt werden. Später kommen vielleicht ein Fly-By-Wire-System und auch neue Triebwerke GE CT7-8C der Leistungsklasse 3000 WPS hinzu. Seit 2010 wird eine als S-70i bezeichnete Weiterentwicklung der UH-60L angeboten, die über eine crash-resistentere Kabine verfügt.
Hersteller: Sikorsky Aircraft, Stratford, Connecticut, USA.

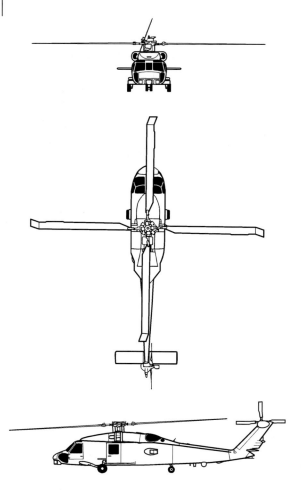

Abmessungen:
Rotordurchmesser 16,36 m
Rumpflänge 15,26 m
Höhe inkl. Rotormast 3,79 m.

SIKORSKY MH-60R STRIKEHAWK

Ursprungsland: USA.
Kategorie: Bordgestützter U-Bootjäger- und Mehrzweckhubschrauber.
Triebwerke: Zwei Gasturbinen General Electric T700-GE-401C von je 1900 WPS (1417 kW) Leistung.
Leistungen: Höchstgeschwindigkeit 272 km/h auf Meereshöhe; max. Reisegeschwindigkeit 249 km/h auf 1525 m; Aufenthaltsdauer 3 Std. 50 Min. in 92 km bzw. 45 Min. in 483 km Entfernung vom Stützpunkt.
Gewichte: Leergewicht 6191 kg; max. Startgewicht 10700 kg.
Bewaffnung: Zwei Torpedos Mk.46 oder zwei Antischiffslenkwaffen Penguin sowie AGM-114 Hellfire-Panzerabwehrlenkwaffen und ein 7,62-mm-Maschinengewehr.
Entwicklungsstand: Eine aus einer SH-60B umgebaute MH-60R flog erstmals am 19. Juli 2001, die erste voll ausgerüstete Ausführung am 4. April 2002. 307 sind durch die US Navy bestellt worden. 2012 erfolge eine weitere Bestellung von insgesamt 653 Hubschraubern, aufgeteilt auf die Modelle UH-60M, MH-60R und MH-60S. Die erste Staffel hat im Oktober 2007 die Einsatzfähigkeit erlangt. Die Marine Australiens beschafft 24 Einheiten, Qatar sechs und neu Dänemark neun, Süd Korea acht. Von den verschiedenen Versionen der SH/HH/MH-60 wurden über 550 Einheiten an zehn Marinen oder Küstenwachen geliefert. In beschränkten Zahlen ist diese Ausführung weiterhin im Bau, u.a. für die Brasilianische Marine.
Bemerkungen: Während die Grundstruktur der MH-60R gegenüber dem Ausgangsmuster in etwa gleich bleibt, stellt sie in vielen Bereichen eine Neukonstruktion dar. So verfügt sie u.a. über ein EFIS-Glascockpit, APS-147-Mehrzweckradar, AQS-22-Sonar, Akustik-Prozessor. FLIR-Sensor und ECM-Ausrüstung sind ebenfalls völlig neu. Später sollen neue Triebwerke der 3000 WPS-Klasse (2240 kW) eingebaut werden, welche sowohl die Flugleistungen als auch die Wirtschaftlichkeit verbessern. Die Ausrüstung der MH-60R ermöglicht es, mehrere Aufgaben der früheren SH-60B/SH-60F/HH-60H-Versionen in einem Muster zu vereinen. Die SH-60K der Japanischen Marine ist eine verbesserte Ausführung der SH-60J mit einer der MH-60R ähnlichen Aufdatierung (bisher 30 bestellt, 14 weitere geplant).
Hersteller: Sikorsky Aircraft, Stratford, Connecticut, USA.

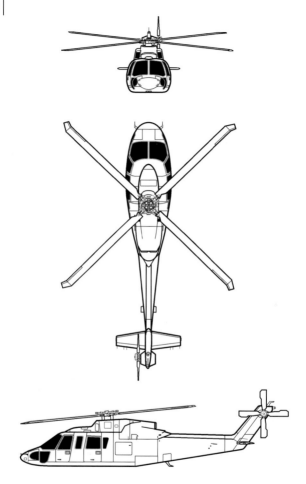

Abmessungen:
Rotordurchmesser 13,41 m
Rumpflänge 13,22 m
Höhe über Heckleitwerk 3,58 m.

SIKORSKY S-76D ◀

Ursprungsland: USA.
Kategorie: Ziviler Mehrzweck- und Transporthubschrauber.
Triebwerke: Zwei Gasturbinen Pratt & Whitney PW 210S von je 1050 WPS (783 kW) Leistung.
Leistungen: Höchstgeschwindigkeit 287 km/h auf Meereshöhe; Reisegeschwindigkeit 260 km/h; Dienstgipfelhöhe 4572 m; Schwebehöhe mit Bodeneffekt 2957 m bzw. ohne Bodeneffekt 1524 m; Reichweite mit normaler Treibstoffzuladung und 30 Min. Reserven 639 km, ohne Reserven 834 km.
Gewichte: Leergewicht 3269 kg; max. Startgewicht 5307 kg.
Zuladung: Ein bis zwei Piloten und normal sechs, maximal 12 Passagiere; max. Nutzlast (Utility/Executive, S-76C++, siehe Dreiseitenriss) 2129/1571 kg.
Entwicklungsstand: Der Prototyp des S-76D hob erstmals am 7. Februar 2009 ab. Mittlerweile fliegen alle drei geplanten Prototypen. Mit den Auslieferungen begann man im vierten Quartal 2012. Ende 2012 sind 10 Einheiten abgeliefert worden. Bisher sind Bestellungen bzw. Absichtserklärungen für 100 Exemplare bekannt gegeben worden, darunter von Saudi Arabien für 12 (+ 8 Optionen), Zhuhai Helicopers 15, Japan Coast Guard 4, Air Engiadina 1. Jährlich sollen bis zu 30 Einheiten produziert werden. Von allen S-76-Versionen baute der Hersteller bisher rund 800 Hubschrauber.
Bemerkungen: Die derzeit neueste Ausführung S-76D ist mit leistungsfähigeren und verbrauchsgünstigeren Triebwerken ausgestattet. Besonders in heißen und hochgelegenen Regionen kann sie wesentlich größere Nutzlasten mitführen. Zudem verfügt sie über vibrationsärmere Rotorblätter aus Verbundwerkstoffen. Neu ist auch die TopDeck-Avionik von Thales. Wegen der umfangreicheren Ausrüstung musste auch das elektrische System verstärkt werden. Mit der S-76D zielt der Hersteller primär auf den VIP-Hubschraubermarkt. Diese Version ist mit einer entsprechend komfortablen Inneneinrichtung ausgerüstet. Im Flug soll sie noch vibrations- und geräuschärmer als die Vorgängerversion sein. Der Rumpf und weitere Elemente werden von Aero Vodochody in Tschechien hergestellt.
Hersteller: Sikorsky Aircraft, Stratford, Connecticut, USA.

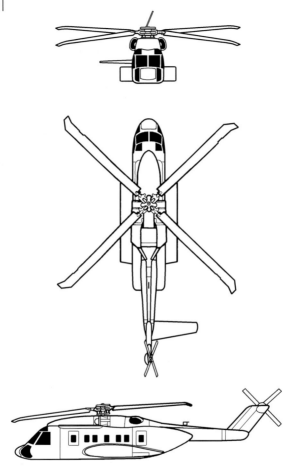

Abmessungen:
Rotordurchmesser 17,17 m
Rumpflänge 17,10 m
Höhe inkl. Rotorkopf 4,71 m.

SIKORSKY S-92 HELIBUS/CH-148 CYCLONE ◄

Ursprungsland: USA.
Kategorie: Ziviler und militärischer Mehrzweckhubschrauber.
Triebwerke: Zwei Gasturbinen General Electric CT7-8 von je 2400 WPS (1790 kW) Leistung.
Leistungen (S-92): Höchstgeschwindigkeit 305 km/h; max. Reisegeschwindigkeit 280 km/h; normale Reisegeschwindigkeit 254 km/h; Dienstgipfelhöhe 4570 m; Schwebehöhe mit Bodeneffekt 3261 m, ohne Bodeneffekt 1942 m; Reichweite mit 19 Passagieren ohne Reserven 996 km, max. 1272 km.
Gewichte (S-92): Leergewicht 7212 kg; max. Startgewicht mit interner Nutzlast 12150 kg, mit externer Nutzlast 12837 kg.
Zuladung: Zwei Piloten und zwischen 19 und 22 Passagiere; max. externe Nutzlast 4760 kg.
Bewaffnung (CH-148): Torpedos, Minen und Lenkwaffen an Auslegern seitlich am Rumpf.
Entwicklungsstand: Das erste von vier Erprobungsexemplaren S-92A startete am 23. Dezember 1998 zum Erstflug. Die Ablieferung an Kunden begann Mitte 2004. Über 150 Hubschrauber waren Ende 2012 im Einsatz, darunter mehrere als Staatshubschrauber (Bahrain, Guinea, Qatar, Südkorea, Thailand, Türkei, Turkmenistan). 28 Einheiten einer Mehrzweckversion CH-148 Cyclone (Erstflug 15. November 2008, Ablieferung ab Mitte 2012) erhält die Marine Kanadas. Taiwan beschafft drei S-92 als Such- und Rettungshubschrauber. Die bisher größten zivilen Besteller sind CHC Helicopters mit 33 und Bristow mit 34 Einheiten.
Bemerkungen: Während der Rumpf eine völlige Neukonstruktion darstellt, sind die meisten dynamischen Komponenten (Haupt- und Heckrotor, Rotorkopf) von der S-70 übernommen. Die geräumige Kabine (Länge 5,67 m, Breite 2,00 m, Höhe 1,83 m) bietet einen Komfort wie ein Linienflugzeug, so z.B. bezüglich Lärm und Vibration. Das Fahrwerk ist einziehbar. Zum besseren Beladen ist eine Heckladerampe vorhanden. Nebst der heute üblichen Elektronik verfügt die S-92 über die Besonderheit eines digitalen Flugkontrollsystems (AFCS), das den Hubschrauber auch im Schwebeflug automatisch steuert. Als Avionik gelangt die Collins Pro Line 21 zum Einbau. Die S-92 soll dank verschiedener Kits für eine Vielfalt von Aufgaben einsetzbar sein, u.a. Offshore-Einsätze, SAR-, ASW-Aufgaben sowie für VIP- und Commuterflüge.
Hersteller: Sikorsky Aircraft, Stratford, Connecticut, USA.

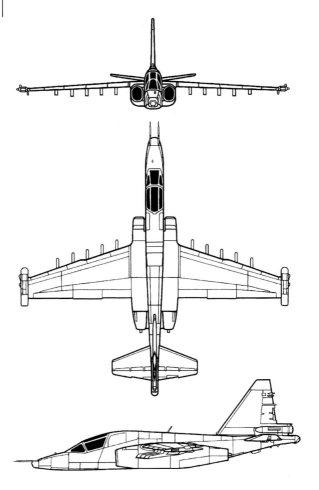

Abmessungen:
Spannweite 14,36 m
Länge 15,53 m
Höhe 5,20 m
Flügelfläche 30,10 m².

SUCHOJ SU-25SM3

Ursprungsland: Russland.
Kategorie: (Su-25TM/SM3) Einsitziges Allwetter-Mehrzweckkampf- und Nahunterstützungsflugzeug, (Su-25UBM) zweisitziger Einsatztrainer.
Triebwerke: Zwei Strahltriebwerke Soyuz/Gavrilov R-195Sh von je 4500 kp (44,18 kN) Standschub.
Leistungen: Höchstgeschwindigkeit 950 km/h (Mach 0,82); Anfangssteiggeschwindigkeit 58 m/Sek; Dienstgipfelhöhe 12000 m; Einsatzradius mit 2000 kg Waffen im Tiefflug 400 km; max. Reichweite 2500 km.
Gewichte: Leergewicht 10740 kg; normales Startgewicht 16950 kg; max. 21500 kg.
Bewaffnung: Eine doppelläufige 30-mm-Kanone GSh-2 und Kombinationen von Panzerbekämpfungs-Lenkwaffen Vihkr-M, Antischiffs-Lenkwaffen Kh-35, Luft-Boden-Lenkwaffen Kh-31, Antiradar-Lenkwaffen Kh-58U Raduga sowie Mittelstrecken-Luft-Luft-Lenkwaffen Vympel R-77 an zehn Stationen unter den Flügeln und unter dem Rumpf in einem Gesamtgewicht von 5000 kg.
Entwicklungsstand: Der erste Prototyp Su-25TM wurde im August 1995 vorgestellt. 1999 nahm Suchoj die Produktion dieser Ausführung in kleinen Stückzahlen für die Russische Luftwaffe auf. Von allen Su-25 stellte Suchoj bisher rund 1300 Einheiten her. Im Werk Ulan-Ude werden derzeit einige wenige Su-25TM (siehe Dreiseitenriss) gebaut, dagegen steht die Produktionsstraße in Tbilisi still. Laufend werden ältere Muster umgebaut und modernisiert. So hat die Russische Luftwaffe derzeit ein Modernisierungsprogramm am Laufen, bei dem frühere Versionen in die Ausführung Su-25SM3 (siehe Foto) umgebaut werden. Eventuell werden aber auch neue Su-25-Doppelsitzer beschafft. Aber auch bei anderen Luftwaffen sind ähnliche Programme in Arbeit, aktuell gerade in Turkmenistan.
Bemerkungen: Die Weiterentwicklung Su-25TM verfügt über eine wesentlich leistungsfähigere Elektronik. Diese umfasst u.a. das Mehrzweckradar Phazotron Kopyo 25, das dieser Version Allwettereinsätze ermöglicht. An den Flügelenden sind zudem ECM-Behälter angebracht. Durch Optimierung der Silhouette und Kühlung der Triebwerkaustritte wurde erreicht, dass die Radar- und Infrarotreflexion der Su-25TM nur noch etwa ein Viertel so groß ist wie beim Ausgangsmuster. Der Doppelsitzer Su-25UBM verfügt über stärkere Tumanski R-195-Triebwerke sowie eine weiter überarbeitete Avionik. Die russischen Su-25SM3 erhalten eine der Su-25TM ähnliche Umrüstung.
Hersteller: Suchoj Design Bureau/KnAAPO, Werke Tbilisi (Einsitzer), Georgien und Ulan-Ude (Doppelsitzer), Russland.

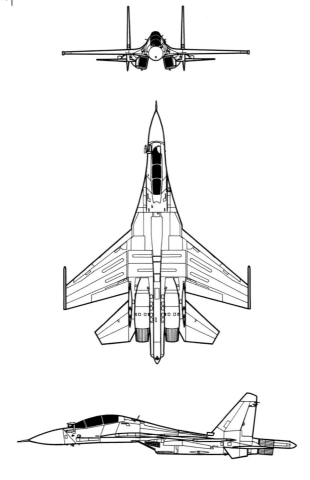

Abmessungen (Su-30MK):
Spannweite 14,70 m
Länge 21,93 m
Höhe 6,35 m
Flügelfläche 63,20 m².

SUCHOJ SU-30MKK/MKI/MK2

Ursprungsland: Russland.
Kategorie: Zweisitziges Mehrzweckkampfflugzeug.
Triebwerke: Zwei Mantelstromtriebwerke Saturn (Lyulka) AL-31F von je 8100 kp (79,43 kN) Standschub ohne und 12500 kp (122,60 kN) mit Nachbrenner.
Leistungen (Su-30MK): Höchstgeschwindigkeit Mach 2,0 in großer Höhe; 1350 km/h auf Meereshöhe (Mach 1,1); Anfangssteiggeschwindigkeit 330 m/Sek; Dienstgipfelhöhe 17300 m; Einsatzradius im Tiefflug 1270 km, Reichweite in großen Höhen 3000 km, mit einer Flugbetankung 5200 km.
Gewichte (Su-30MKK): Leergewicht 17700 kg; max. Startgewicht 34500 kg.
Bewaffnung: Eine 30-mm-Kanone GSh-301 und Waffen aller Art bis zu 8000 kg an zwölf Aufhängepunkten.
Entwicklungsstand: Die Mehrzweckversion Su-30M fliegt seit 30. Dezember 1989, gefolgt von der Su-30MKK 1993 und der Su-30MKI am 26. November 2000. Mehr als 200 Su-30MKK bzw. Su-30MK2 beschafft die Chinesische Luftwaffe, 24 die Marine. Folgende weitere Luftwaffen setzen diese Version ein: Algerien 44 Su-30MKI, Indien 272 (zum großen Teil Lizenzbau, weitere 42 2012 bestellt), Indonesien 12 Su-30MK (+ weitere 6 bestellt), Malaysia 16 Su-30MKM, Russland neu 30 SM, Venezuela 24 Su-30MKV, Vietnam 24 Su-30MK2, Uganda 8 Su-30MK2.
Bemerkungen: Die doppelsitzige Ausführung Su-30M ist vorwiegend für Jagdbomber-Einsätze vorgesehen. Entsprechend dem Aufgabenspektrum wurden anstelle des Abfangradars ein neues Kampfelektroniksystem sowie ein Navigationssystem Loran eingebaut. Besonders die Heckpartie wurde überarbeitet und verstärkt. Eine Exportversion heißt Su-30MK und ist ebenfalls mit Vorflügeln und auf Wunsch mit zusätzlicher Vektorsteuerung (Su-30MKI) ausgerüstet. Ein weiterer Unterschied zur Su-30M besteht in der Kampfelektronik. 2002 wurde unter der Bezeichnung Su-30KN eine Weiterentwicklung mit digitalem Cockpit, neuem Missions-Computer und überarbeitetem Waffenkontrollsystem vorgestellt. Die Su-30MK2, u.a. für die Luftwaffe Chinas, weist verbesserte Erdkampffähigkeiten auf und kann Präzisionswaffen neuester Generation mitführen.
Hersteller: Suchoj Design Bureau/KnAAPO, Werke Komsomolsk-na-Amur und Irkutsk, Moskau, Russland.

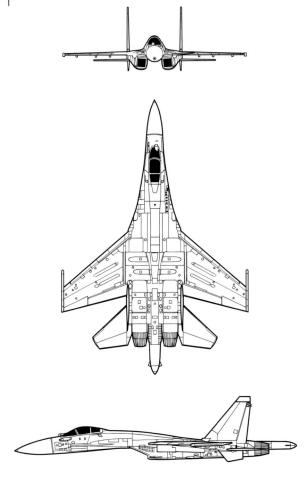

Abmessungen:
Spannweite 15,30 m
Länge 21,93 m
Höhe 5,90 m
Flügelfläche 62,00 m².

SUCHOJ SU-35M-1

Ursprungsland: Russland.
Kategorie: Einsitziger Luftüberlegenheits- und Mehrzweckjäger.
Triebwerke: Zwei Mantelstromtriebwerke NPO Saturn 117S mit Schubvektorsteuerung von je 8800 kp (86,27 kN) ohne und 14500 kp (142,97 kN) mit Nachbrenner.
Leistungen: Höchstgeschwindigkeit Mach 2,25 in großer Höhe; 1400 km/h auf Meereshöhe; Anfangssteiggeschwindigkeit 330 m/Sek; Dienstgipfelhöhe 18000 m; Einsatzradius im Tiefflug 1270 km, Reichweite auf Meereshöhe 1580 km, in großen Höhen 3600 km, mit Zusatztanks 4500 km.
Gewichte: Leergewicht 17000 kg; max. Startgewicht 34000 kg, mit Überlast 38800 kg.
Bewaffnung: Eine 30-mm-Kanone GSh-301 und Waffen aller Art bis zu 8000 kg an zwölf Aufhängepunkten.
Entwicklungsstand: Der erste Prototyp nahm die Flugerprobung am 19. Februar 2008 auf, gefolgt vom zweiten am 2. Oktober 2008. Das erste Serienflugzeug flog erstmals im Frühjahr 2011. Die Russische Luftwaffe bestellte 2009 48 Su-35M. Mit weiteren Aufträgen wird gerechnet. Die Einsatzbereitschaft erfolgte Ende 2012. Eventuell werden auch die Volksrepublik China und Venezuela diesen Typ bestellen.
Bemerkungen: Erste Bemühungen, die einsitzige Su-27 weiterzuentwickeln, gab es bereits Mitte der Neunziger Jahre. Immer wieder wurden weitere Varianten vorgestellt, die aber alle im Prototypstadium stecken blieben. Die neueste als Su-35-1 bezeichnete Ausführung der Generation 4++ besitzt einen überarbeiteten Flügel. Dafür wurde auf die Vorflügel verzichtet. Dank stärkerer Triebwerke mit Schubvektorsteuerung verbessern sich diverse Leistungsparameter. So besitzt die Su-35M-1 Supercruise-Fähigkeiten. Eingebaut wird das derzeit modernste russische Kampfradar Tikhomirov NIIIP Irbis-E mit neuester Phased-Array-Funktion (= elektronische Strahlschwenkung). Weitere Elektroniksysteme, z.B. zur Suche via Infrarot und zur Verfolgung von Zielen sind vorgesehen. Völlig neu ist das Cockpit mit u.a. sog. HOTAS-Bedienung (**H**ands-**O**n-**T**hrottle-**A**nd-**S**tick). Angesichts des erhöhten Startgewichts wurde das Fahrwerk verstärkt und vorne mit Zwillingsrädern versehen.
Hersteller: Suchoj Design Bureau/KnAAPO, Werk Komsomolsk-na-Amur, Moskau, Russland.

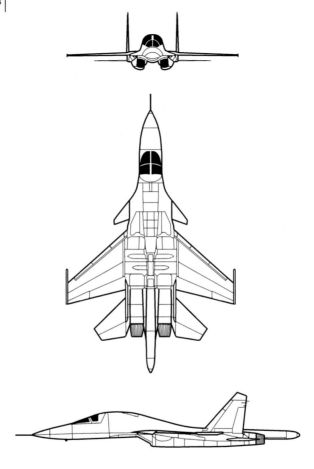

Abmessungen:
Spannweite 14,70 m
Länge 23,95 m
Höhe 6,10 m
Flügelfläche 62,00 m².

SUCHOJ SU-34

Ursprungsland: Russland.
Kategorie: Zweisitziger Jagdbomber.
Triebwerke: Zwei Mantelstromtriebwerke Saturn (Ljulka) AL-35F von je rund 14000 kp (137 kN) Standschub mit Nachbrenner.
Leistungen (geschätzt): Höchstgeschwindigkeit 2500 km/h auf 11000 m (Mach 2,35), auf Meereshöhe 1400 km/h (Mach 1,17); Dienstgipfelhöhe 14000+ m; max. Reichweite 4000 km.
Gewichte: Max. Startgewicht 44360 kg.
Bewaffnung: Eine eingebaute 30-mm-Kanone und eine Waffenlast von 8200 kg, z.B. Luft-Boden-Lenkwaffen Kh-25M, Kh-29, Kh-58, Antiradar-Lenkwaffen Kh-31P oder Antischiffs-Raketen Kh-31A oder Kh-35 sowie gelenkte und frei fallende Bomben aller Art. Zudem können Luft-Luft-Lenkwaffen R-73 oder RVV-Ae (R-77) mitgeführt werden.
Entwicklungsstand: Der als Su-27IB bezeichnete Prototyp startete am 13. April 1990 zum Erstflug. Im September 1993 folgte der erste von drei auf Su-34 umbenannten Serienprototypen. Die beschränkte Serienproduktion von sieben, zwischendurch wieder als Su-27IB bezeichnet, begann 1996. Nun heißt der Typ definitiv Su-34. Nachdem 2010 die Luftwaffe Russlands 32 Einheiten bestellt hatte, folgte 2012 ein weiterer Auftrag über 92 Maschinen. Mit den Auslieferungen wurde Anfang 2012 begonnen.
Bemerkungen: Der augenfälligste Unterschied zum Ausgangsmuster Su-27 ist der völlig neu konstruierte Vorderrumpf mit Sitzen nebeneinander. Die Piloten verfügen über ein geräumiges, z.T. gepanzertes Cockpit. Die Su-34 ist mit kleinen Vorflügeln hinter dem Cockpit sowie mit bis an die Nase weiter gezogenen Vorflügelkanten ausgerüstet. Für den harten Erdkampfeinsatz ist das Cockpit punktuell verstärkt und verfügt über ein neues Hauptfahrwerk mit Doppelrädern hintereinander. Gegenüber dem Prototypen wurde der Heckkonus vergrößert, um Platz für einen Bremsfallschirm und ein rückwärts gerichtetes Radar zu schaffen. Zudem ist das Seitenleitwerk etwas kleiner. Einem Prototypen wurde ein modernstes Mehrzweckradar Leninetz mit hochauflösender Kartendarstellung sowie ein Trägheits-Navigationssystem mit GPS eingebaut. An den Flügelspitzen sind ECM-Pods Sorbtsiya-S montiert.
Hersteller: Suchoj Design Bureau, Werk KnAAPO Nowosibirsk, Moskau, Russland.

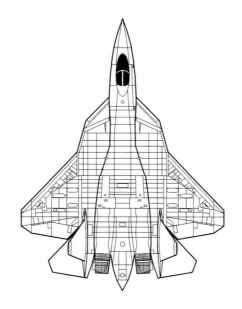

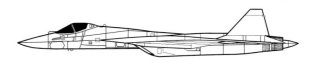

Abmessungen:
Spannweite 14,20 m
Rumpflänge 19,70 m
Höhe 4,80 m
Flügelfläche 78,80 m².

SUCHOJ T-50

Ursprungsland: Russland.
Kategorie: Einsitziger Luftüberlegenheitsjäger der fünften Generation.
Triebwerke (Prototypen): Zwei Mantelstromtriebwerke NPO Saturn AL-41F von je 9500 kp (93,16 kN) ohne und je 15000 kp (147,10 kN) mit Nachbrenner und Schub-Vektor-Steuerung.
Leistungen (provisorische Angaben): Höchstgeschwindigkeit 2250 km/h (Mach 2,2); Supercruise-Geschwindigkeit auf optimaler Höhe rund Mach 1,22; Dienstgipfelhöhe 18000 m; Aktionsradius mit normaler Bewaffnung 1200 km; Überführungsreichweite ohne Zusatztanks 5500 km, mit Zusatztanks 7400 km.
Gewichte: Leergewicht 18500 kg; normales Startgewicht 26000 kg, max. 35000 kg.
Bewaffnung: Sechs intern mitgeführte Luft-Luft-Raketen, davon vier des Mittelstreckentyps R-77M sowie zwei Kurzstrecken Luft-Luft-Raketen R-73, R-74 oder R-30. Weiter können TV-, Laser- und Radar-gelenkte Luft-Boden-Waffen bis zu einem Gewicht von rund 7500 kg geladen werden.
Entwicklungsstand: Am 29. Januar 2010 hat der erste von voraussichtlich sechs Prototypen die Flugerprobung aufgenommen. Mittlerweile fliegen vier Prototpyen. Vorerst will die Russische Luftwaffe zehn Vorserienmaschinen erwerben, bevor der definitive Beschaffungsentscheid gefällt wird. Der Zeitpunkt der Indienststellung ist für 2015 vorgesehen. Man erwartet insgesamt, dass Russland bis zu 250 Einheiten beschafft. Die Indische Luftwaffe scheint an der Beschaffung der T-50 interessiert zu sein, und zwar an einer leicht größeren zweisitzigen Variante.
Bemerkungen: Mit der T-50 will die Russische Luftwaffe ein mit der Lockheed Martin F/A-22 Raptor (siehe Ausgabe 2011) vergleichbares Kampfflugzeug entwickeln. Russland ist fest entschlossen, dieses Vorhaben bis zur Serienfertigung durchzuziehen. Wie bei allen neuen Konstruktionen von Kampfflugzeugen wird die T-50 über gute Stealth-Eigenschaften verfügen. Eine weitere Neuerung für russische Modelle ist die Fähigkeit, ohne Nachbrenner recht hohe Überschallgeschwindigkeit zu erreichen. Konkrete Informationen über Auslegung, Materialverwendung und Elektronik sind noch nicht im Detail bekannt. Man kann davon ausgehen, dass die T-50 alle einem Muster der sog. fünften Generation entsprechenden Konstruktionsmerkmale und Systeme aufweist. Die Serienmuster sollen das in Entwicklung stehende neue Triebwerk NPO Saturn izdeliye 30 mit einer Leistung von 11500 ohne und 18000 kp mit Nachbrenner erhalten.
Hersteller: Suchoj Design Bureau/KnAAPO, Moskau, Werk Komsomolsk-na-Amur, Russland.

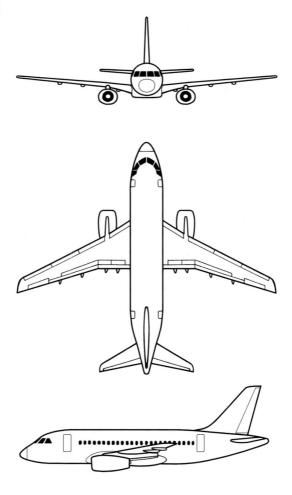

Abmessungen:
Spannweite 14,70 m
Länge 23,95 m
Höhe 6,10 m
Flügelfläche 62,00 m².

SUCHOJ SUPERJET 100

Ursprungsland: Russland.
Kategorie: Kurz- und Mittelstrecken-Verkehrsflugzeug.
Triebwerke: Zwei Mantelstromtriebwerke Snecma/NPO Saturn SaM-146 von je (SSJ 100-75) 6985 kp (68,50 kN) bzw. (SSJ 100-95) von je 7937 kp (77,85 kN) Standschub.
Leistungen (nach Angaben des Herstellers): Max. Reisegeschwindigkeit Mach 0,78; Dienstgipfelhöhe 12497 m; Reichweite mit max. Nutzlast (SSJ 100-75/LR) 2900/4550 km, (SSJ 100-95/LR) 2950/4420 km, als Option bis zu 4550 km.
Gewichte: Leergewicht zwischen 21900 und 24715 kg; max. Startgewicht (SSJ 100-75/LR) 38820/42280 kg bzw. (SSJ 100-95/LR) 42500/45880 kg.
Zuladung: Zwei Mann Cockpitbesatzung und je nach Ausführung (SSJ 100-75) 75 bzw. (SSJ 100-95) 98 Passagiersitze in Viererreihen. Max. Nutzlast (SSJ 100-75) 9130 kg und (SSJ 100-95) 12245 kg.
Entwicklungsstand: Anfänglich als RRJ95 bezeichnet, hat der erste Superjet 100 nach Verspätung am 19. Mai 2008 die Flugerprobung aufgenommen. Mittlerweile fliegen vier Prototypen. Bis Ende 2012 ungefähr 180 Bestellungen eingegangen (rund ein Dutzend abgeliefert), u.a. von Aeroflot 30, AIRUnion 15, Dalavia 6, Avia Leasing 24, FinanceLeasing 10+, Interjet 15, Blue Panorama 12. Im April 2011 fand der erste kommerzielle Flug durch Armenia statt.
Bemerkungen: Mit dieser neuen Familie von mittelgroßen Commuter-Flugzeugen versucht sich Russland im nationalen wie auch im internationalen Zivilflugzeugmarkt zu etablieren. Um dies zu erreichen, wurden mehrere internationale Kooperationen eingegangen, so u.a. mit der italienischen Alenia. Beide Grundmuster des Superjets sind zu 95% baugleich. Besondere Merkmale dieses Typs sind die robuste, möglichst einfach gehaltene Grundkonstruktion, welche eine sehr große Bandbreite von Bedürfnissen abdeckt. Der Superjet ist mit einem Fly-By-Wire-Steuersystem mit Sidesticks ausgerüstet. Er kann auf nur teilweise vorbereiteten Pisten starten und landen. Daher ist das Hauptfahrwerk mit vier Rädern ausgerüstet, was in dieser Klasse von Flugzeugen unüblich ist. Auf die Wirtschaftlichkeit wurde besonderer Wert gelegt. Als nächstes folgt eine Corporate-Jet-Variante und mittelfristig ist gedacht, eine für 130 Passagiere verlängerte Ausführung zu entwickeln.
Hersteller: Suchoj Civil Aircraft Company, Moskau, Werk KnAAPO, Komsomolsk-na-Amur, Russland.

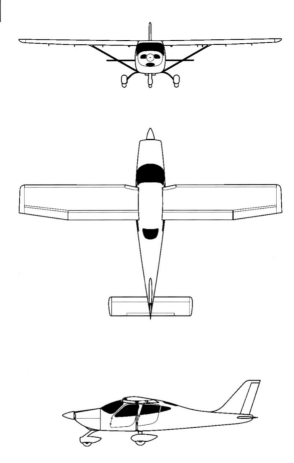

Abmessungen:
Spannweite 10,50 m
Länge 7,76 m
Höhe 2,70 m
Flügelfläche 14,60 m².

TECNAM P2010

Ursprungsland: Italien.
Kategorie: Sport- und Reiseflugzeug.
Triebwerke: Ein luftgekühlter Vierzylinder-Boxermotor Lycoming IO-360-M1A (Lycoming »Light«) von 180 PS (134 kW) Leistung.
Leistungen (nach Angaben des Herstellers): Reisegeschwindigkeit bei 75% Leistung 246 km/h; Anfangssteiggeschwindigkeit 5,3 m/Sek; Dienstgipfelhöhe 4570 m; max. Reichweite 1200 km.
Gewichte: Leergewicht 710 kg; max. Startgewicht 1180 kg.
Zuladung: Pilot und drei Passagiere, max. Nutzlast 450 kg.
Entwicklungsstand: Der Prototyp nahm die Flugerprobung am 12. April 2012 auf. Wann der Serienbau beginnt und wie viele Flugzeuge bereits bestellt wurden, ist derzeit nicht bekannt.
Bemerkungen: Die vom bekannten italienischen Flugzeugkonstrukteur Luigi Pascale entwickelte Tecnam P2010 vereinigt einen Rumpf aus neuester Carbon-Technik mit einem Flügel weitgehend aus Aluminium. Mit dieser Kombination und einem erprobten Triebwerk soll ein sehr wirtschaftliches und leistungsfähiges Modell angeboten werden. Dank des in der Flügelbox eingebauten 240 Liter-Tanks können überdurchschnittliche Reichweiten erzielt werden. Dieser Tank ist so eingebaut, dass er auch bei einem Absturz möglichst geschützt bleibt. Auf hohen Komfort für die Passagiere wurde besonderen Wert gelegt. So ist die Kabine im Vergleich zu Konkurrenzmustern größer. Der Gepäckraum hat einen Inhalt von 300 Litern. Was die Avionik angeht, kann der Kunde zwischen einem analogen oder einem digitalen Package wählen. Der Hersteller gibt für eine Standardausführung einen Preis von Euro 182'000 an.
Hersteller: Costruzioni Aeronautiche TECNAM, Werk Capua, Provinz Caserta, Italien.

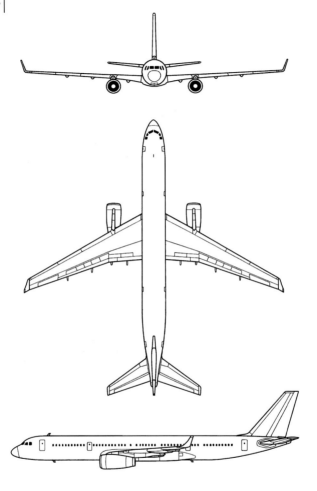

Abmessungen:
Spannweite 42,00 m
Länge (Tu-204-100/-120/-214) 46,10 m, (-300) 40,20 m
Höhe 13,90 m
Flügelfläche 184,10 m².

TUPOLEV TU-204/TU-214/TU-204SM

Ursprungsland: Russland.
Kategorie: Mittelstrecken- (Tu-204) bis Langstrecken-Verkehrsflugzeug (Tu-204-300).
Triebwerke: Zwei Mantelstromtriebwerke (Tu-204-100) Perm (Solowiew) PS-90 von je 16000 kp (156,9 kN) oder (Tu-204-120) Rolls Royce RB.211-535E4 von je 19580 kp (193 kN) Standschub.
Leistungen (Tu-204-100): Max. Reisegeschwindigkeit 850 km/h auf 10650 m; Dienstgipfelhöhe 12505 m; Reichweite mit max. Nutzlast 4900 km, (Tu-204-300) 9250 km, (Tu-214) 10500 km.
Gewichte (Tu-204-100): Leer 56500 kg; max. Startgewicht 103000 kg.
Zuladung (Tu-204SM): Zwei Mann Cockpitbesatzung und normalerweise in Dreiklassenbestuhlung 170, max. jedoch bei nur einer Klasse 214 Passagiere in Sechserreihen; max. Nutzlast als Frachter 24840 kg.
Entwicklungsstand: Der erste Prototyp der Tu-204 flog am 2. Januar 1989. 1997 begann man mit den Kundenauslieferungen. Der Erstflug der Tu-214 (siehe Foto) fand Anfang 2001 statt, jener der Tu-204-300 im August 2003. Die neueste Ausführung Tu-204SM (siehe Dreiseitenriss) flog erstmals am 29. Dezember 2010. Wie viele Maschinen aller Versionen bisher bestellt wurden schwankt von Quelle zu Quelle. Zahlen zwischen 50 und 90 werden genannt. Etwa 50 Einheiten befinden sich im Einsatz. Für die neueste Variante Tu-204SM wurden bisher offenbar noch keine Aufträge verzeichnet.
Bemerkungen: Die neueste Ausführung Tu-204SM kann wahlweise mit PS-90A2- oder mit IAE V2500-Triebwerken geliefert werden. Dank geringerem Strukturgewicht, neuem Zweimann-Cockpit und verbesserter Avionik soll primär die Wirtschaftlichkeit erhöht werden. Zudem ist der Passagierkomfort verbessert. Mehrere Spezialausführungen der Ursprungsvariante Tu-204 für die Luftwaffe Russlands werden gegenwärtig abgeliefert: Tu-214R (2) für ELINT-Aufgaben, ausgerüstet u.a. mit einem im Rumpf eingebauten Seitensichtradar, Tu-214SUS (3) als fliegende Kommunikationsstation; Tu-214PU (4) als Kommandoflugzeug, Tu-214SR (3) als Relaisstation. Schließlich wurden noch zwei Tu-214ON für Open Sky-Aufgaben beschafft.
Hersteller: Tupolew Joint Stock Comp., Werke Ulyanovsk (Tu-204) und Kazan, Tatarstan (Tu-214), Moskau, Russland.

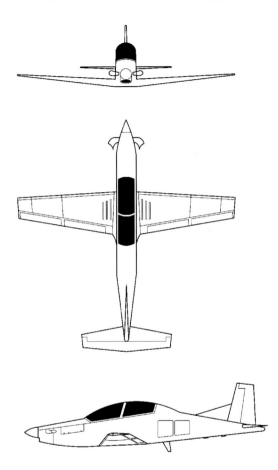

Abmessungen:
Spannweite 9,96 m
Länge 11,17 m
Höhe 3,70 m
Flügelfläche 15,94 m².

TURKISH AEROSPACE HÜRKUS

Ursprungsland: Türkei.
Kategorie: Zweisitziger Basis- und Fortgeschrittenentrainer.
Triebwerke: Eine Propellerturbine Pratt & Whitney Canada PT6A-68T von 1595 WPS (1190 kW) Leistung.
Leistungen (nach Angaben des Herstellers): Max. Reisegeschwindigkeit 575 km/h; Anfangssteiggeschwindigkeit 22 m/Sek; Dienstgipfelhöhe 10577 m; max. Flugzeit 4,25 Std; Reichweite 1470 km auf 4570 m.
Gewichte: Noch keine Angaben erhältlich.
Bewaffnung (Hürkus-C): Eine Waffenlast unter den Flügeln bis zu 1500 kg.
Entwicklungsstand: Ein erster Prototyp wurde im Juni 2012 der Öffentlichkeit vorgestellt. Der Erstflug steht aber noch aus. Ein weiteres Erprobungsmuster soll folgen. Bisher wurden keine Aufträge bekannt gegeben. Man kann aber davon ausgehen, dass die Türkische Luftwaffe dieses Modell als Ersatz der Cessna T-37 beschaffen wird.
Bemerkungen: Die türkische Eigenentwicklung Hürkus gleicht in hohem Maße anderen Typen der gleichen Leistungsklasse wie beispielsweise der Pilatus PC-9M (siehe Ausgabe 2008) bzw. der US-Weiterentwicklung T-6 Texan (siehe Seiten 202/203) oder der KAI KT-1 Woong Bee (siehe Ausgabe 2012). Letztere wird ja auch in der Türkei in Lizenz hergestellt. Wie weit es sich daher um eine eigenständige Entwicklung handelt ist fraglich. In der Auslegung ist die Hürkus eher konventionell ausgelegt und weitgehend aus Aluminium gefertigt. Das Cockpit ist druckbelüftet und mit zwei Schleudersitzen Martin Baker Mk. 16TN ausgerüstet. Mit der Hürkus soll das ganze Leistungsspektrum von der Basisausbildung bis hin zum Instrumenten-/Formations-/Akrobatikflug geschult werden können. Vorderhand sind zwei Varianten vorgesehen: Die Hürkus-A für Basisausbildung sowie die Hürkus-B für Fortgeschrittenenausbildung mit ausgebauter Avionik, u.a. HUD, MFD und Missionscomputer. Später soll noch eine bewaffnete Ausführung Hürkus C entwickelt werden.
Hersteller: TAI Turkish Aerospace Industries (KAI), Ankara, Türkei.

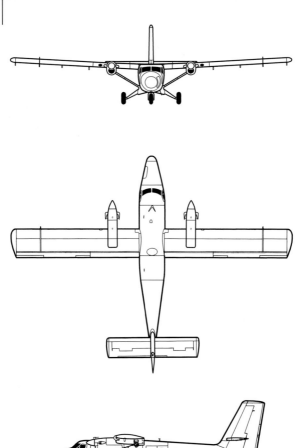

Abmessungen:
Spannweite 19,81 m
Länge 15,77 m
Höhe 5,94 m
Flügelfläche 39,00 m².

VIKING AIR TWIN OTTER 400 ◄

Ursprungsland: Kanada.
Kategorie: STOL-Mehrzweck- und Zubringerflugzeug.
Triebwerke: Zwei Propellerturbinen Pratt & Whitney Canada PT6A-34 von je 750 WPS (559,30 kW) Leistung.
Leistungen: Max. Reisegeschwindigkeit 315 km/h auf Meereshöhe bzw. 337 km/h auf 3050 m; Anfangssteiggeschwindigkeit 8,13 m/Sek; Dienstgipfelhöhe 8138 m; Reichweite 1435 km, mit Zusatztanks 1815 km; Einsatzdauer 7,10 Std.
Gewichte: Leergewicht 3121 kg; max. Startgewicht 5670 kg.
Zuladung: Ein bis zwei Mann Cockpitbesatzung und je nach Innenausstattung bis zu 20 Passagiere, als Frachter eine maximale Nutzlast von 1941 kg.
Entwicklungsstand: Die neu von Viking Air gebaute Twin Otter 400 flog erstmals im Oktober 2008, und zwar in der Amphibienversion. Bisher sind Bestellungen und Optionen für rund 60 Maschinen eingegangen, darunter drei für das Golden Knight-Fallschirmspringer-Team der US Army, zwölf bzw. sechs für die Luftwaffen von Peru und Vietnam. Mit den Auslieferungen an den Erstbesteller Zimex begann man Anfang 2010. Von der Ursprungsausführung De Havilland Canada DHC-6 Twin Otter (Erstflug 20. Mai 1965) wurden von den verschiedenen Versionen bis 1988 844 Einheiten gebaut.
Bemerkungen: Es hat sich gezeigt, dass die Nachfrage nach dem robusten Transporter DHC-6 Twin Otter wieder zunimmt und im Markt kein geeigneter Ersatz erhältlich ist. Daher hat Viking Air die Rechte von Bombardier (Nachfolger von DHC) erworben und baut nun eine überarbeitete, intern als DHC-6-400 bezeichnete neue Ausführung. Im Wesentlichen gegenüber dem Ausgangsmuster unverändert, gelangt jedoch das neue Avionik-System Primus Apex von Honeywell sowie stärkere Triebwerke PT6A-34 statt der bisherigen PT6A-27 zum Einbau. Insgesamt sind über 200 verschiedene Verbesserungen gemacht worden. Je eine Version mit Fahrwerk, Skis oder mit Schwimmkörpern ist erhältlich. Viking gibt den Kaufpreis für eine standardmäßig ausgerüstete Twin Otter mit US$ 4,5 Mio. an. Auf Wunsch können die noch leistungsstärkeren PT6A-35-Triebwerke eingebaut werden, die bei gleicher Startleistung bessere »Hot and High«-Leistungen bieten.
Hersteller: Viking Air, Victoria International Airport, British Columbia, Kanada.

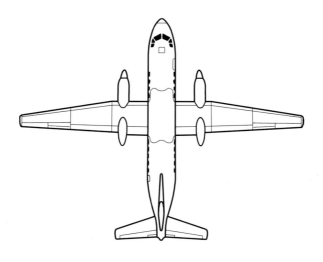
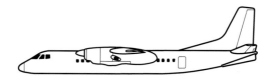

Abmessungen:
Spannweite 29,20 m
Länge 24,71 m
Höhe 8,85 m
Flügelfläche 74,98, m².

XIAN MA-60/MA600

Ursprungsland: Volksrepublik China.
Kategorie: Kurzstrecken-Passagier-, Kombi- und Frachtflugzeug.
Triebwerke: Zwei Propellerturbinen Pratt & Whitney Canada (MA-60) PW127C von je 2750 WPS (2050 kW) bzw. (MA-600) PW127J von je 2880 WPS (2148 kW) Leistung.
Leistungen (MA60): Max. Reisegeschwindigkeit 459 km/h; Anfangssteiggeschwindigkeit 8,05 m/Sek; Dienstgipfelhöhe 7600 m; Reichweite mit 60 Passagieren 1600 km, mit max. Treibstofffüllung 2646 km.
Gewichte (MA60): Leergewicht 13700 kg; max. Startgewicht 21800 kg.
Zuladung: Zwei Piloten und normal 56 Passagiere oder bei dichter Bestuhlung 60 Passagiere; max. Nutzlast als Frachter 5500 kg.
Entwicklungsstand: Erstflug der Y7-200A bzw. MA-60 im 3. Quartal 1993. Von diesen Ausführungen sind bisher etwa 200 Maschinen durch chinesische Fluggesellschaften, diverse Luftwaffen, u.a. Bolivien und Nepal, aber auch Airlines von mehreren Entwicklungsländern bestellt worden. Die MA600 fliegt seit 19. Oktober 2008 und ist seit 2010 erhältlich. Die Frachtvariante MA600F flog erstmals am 25. Oktober 2012.
Bemerkungen: Diese ursprünglich aus der damals sowjetischen An-24/26 abgeleitete Ausführung hat Xian in verschiedenen Etappen wesentlich weiterentwickelt. Derzeit werden folgende Varianten angeboten und gebaut: Passagier- bzw. Executiveversion Y7-100, Y7-100A mit Winglets, Y7-100C mit westlicher Avionik von Rockwell Collins und verlängertem Rumpf, die Commuterversion Y7-200A (nun als MA60 bezeichnet) sowie die zivilen und militärischen Frachter Y7-200B und Y7H-500 mit Heckladerampe. Alle -200-Ausführungen verfügen über ein EFIS-Cockpit, ein APU von AlliedSignal, ein leichteres Fahrwerk und Vierblattpropeller von Hamilton Standard. Dank des Triebwerks PWC127C resultiert eine Reduktion des spezifischen Treibstoffverbrauchs um 25 %, die Nutzlast ist um 800 kg erhöht. Die neueste MA600 weist verschiedene Verbesserungen auf, wie z.B. Reduktion des Strukturgewichts, neue Avionik Pro Line 21 und eine überarbeitete Passagierkabine. Sie verfügt über leistungsstärkere PW127J-Triebwerke. Neu im Angebot ist die Frachtausführung MA600F mit einem Frachttor rechts hinten am Rumpf.
Hersteller: Xi'an Aircraft Company, Xi'an, Provinz Shaanxi, VR China.

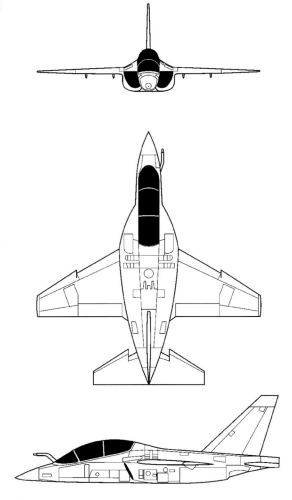

Abmessungen:
Spannweite 9,84 m
Länge 11,49 m
Höhe 4,76 m
Flügelfläche 23,52 m².

YAKOWLEW YAK-130

Ursprungsland: Russland.
Kategorie: Zweisitziger Fortgeschrittenentrainer und leichtes Erdkampfflugzeug.
Triebwerke: Zwei Mantelstromtriebwerke Progress AI-222-25 von je 2500 kp (24,50 kN) Standschub.
Leistungen: Höchstgeschwindigkeit auf optimaler Höhe 1060 km/h; auf Meereshöhe 850 km/h+; Anfangssteiggeschwindigkeit 75 m/Sek; Dienstgipfelhöhe 12500 m; Aktionsradius mit zwei 500-kg-Bomben (Einsatzprofil hoch-tief-tief-hoch) 850 km; Überführungsreichweite mit Außentanks 2300 km.
Gewichte: Leergewicht 4600 kg; normales Startgewicht 7230 kg; max. Startgewicht 10290 kg.
Bewaffnung: Waffen aller Art bis zu einem Gewicht von 3000 kg.
Entwicklungsstand: Ein Prototyp startete mit großer Verspätung am 25. April 1996 zum Erstflug. Das erste Serienmuster flog erstmals Ende 2003, das zweite im April 2005. Der Gesamtbedarf der Russischen Luftwaffe beläuft sich auf 300 Maschinen, 12 wurden zuerst bei Sokol, weitere 55 davon neu bei Irkut bestellt. Die Einsatzfähigkeit wurde Mitte 2012 erreicht. 16 Maschinen beschafft Algerien, Weißrussland vier. Ob die Aufträge von Libyen und Syrien je ausgeführt werden, ist derzeit ungewiss.
Bemerkungen: Die Yak-130 soll die Nachfolge der heutigen Trainingsflugzeuge Aero L 29 Delfin und L 39 Albatros bei der Russischen Luftwaffe antreten. Da sie besonders wendig ist, kann die Yak-130 alle wichtigen Flugmanöver der heutigen Kampfflugzeuggeneration Su-27 und MiG-29 ausführen. Die Konstruktion ist von konventioneller Art und besonders robust ausgelegt. Ungewöhnlich ist der komplexe Deltaflügel mit den ovalen Triebwerkeinläufen. Das Triebwerkmanagement (FADEC) ist vollständig digitalisiert, ebenso die übrige Avionik. Die Flugsteuerung stützt sich auf ein vierfach redundantes Fly-By-Wire-System ab. Das Cockpit umfasst u.a. drei große LCD-Bildschirme.
Hersteller: OKB Alexander S. Yakowlew, Irkut Corporation, Werk Irkutsk, Sibirien bzw. Sokol, Nizhny Novgorod, Russland.

VERZEICHNIS DER FLUGZEUGTYPEN

A-29/AT-29, EMBRAER EMB-314 Super Tucano, 162
A-50 Golden Eagle, Korean Aerospace, 226
AC311, Avicopter, 54
ADA (HAL) Tejas, Naval Tejas, 8
Aermacchi siehe Alenia
AgustaWestland AW101, 10
   AW109 Grand/New Grand, 12
   AW129 Atak, 14
   AW139, 16
   AW149, 18
   AW159 Wildcat, 20
   AW169, 22
   AW189, 24
   -Bell AB139, 16
AH-64E Longbow Apache, Boeing, 94
Airbus A320-200 Enhanced/A320neo, 26
   A330-300/-200/-200F, 28
   A330-200 MRTT Voyager, 30
   A380-800, 32
   A350 XWB, 34
   A400M, 36
AH-1Z Viper, Bell, 62
Alenia Aermacchi C-27J Spartan, 38
   T-346A Master, 40
ALH, HAL Dhruv, 192
Alligator, Kamow Ka-52, 216
ANSAT, Kazan, 224
Antonow An-3, 42
   An-140, 44
   An-148/-158/-168, 46
   An-70, 48
   An-124-150, 50
Apache, Longbow, McDonnell Douglas AH-64E, 94
AS355NP Ecureuil, Eurocopter, 168
AT-6B, Hawker Beechcraft Texan, 202
AT-29, EMBRAER EMB-314 Super Tucano, 162
Atak, AgustaWestland AW129, 14
ATR 42-600, 52
   72-600, 52
Avanti II, Piaggio P180, 264
Avicopter AC311, 54
AW101, AgustaWestland, 10
   AW109 Grand/New Grand, AgustaWestland, 12
   AW129 Atak, AgustaWestland 14
   AW139, AgustaWestland, 16
   AW149, AgustaWestland, 18
   AW159 Wildcat, AgustaWestland 20
   AW169, AgustaWestland, 22
   AW189, AgustaWestland, 24

Be-200, Beriew, 66

Bell 407/407X, 56
   Fire-X, 58
   412EP/UH-1Y, 60
   AH-1Z Viper, 62
   -Agusta AW139, 16
   -Boeing V-22B Osprey, 64
Beriew Be-200, 66
BK 117/EC 145 /UH-72A Lakota, 174
Black Eagle, Chengdu J-20, 128
Blackhawk, Sikorsky UH-60M, 284
Boeing-Bell V-22 Osprey, 64
Boeing 737-600,-700,-800,-900,-900ER, 68
   737BBJ/BBJ2/BBJ3, 68
   P-8A Poseidon, 70
   747-8/8F, 72
   KC-767/KC-46, 74
   777-200LR/-300ER, 76
   787 Dreamliner, 78
   C-17A Globemaster III, 80
   F-15E,K,SG,SE Eagle, 82
   F-15SE Silent Eagle, 82
   F/A-18E/F Super Hornet, 84
   EA-18G Growler, 86
   Phantom Ray, 88
   Phantom Eye, 90
   CH-47SD/F Chinook, 92
   AH-64E Longbow Apache, 94
Bombardier CRJ900/1000, 96
   C-Series, 98
   Global Express XRS, 100
   Global 5000/6000/7000/8000, 100
   Q400, 102
   Learjet 70/75, Bombardier, 104
   Learjet 85, 106
British Aerospace Hawk Mk.128, 108
   Tanaris, 110

C-2, Kawasaki, 220
C-17A Globemaster III, Boeing, 80
C-27J Spartan, Alenia Aermacchi, 38
C-90GTx/250/350i King Air, Hawker Beechcraft, 198
C-130J Hercules, Lockheed Martin, 230
C-212-400, CASA, 112
C-295, CASA, 114
C-Series, Bombardier, 98
C-X/C-2, Kawasaki, 220
Caiman, NH Industries NH90 TTH, 256
   NH Industries NH90 NFH, 256
Canadair siehe Bombardier
CASA C-212-400, 112
CASA C-295, 114
Centaur, Diamond DA-42NG Twin Star, 144
Cessna 208B Grand Caravan, 116
   208B Grand Commander, 116

510 Citation Mustang, 118
525 Citation M2, 120
750 Citation X/New Citation X Citation Ten, 122
CH-47SD/F Chinook, Boeing, 92
CH-148 Cyclone, S-92 Helibus, Sikorsky, 290
Chengdu FC-1/JF-17 Super 7, 124
　F-10/J-10, 126
　J-20 Black Eagle, 128
Chinook, Boeing CH-47SD/F, 92
Cirrus SR22-G3/T-53A, 130
Cirrus Vision SF50, 132
Citation Mustang, Cessna 510, 118
Citation M2, Cessna 525, 120
Citation X/New Citation X, Cessna 750, 122
Combat King II, Lockheed Martin HC-130J, 230
Commando, Lockheed Martin MC-130J, 230
Cougar II, Eurocopter EC 225/EC 725, 166
CRJ900/1000, Bombardier 96
CV-22B Osprey, Bell-Boeing, 64
Cyclone, S-92 Helibus/CH-148, Sikorsky, 290

D-Jet, Diamond, 146
DA-42/DA-42NG Twin Star, Diamond, 144
DA-42 Centaur, 144
Daher Socata TBM850, 134
Dash 8, Bombardier (de Havilland Canada) Q400, 102
Dassault Falcon 2000LX/S/LXS, 136
　Falcon 7X, 138
　Rafale F3, 140
　Neuron, 142
De Havilland Canada siehe Bombardier
Dhruv, HAL ALH, 192
Diamond DA-42/DA-42NG Twin Star, 144
　Centaur, 144
Dornier, RUAG Do-228-212 New Generation 274
Dreamliner, Boeing 787, 78

EA-18G Growler, Boeing, 86
Eagle, Boeing F-15E,K,SG, 82
EC130T2, Eurocopter, 170
EC135T2e/EC 635, Eurocopter, 172
EC145, Eurocopter (MBB/Kawasaki), 174
EC175/Z-15, Eurocopter, 176
EC225, Eurocopter Super Puma, 166
EC 725, Eurocopter EC225/EC725 Cougar, 166
Eclipse Aviation Eclipse 500, 148
Ecureuil, Eurocopter AS355NP, 168
Elbit Hermes 900, 150
EMBRAER 170/175, 152
　190/195, 152
　Phenom 100, 154
　Phenom 300, 156
　Legacy 450/500, 158
　Legacy 600/650, 160

EMB-314/A-29/AT-9 Super Tucano, 162
Eurocopter Tiger/UHU, 164
　EC 225 Super Puma II, 166
　EC 725 Cougar , 166
　AS355NP Ecureuil, 168
　EC130T2, 170
　EC135T2e/EC 635, 172
　EC145/UH-72A Lakota, 174
　EC175/Z-15, 176
　X-3/H3, 178
Eurofighter Typhoon, 180

F3, Dassault Rafale, 140
FA-50, Korea Aerospace T-50 Golden Eagle, 226
FC-1/JF-17 Super 7, Chengdu, 124
F-10/J-10, Chengdu, 126
F-15E,K,SG Eagle/Silent Eagle, Boeing, 82
F-15SE Silent Eagle, Boeing, 82
F-16C/D Fighting Falcon, Lockheed Martin, 232
F/A-18E/F Super Hornet, Boeing, 84
F-35A Lightning II, Lockheed, 234
F-35B Lightning II, Lockheed, 236
F-35C Lightning II, Lockheed, 238
Falcon 2000LX/S/LXS, Dassault, 136
Falcon 7X, Dassault, 138
Fighting Falcon, Lockheed Martin F-16C/D, 232
Fire-X, Bell, 58

J-15 Flying Shark, Shenyang, 278
J-20 Black Eagle, Chengdu, 128

G.58 Baron, Hawker Beechcraft, 196
General Atomics MQ-9B Reaper, 182
　MQ-1C Gray Eagle, 184
　MQ-1C Sky Warrior, 184
Global Express XRS, Bombardier, 100
Global 5000/7000/8000, 100
Global Hawk, Northrop Grumman RQ-4, 258
Globemaster III, Boeing C-17A, 80
Golden Eagle, Korea Aerospace T-50, 226
Grand/Grand New, AgustaWestland AW109, 12
Grand Caravan, Cessna 208B, 116
Grand Commander, Cessna 208B, 116
Gray Eagle, General Atomics MQ-1C, 184
Gripen E/F, Saab, 276
Grob G120TP, 186
Growler, Boeing EA-18G, 86
Grumman siehe Northrop Grumman
Gulfstream Aerospace Gulfstream G280, 188
　Gulfstream G650, 190
Gzhel, Myasishchew M101T, 254

H3, Eurocopter, 178
HAL Dhruv, 192
　LCA siehe ADA
Harfang/Heron/Heron TP, IAI, 206

Harbin Y-12F, 194
Hawk Mk.128, British Aerospace, 108
Hawker (ex. Raytheon)
Hawker Beechcraft G.58 Baron, 196
  King Air C90GTx/250/350i, 198
  Beechcraft 4000, 200
  Beechcraft T-6A/AT-6B Texan II, 202
HC-130J Combat King II, Lockheed, 230
Helibus/Superhawk, Sikorsky S-92, 290
Hercules, Lockheed Martin C-130J, 230
Hermes 900, Elbit, 150
Heron/Harfang/Heron TP, IAI, 206
Honda Aircraft HondaJet, 204
Hurkus ; Tusas Aerospace Industries Hurkus, 308

IAI siehe Gulfstream Aerospace
IAI Heron/Harfang/Heron TP, 206
Iljuschin Il-76MF/Il-476, 208
JF-17 Super 7, Chengdu FC-1, 124
J-10, Chengdu, 126
J-15 Flying Shark, Shenyang, 278
J-20 Black Eagle, Chengdu, 128
J-21/-31, Shenyang, 280
JAS 39 New Gripen, Saab, 276

Kai, Shinmaywa US-2, 282
Kaman K-Max, 210
Kamow Ka-31/-32, 212
  Ka-226, 214
  Ka-52 Alligator, 216
Kawasaki C-X/C-2, 220
  XP-1, 222
Kawasaki (MBB) siehe Eurocopter
Kazan ANSAT, 224
KC-767/KC-46, Boeing 74
King Air, Hawker Beechcraft C90GTx/250/350i, 198
Korea Aerospace Industries T-50/FA-50 Golden Eagle, 226
  KUH Surion, 228

Lakota, Eurocopter EC145/UH-72A, 174
LCA, ADA (HAL) Tejas, 10
Learjet siehe Bombardier
Learjet 70/75, Bombardier, 104
Learjet 85, Bombardier, 106
Legacy 450/500, EMBRAER, 156
Legacy 600/650, EMBRAER, 158
Lightning II, Lockheed Martin F-35A Lightning II, 234
Lightning II, Lockheed Martin F-35B Lightning II, 236
Lightning II, Lockheed Martin F-35C Lightning II, 238
Lockheed Martin HC-130J Combat King II, 230
  MC-130J Commando, 230
  C-130J Hercules, 230

F-16C/D Fighting Falcon, 232
F-35A Lightning II, 234
F-35B Lightning II, 236
F-35C Lightning II, 238
Longbow Apache, Boeing AH-64E, 94

M101T Gzhel, Myasischew, 254
M-346/T-146A Master, Alenia Aermacchi, 40
MA-60/MA-600, Xian, 312
Master, Alenia Aermacchi T-346A, 40
MBB siehe Eurocopter
MC-130J Commando, Lockheed, 230
McDonnell Douglas siehe Boeing
Merlin, AgustaWestland AW101, 10
MH-60R Strikehawk, Sikorsky, 286
Mikojan MiG-29SMT/MiG-29K, 240
Mil/Kazan Mi-17V5/171/172, 242
  /Rostvertol Mi-24/35M, 244
  /Rostvertol Mi-26T/T2, 246
  /Rostvertol Mi-28N, 248
  /Kazan Mi-38, 250
Mitsubishi Regional Jet MRJ, 252
Myasischew M101T Gzhel, 254
MQ-4 Global Hawk, Northrop Grumman, 258
MQ-1C Warrior, General Atomics, 184
MQ-9B, General Atomics Reaper, 182
MRTT, Airbus A330-200 Voyager, 30
Mustang, Cessna 510 Citation, 118
MV-22B Osprey, Bell-Boeing, 64
Myasischew M101T GZhel, 254

Naval Tejas, ADA (HAL), 8
Neuron, Dassault, 142
New Generation, RUAG (Dornier) Do-228-200, 274
New Grand, AgustaWestland AW109 Grand, 12
NH Industries NH90 TTH Caiman, 256
  NH90 NFH Caiman, 256
Northrop Grumman MQ-4C Triton, 258
  RQ-4 Global Hawk, 258
  X-47B Pegasus, Northrop Grumman, 260
Novaer Aircraft T-Xc/U-X-c, 262

Osprey, Bell-Boeing V-22, 64

P-8A Poseidon, Boeing, 70
P180 Avanti II, Piaggio, 264
P2010 Tecnam, 304
PC-7 MkII, 266
PC-12NG, Pilatus, 268
PC-21, Pilatus, 270
Pegasus, Northrop Grumman X-47B, 260
Phantom Eye, Boeing, 90
Phantom Ray, Boeing, 88
Phenom 100, EMBRAER, 154
Phenom 300, EMBRAER, 156
Piaggio P180 Avanti II, 264
Pilatus PC-7 MkII, 266

PC-12/47, 268
PC-21, 270
/Hawker Beechcraft T-6A/B Texan II, 202
Poseidon, Boeing P-8A, 70

Q400 Dash 8, Bombardier, 102

Rafale F3, Dassault, 140
Raytheon siehe Hawker (Beechcraft)
Reaper, General Atomics MQ-9A, 182
Regional Jet MRJ, Mitsubishi, 252
RQ-4, Northrop Grumman Global Hawk, 258
RUAG (Dornier) Do-228-212 New Generation, 274

S-76D, Sikorsky, 288
S-92 Helibus/CH-148 Cyclone, Sikorsky, 290
Saab Gripen E/F, 276
SF50 Vision, Cirrus, 132
SH-60B/J, Sikorsky, 286
Shenyang J-15 Flying Shark, 278
   J-20/-31, 280
Shinmaywa US-2 Kai, 282
Sikorsky UH-60L/i/M Blackhawk, 284
   MH-60R Strikehawk, 286
   S-76D, 288
   S-92 Helibus/CH-148 Cyclone, 290
Silent Eagle, Boeing F-15SE, 82
Socata siehe Daher
Spartan, Alenia Aermacchi C-27J, 38
SR22-G3/T-53A, Cirrus, 130
Strikehawk, Sikorsky MH-60R, 286
Suchoj Su-25SM3, 292
   Su-30MKK/MKI, 294
   Su-35M-1, 296
   Su-27IB/-34, 298
   T-50, 300
   Superjet 100, 302
Super 7, Chengdu FC-1/JF-17, 124
Super Hornet, Boeing F/A-18E/F, 84
Super Puma II, Eurocopter EC 225, 166
Super Tucano, EMARER EMB-314/A-29/AT-29, 162
Surion, Korea Aerospace KUH, 228

T-6A Texan II, Hawker Beechcraft, 202
T-50, Korean Aerospace Golden Eagle, 226
T-50, Suchoj, 300
T-53A, Cirrus SR22-G3, 130
T-346A Master, Alenia Aermacchi M-346, 40
T-Xc, Novaer Aircraft, 262
Tanaris, British Aerospace, 110
TBM850, Daher Socata, 134
Tecnam P2010, 304
Tejas, Naval Tejas, ADA (HAL) , 8
Texan II, Hawker Beechcraft T-6A, 202
Tiger, Eurocopter, 164
Triton, Northrop Grumman MQ-4C, 258
Tupolew Tu-204SM/Tu-214, 306

Tusas Aerospace Industries Hurkus, 308
Twin Otter, Viking Air, 310
Twin Star, Diamond DA-42/DA-42NG, 144
Typhoon, Eurofighter, 180

U-Xc, Novaer Aircraft, 262
UH-1Y, Bell 412EP, 60
UH-60L/i/M Blackhawk, Sikorsky, 284
UH-72A Lakota, Eurocopter EC145, 174
UHU, Eurocopter, 164
US-2 Kai, Shinmaywa, 282

V-22 Osprey, Bell-Boeing, 64
Viking Air Twin Otter, 310
Viper, Bell AH-1Z, 62
Vision SF50, Cirrus, 132
Voyager, Airbus A330-200MRTT, 30

Westland siehe AgustaWestland
Wildcat, AgustaWestland AW159, 20

X-3 bzw. H-3, Eurocopter, 178
X-47B Pegasus, Northrop Grumman, 260
XC-2, Kawasaki, 220
Xian MA-60/MA-600, 312
XP-1, Kawasaki, 222
XWB, Airbus A350, 34

Y-12F, Harbin 194
Yakowlew Yak-130, 314

Z-15, Eurocopter EC 175, 176

ABKÜRZUNGEN IM TEXT

Aéronavale	= Französische Marineluftwaffe
AESA-Radar	= **A**cive **E**lectronically **S**canned **A**rray, Radar mit aktiver elektronischer Strahlschwenkung
AEW/C	= **A**irborne **E**arly **W**arning/**C**ommand, fliegende Radarfrühwarn- und Kommandoflugzeuge
ALAT	= **A**viation **L**égère de l'**A**rmée de **T**erre, französische Heeresluftwaffe
Armée de l'Air	= Französische Luftwaffe
ASW	= **A**nti-**S**ubmarine **W**arfare, U-Boot-Bekämpfung
AWACS	= **A**irborne **W**arning **A**nd **C**ontrol **S**ystem, Frühwarnflugzeug
COMINT	= **COM**munications **INT**elligence, Nachrichtenaufklärung
CTOL	= **C**onventional **T**ake-**O**ff and **L**anding, Start und Landung konventionell
CRT	= **C**athode-**R**ay-**T**ube, Kathodenröhren-Anzeigen
ECM	= **E**lectronic **C**ounter **M**easures, Sammelbegriff für alle Maßnahmen zur Störung feindlicher Funk- und Radareinrichtungen auf elektronischem Weg
EFIS	= **E**lectronic **F**light **I**nstrument **S**ystem, Elektronische Bildschirmanzeigeinstrumente
Elint	= **El**ectronics **int**elligence, elektronische Aufklärung
FADEC	= **F**ull **A**uthority **D**igital **E**ngine **C**ontrol, Digitales Triebwerkmanagement-System
FBW	= **F**ly-**B**y-**W**ire, Steuerung des Flugzeuges mittels elektrischen Impulsen
FLIR	= **F**orward-**L**ooking **I**nfra**R**ed, Infrarot-Nachtsichtgerät
GFK	= **G**lasfaserverstärkter **K**unststoff
GPS	= **G**lobal **P**ositioning **S**ystem, präzise Navigationshilfe mittels Satelliten
HOTAS	= **H**ands-**O**n-**T**hrottle-**A**nd-**S**tick, alle wichtigen Bedienungsfunktionen sind im Steuerknüppel vereinigt
HUD	= **H**ead-**U**p **D**isplay, Blickfelddarstellungsgerät. Die wichtigsten Flugdaten werden auf die Frontscheibe projiziert
IFR	= **I**nstrument **F**light **R**ules, Instrumentenflugregeln
LANTIRN	= **L**ow-**A**ltitude **N**avigation **T**argeting **IR** for **N**ight, Tiefflugnavigations- und Infrarot- Angriffssystem für Nachteinsätze
MAD	= **M**agnetic **A**nomaly **D**etection, Magnetometer, Gerät zum Aufspüren magnetischer Unregelmäßigkeiten (Einsatz zur U-Boot-Bekämpfung)
NVG	= **N**ight **V**ision **G**oggles, Sammelbegriff für Nachsichtgeräte/-brillen am Kopf des Piloten befestigt
RAAF	= **R**oyal **A**ustralien **A**ir **F**orce, australische Luftwaffe
RAF	= **R**oyal **A**ir **F**orce, britische Luftwaffe
RN	= **R**oyal **N**avy, britische Marineluftwaffe
SAR	= **S**earch **A**nd **R**escue, Such- und Rettungseinsätze
SAR	= **S**ynthetic **A**perture **R**adar, Sythetisches Breitband-Aufklärungsradar
SIGINT	= **SIG**nals **INT**ellingence, Funkaufklärung
STOL	= **S**hort **T**ake-**O**ff and **L**anding, Kurzstart und -landung
STOVL	= **S**hort **T**ake-**O**ff and **V**ertical **L**anding, Kurzstart und Senkrechtlandung
USAF	= **U**nited **S**tates **A**ir **F**orce, Luftwaffe der USA
USCG	= **U**nited **S**tates **C**oast **G**uard, Küstenwache der USA
USMC	= **U**nited **S**tates **M**arine **C**orps, Marineinfanterie der USA
USN	= **U**nited **S**tates **N**avy, Marine der USA
VFR	= **V**isual **F**light **R**ules, Sichtflugregeln
VTOL	= **V**ertical **T**ake-**O**ff and **L**anding, Senkrechtstart und -landung
WPS	= **W**ellen-**PS**, Leistung einer Propeller- oder Gasturbine, gemessen an der Welle; der Restschub wird nicht berücksichtigt, Englisch: shp (Shaft Horse Power)